全国本科院校机械类创新型应用人才培养规划教材

数控编程与操作

主　编　李英平
副主编　马世强　赵昌龙

内 容 简 介

本书共分5章，主要内容包括数控编程基础、常用编程指令及数学处理、数控车床编程与操作、数控铣床和加工中心编程与操作、Mastercam X2 软件自动编程。本书注重理论与实践相结合，把指令与相关操作一并讲解，除讲解大量实例外，每章都附有练习与思考题供读者选做。其中，第5章结合实例介绍了 Mastercam X2 软件的造型功能和加工功能。

本书是机械类专业本科生教材，也可作为机械类高职高专教学和技能考核培训用书，还可作为工厂人员操作和编程的参考用书。

图书在版编目(CIP)数据

数控编程与操作/李英平主编. —北京：北京大学出版社，2012.8
(全国本科院校机械类创新型应用人才培养规划教材)
ISBN 978-7-301-20903-5

Ⅰ.①数… Ⅱ.①李… Ⅲ.①数控机床—程序设计—专业学校—教材②数控机床—操作—专业学校—教材 Ⅳ.①TG659

中国版本图书馆CIP数据核字(2012)第139851号

书　　名：数控编程与操作
著作责任者： 李英平　主编
策 划 编 辑： 林章波
责 任 编 辑： 童君鑫
标 准 书 号： ISBN 978-7-301-20903-5/TH·0300
出　版　者： 北京大学出版社
地　　址： 北京市海淀区成府路205号　100871
网　　址： http://www.pup.cn　http://www.pup6.cn
电　　话： 邮购部62752015　发行部62750672　编辑部62750667　出版部62754962
电 子 邮 箱： pup_6@163.com
印　刷　者： 三河市博文印刷厂
发　行　者： 北京大学出版社
经　销　者： 新华书店
787毫米×1092毫米　16开本　12印张　273千字
2012年8月第1版　2012年8月第1次印刷
定　　价： 26.00元

前　言

数控加工程序的编制及基本操作是机械类学生应具有的基本知识和技能。随着数控机床的普及，现代企业对于懂得数控工艺、操作、编程、设计的技术人才的需求量越来越大，工科院校的学生和企业技术人员都迫切希望了解和掌握数控编程与操作的知识及相应技能。为了适应这种发展的需要，根据高等院校应用型本科人才培养的教学要求，编者编写了本书。

本书编写的指导思想立足于理论与实践相结合，在讲解数控编程指令应用的同时，基于数控机床仿真软件，结合 FANUC 0i 数控系统及机床介绍其具体指令的实现和操作，使编程与操作无缝结合，这也是本书的特点之一。

全书共分 5 章。第 1 章为数控编程基础，主要介绍数控机床的产生及发展、数控机床及数控加工的特点、数控机床的组成及分类、数控编程的基础知识和程序编制中的工艺分析；第 2 章为常用编程指令及数学处理，主要介绍常用编程指令及数控编程中的数学处理；第 3 章为数控车床编程与操作，主要介绍数控车床编程基础、数控车床的基本操作、工件坐标系的建立与刀具补偿、刀尖圆弧半径补偿与刀具磨耗补偿、数控车床常用指令的编程方法，并介绍了典型数控车床编程及仿真加工实例；第 4 章为数控铣床和加工中心编程与操作，介绍了数控铣床概述、数控铣床编程基础、数控系统的功能、数控铣床的基本操作、工件坐标系的建立与刀具补偿、数控铣床与加工中心基本编程方法，并给出数控铣床与加工中心的编程与操作实例；第 5 章为 Mastercam X2 软件自动编程，介绍了 Mastercam X2 基础知识、二维图形的绘制与编辑、三维线架造型与曲面造型及三维实体造型的建模方法，并结合实例介绍了 Mastercam X2 二维铣床加工系统、三维曲面加工的主要加工方法。各章末均配有练习与思考题。

本书由长春大学从事多年数控技术及编程教学的教师编写，是编者多年教学经验的总结。本书由李英平担任主编，马世强、赵昌龙为副主编。本书第 3 章、第 5 章由李英平编写，第 4 章由马世强编写，第 1 章、第 2 章由赵昌龙编写。全书由李英平统稿。

由于编者的水平有限，书中难免有不足之处，恳请读者批评指正。

编　者

2012 年 5 月

目　　录

第1章 数控编程基础

本章学习目标

★ 了解数控机床的产生及发展
★ 了解数控机床及数控加工的特点
★ 了解数控机床的组成及分类
★ 了解数控编程的基本概念
★ 掌握数控编程的基础知识
★ 了解程序编制中的工艺分析

本章教学要点

知识要点	掌握程度	相关知识
数控机床的产生及发展	了解数控机床产生的背景及发展状况	机床及自动加工技术
数控机床	了解数控机床组成、分类及数控加工特点	机床结构及机床加工的基本原理
数控编程	了解数控编程方法步骤；掌握数控编程基本知识；了解程序编制中的工艺分析	CAD/CAM软件，坐标系，切削用量

导入案例

数控机床编程基础知识是数控编程人员和数控机床操作人员必须具备的基本常识。机床为工业母机，每个领域的振兴都需要大批数控机床来装备，这样就需要众多的数控编程与操作人员，图1和图2所示分别为数控车床和数控铣床，是生产实践中常用的两类机床。现代机械制造中加工机械零件的方法很多，除切削加工外，还有铸造、锻造、焊接、冲压、挤压等，但凡属精度要求较高和表面粗糙度要求较小的零件，一般都需在机床上用切削的方法进行最终加工。数控编程与操作人员，除了要了解数控机床相关的基本常识外，需重点掌握编程方面的所必须了解的基础知识。

(1) 数控机床的产生及发展：数控机床的产生背景，数控机床品种和数控系统的发展，伺服驱动系统的发展，数控机床结构的发展。

(2) 数控机床组成、分类及数控加工特点：数控机床及数控技术的概念，数控加工的特点，数控机床的组成及分类。

(3) 编程编程：数控编程方法步骤，数控编程中的程序代码，程序结构与格式，坐标系，数控机床的回零，程序编制中的工艺分析。

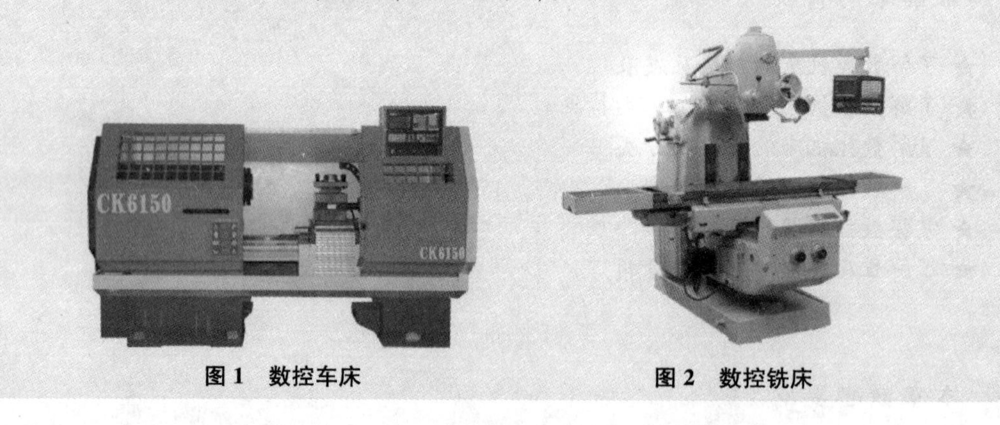

图1　数控车床　　　图2　数控铣床

1.1　数控机床的产生及发展

1.1.1　数控机床的产生

20世纪40年代以来，随着科学技术和社会生产力的迅速发展，人们对各种产品的质量和生产效率提出了越来越高的要求。机械加工的自动化成为实现上述要求的最重要措施之一。飞机、汽车、农机、家电等生产企业大多采用了自动机床、组合机床和自动生产线，从而保证了产品质量，极大地提高了劳动效率，降低了生产成本，加强了企业自身在市场上的竞争力，还能够极大地改善工人的劳动条件，减轻劳动强度。然而成年累月地进行单一产品零件生产的高效率和高度自动化的刚性机床及专用机床生产方式，需要巨大的初期投资和很长的生产准备周期，因此，它仅适用于批量较大的零件生产。

但是，在产品加工中，大批量生产的零件并不很多。据统计，单件与中、小批量生产的零件占机械加工总量的80%以上，尤其是在航空、航天、船舶、机床、重型机械、食品加工机械、包装机械和军工产品等行业，不仅加工批量小，而且加工零件形状比较复杂，精度要求也较高，还需要经常改型。如果仍采用专用化程度很高的自动化机床加工这类产品的零件，就显得很不合理。经常改装和调整设备，对于这种专用的生产线来说，不仅会大大提高产品的成本，甚至是不可能实现的。市场经济体制日趋成熟，绝大多数的产品都已从卖方市场转向买方市场，产品的竞争十分剧烈。为在竞争中求得生存和发展，迫使生产企业不断更新产品，提高产品技术档次，增加产品种类，缩短试制和生产周期以提高产品的性能价格比，满足用户的需要。由于这种以大批量生产为主的生产方式使产品的改型和更新变得十分困难，用户即使得到了价格相对低廉的产品也是以牺牲产品的某些性能为代价换取的。因此，企业为了保持产品的市场份额，即便是以大批量为主的企业，也必须改变产品长期一成不变的传统做法。这样，传统"刚性"自动化生产方式生产线已难以适应小批量、多品种的要求。

已有的仿型加工设备在过去的生产中部分地解决了小批量、复杂零件的加工。但在更换零件时，必须重新制造靠模并调整设备，不但要耗费大量的手工劳动，延长了生产准备周期，而且由于靠模加工误差的影响，零件的加工精度很难达到较高的要求。

为了解决上述这些问题，一种灵活、通用、高精度、高效率的"柔性"自动化生产技术——数控技术应运而生。

1948 年美国帕森斯公司(Parsons Corporation)受美国军方的委托研制加工直升机叶片轮廓检验样板的机床时，与麻省理工学院(MIT)伺服机构研究所进行合作，首先提出了用电子计算机控制机床加工复杂曲线样板的新理念，于 1952 年成功研制出世界上第一台由专用电子计算机控制的三坐标立式数控铣床。研制过程中采用了自动控制、伺服驱动、精密测量和新型机械结构等方面的技术成果。后来又经过改进，于 1955 年实现了产业化，并批量投放市场，但由于技术和价格的原因，仅局限在航空工业中应用。数控机床的诞生，对复杂曲线、型面的加工起到了非常重要的作用，同时也推动了美国航空工业和军事工业的发展。

尽管这种初期数控机床采用电子管和分立元件硬接线电路来进行运算和控制，体积庞大而功能单一，但它采用了先进的数字控制技术，且具有普通设备和各种自动化设备无法比拟的优点，具有强大的生命力，它的出现开辟了工业生产技术的新纪元。从此，数控技术在全世界得到了迅速发展。

1.1.2　数控机床的发展

1. 数控机床品种的发展

从第一台数控机床问世到现在的半个世纪中，数控机床的品种得以不断发展，几乎所有的机床都已实现了数控化。1956 年日本富士通公司研制成功数控转塔式冲床，美国帕克工具公司研制成功数控转塔钻床，1958 年美国 K&T 公司研制出带自动刀具交换装置的加工中心(Machining Center，MC)，1978 年以后加工中心迅速发展，各种加工中心相继问世。在 20 世纪 60 年代末期，出现了由一台计算机直接管理和控制一群数控机床的计算机群控系统，即直接数控系统(Direct Numerical Control，DNC)。1967 年出现了由多台数控机床连接而成的可调加工系统，这就是最初的柔性制造系统(Flexible Manufacturing System，FMS)。目前，已出现了包括生产决策、产品设计及制造和管理等全过程均由计算机集成管理和控制的计算机集成制造系统(Computer Integrated Manufacturing System,

CIMS)，以实现生产自动化。

2. 数控系统的发展

数控系统的发展是数控技术和数控机床发展的关键。电子元器件和计算机技术的发展推动了数控系统的发展。数控系统的发展历程由当初的电子管式起步，历经了分立式晶体管式—小规模集成电路式—大规模集成电路式—小型计算机式—超大规模集成电路式—微型计算机式的数控系统等几个阶段。数控系统的CPU已由8位增加至16位和32位，时钟频率由2MHz提高到16MHz、20MHz和32MHz，最近还开发出了64位CPU，并且开始采用精简指令集运算芯片RISC作为CPU，使运算速度得到进一步提高。此外，大规模和超大规模集成电路和多个微处理器的采用，使数控系统的硬件结构标准化、模块化和通用化，使数控功能可根据需要进行组合和扩展。高性能的计算机数控系统可以同时控制十几个轴，甚至几十个轴(包括坐标轴、主轴和辅助轴)，且能实现在线编程，使得编程和控制一体化。操作者可以在机床旁直接通过键盘编程，并利用显示器显示人机对话，便于检查、修改程序，给调试和加工带来极大的方便。

计算机数控系统带有可编程逻辑控制器(PLC)，它代替了传统的继电器逻辑控制，大大减小了庞大的强电柜的体积。PLC可通过编制程序来改变其逻辑控制，同样具有高度的柔性。数控系统和PLC的结合，可以有效地完成刀具管理和刀具寿命监控。

3. 伺服驱动系统的发展

伺服驱动系统是数控机床的重要组成部分，它的电动机、电路及检测装置等的技术水平都有极大的提高。电动机由早期采用步进电动机和液压扭矩放大器，到采用液压伺服系统、小惯量直流伺服电动机、大惯量直流伺服电动机、交流伺服电动机以及近来出现的数字伺服系统。与通常的模拟伺服系统相比，数字伺服系统的脉冲当量从1μm减小到0.1μm，进给速度仍能达到10m/min。可以预计，数字伺服系统的出现，将会促进高精度数控机床的发展。

4. 数控机床结构的发展

数控机床的主运动部件不断向高速化方向发展，除采用直流调速电动机和变频调速电动机驱动主轴部件，以提高主运动的速度和调速范围，并缩短传动链外，近来更有采用电主轴，将主轴部件做在电动机转子上，从而大大提高了主轴转速和减少了机械转动惯量，主轴转速最高可达10000r/min，而且仅用1.8s即可从零转速升到最高转速。

1.2 数控机床及数控加工的特点

1.2.1 数控机床

采用数控技术(Numerical Control，NC)进行控制的机床，称为数控机床(NC机床)。它是一种综合应用了计算机技术、自动控制技术、精密测量技术和机械加工等先进技术的典型机电一体化产品，是现代制造技术的基础。

数控技术是利用数字化信息对机械运动及加工过程进行控制的一种方法，由于现代数控都采用了计算机进行控制，因此，也称为计算机数控(Computer Numerical Control，CNC)。

为了对机械运动及加工过程进行数字化信息控制，必须具备相应的硬件和软件，用来实现数字化信息控制的硬件和软件的整体称为数控系统(Numerical Control System)，数控系统的核心是数控装置(Numerical Controller)。由于数控系统、数控装置的英文缩写也采用 NC(或 CNC)，因此，在实际使用中，在不同场合 NC(或 CNC)具有三种不同的含义，既可以在广义上代表一种控制技术，又可以在狭义上代表一种控制系统的实体，还可以代表一种具体的控制装置——数控装置。

1.2.2　数控加工的特点及应用

1. 数控加工的特点

与传统机械加工方法相比，数控加工具有以下特点。

1) 可以加工具有复杂型面的工件

在数控机床上，所加工零件的形状主要取决于加工程序，非常复杂的零件也能加工。

2) 加工精度高，质量稳定

数控机床本身的精度比普通机床高，一般数控机床的定位精度为±0.015mm，重复定位精度为±0.005mm；而且在数控加工过程中，操作人员并不参与，所以消除了操作者的人为误差，工件的加工精度全部由数控机床保证；又因为数控加工采用工序集中，减少了工件多次装夹对加工精度的影响。基于以上几点，数控加工工件的精度高，尺寸一致性好，质量稳定。

3) 生产率高

数控加工可以有效地减少零件的加工时间和辅助时间。由于数控机床的主轴转速、进给速度快及其快速定位，通过合理选择切削用量，充分发挥刀具的切削性能，可以减少零件的加工时间。此外，数控加工一般采用通用或组合夹具，因此在数控加工前不需画线，而且在加工过程中能自动进行换刀，减少了辅助时间。

4) 改善劳动条件

在数控机床上从事加工的操作者，其主要任务是编写程序、输入程序、装卸工件、准备刀具、观测加工状态及检验零件等，因此劳动强度极大降低。此外，数控机床一般是封闭式加工，既清洁又安全，使劳动条件得到了改善。

5) 有利于生产管理现代化

因为相同工件所用时间基本一致，所以数控加工可预先估算加工工件所需时间，因此工时和工时费用可以精确估计。这既便于编制生产进度表，又有利于均衡生产和取得更高的预计产量。此外，对数控加工所使用的刀具、夹具可进行规范化管理。以上特点均有利于生产管理的现代化。

6) 数控加工是 CAD/CAM 技术和先进制造技术的基础

数控机床使用数字信号与标准代码作为控制信息，易于实现加工信息的标准化，目前已与 CAD/CAM 技术有机地结合起来，形成现代集成制造技术的基础。

2. 用数控设备进行加工的部分行业及典型零件

1) 电器、塑料制造业和汽车制造业等

主要用来加工模具型面。

2）航空航天工业

主要用来加工高压泵体、导弹仓、喷气叶片、框架、机翼、大梁等。

3）造船业

主要用来加工螺旋桨等。

4）动力工业

主要用来加工叶片、叶轮、基座、壳体等。

5）机床工具业

主要用来加工箱体、盘轴类零件、凸轮、非圆齿轮、复杂形状刀具与工具。

6）兵器工业

主要用来加工炮架件体、瞄准陀螺仪壳体、恒速器壳件。

目前的数控加工主要应用在两个方面：一是二维车削、箱体类镗铣等，目的是提高效率、避免人为误差，保证产品质量；二是用于加工复杂零件。

1.3 数控机床的组成及分类

1.3.1 数控机床的组成

数控机床的组成如图 1.1 所示。由用户编写的数控程序通过输入装置输入到数控装置中，数控装置把输入的程序进行处理输出两种控制信息：一种控制信息为机床轨迹控制信息，输出给伺服驱动器驱动机床的刀架或工作台完成它的轨迹控制；另一种控制信息为辅助控制信息，控制机床的辅助动作。

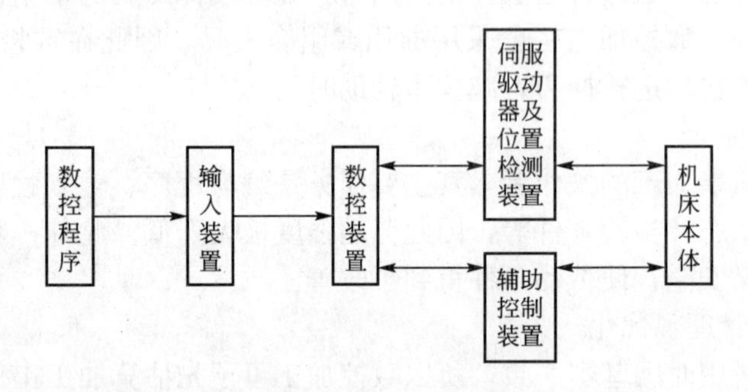

图 1.1 数控机床的组成

1. 数控程序

数控程序是数控机床自动加工零件的工作指令。通过对零件进行工艺分析，得到零件的所有运动、尺寸、工艺参数等加工信息，然后按规定的方法和格式编写数控加工程序。

2. 输入装置

输入装置的作用是将程序载体上的数控代码变成相应的电脉冲信号，将其传送并存入数控装置内。根据程序存储介质的不同，输入装置可以是光电阅读机、录放机或软盘驱动器。有些数控机床不用任何程序存储载体，而是将数控加工程序的内容通过数控装置的键盘，用手工方式输入，或者将数控加工程序由计算机用通信的方式传送到数控装置中。

3. 数控装置

数控装置是数控机床的核心，它接收输入装置送来的脉冲信号，经过数控装置的系统软件或逻辑电器进行编译、运算和逻辑处理后，输出各种控制信号和指令来控制机床的各个部分，进行规定的、有序的动作。这些控制信号中最基本的控制信号是由插补运算决定的各坐标轴的进给位移量、进给方向和速度指令，经伺服驱动系统驱动执行部件做进给运动。其他信号还有主运动部件的变换方向和启停信号；选择和交换刀具的刀具指令信号，控制冷却、润滑的启停，工件和机床部件的松开、夹紧及分度工作台的转位等辅助指令信号。

4. 伺服驱动系统及位置检测装置

伺服驱动系统由伺服驱动电路和伺服驱动装置(电动机)组成，并与机床上的执行部件和机械传动部件组成数控机床的进给系统。它根据数控装置发来的速度和位移指令控制执行部件的进给速度、方向和位移。每个坐标轴都配有一套伺服驱动系统。

伺服驱动系统有开环、闭环和半闭环之分。在闭环和半闭环伺服驱动系统中，使用位置检测装置间接或直接测量执行部件的实际进给部件的进给位移，然后与指令位移进行比较，最后按闭环原理将其差值转换放大后控制执行部件的进给运动。

5. 辅助控制装置

辅助控制装置的主要作用是接收数控装置输出的主运动换向、变速、启停、刀具的选择和变换，以及其他辅助装置动作等指令信号，经必要的编译、逻辑判别和运算，再经功率放大后直接驱动相应的电器，带动机床机械部件和液压气动等辅助装置完成指令规定的动作。此外，机床上的限位开关等开关信号经其处理后送数控装置进行处理。可编程逻辑控制器(PLC)已广泛作为数控机床的辅助控制装置。

6. 机床本体

数控机床本体由主运动部件、进给运动执行部件、床身和工作台，以及辅助运动部件、液压气压系统、润滑系统、冷却装置等组成。对于加工中心类的数控机床，还有存放刀具的刀库、交换刀具的机械手等部件。数控机床的组成与普通机床相似，但传动结构要求更为简单，在精度、刚度、抗振性方面要求更高，而且其传动和变速系统便于实现自动化控制。

1.3.2 数控机床的分类

1. 按加工工艺方法进行分类

1) 普通数控机床

为了不同的工艺需要，与传统的通用机床一样，普通数控机床有数控车、铣、钻、镗及磨床等，而且每一类又有很多品种，如数控铣床就有立铣、卧铣、工具铣及龙门铣等，这类机床的工艺性能与通用机床相似，所不同的是其能自动地加工精度更高、形状更复杂的零件。

2) 数控加工中心

数控加工中心是带有刀库和自动换刀装置的数控机床。典型的数控加工中心有镗铣加工中心和车削加工中心。

数控加工中心又称为多工序数控机床。在加工中心上，可以使零件一次装卸后，进行多种工艺、多道工序的集中连续加工，这就大大减少了机床台数。由于减少了装卸工件、更换和调整刀具的辅助时间，从而提高了机床效率；同时由于减少了多次安装造成的定位误差，从而提高了各加工面的位置精度，因此近年来数控加工中心得以迅速发展。

3）多坐标数控机床

有些复杂形状的零件，用三坐标的数控机床还是无法加工，如螺旋桨、飞机机翼曲面等复杂零件的加工，就需要三个坐标轴以上的合成运动才能加工出所需的截面形状。于是出现了多坐标联动的数控机床，其特点是数控装置同时控制的轴数较多，机床结构也较复杂。坐标轴数的多少取决于加工零件的复杂程序和工艺要求，现在常用的有四、五、六坐标联动的数控机床。

4）数控特种加工机床

数控特种加工机床包括数控电火花加工机床、数控线切割机床、数控激光切割机床等。

2. 按控制运动的方式分类

1）点位控制数控机床

点位控制数控机床只控制运动部件从一点移动到另一点的准确定位，在移动过程中不进行加工，对两点间的移动速度和运动轨迹没有严格要求，可以沿多个坐标同时移动，也可以沿各个坐标先后移动。为了减少移动时间和提高终点位置的定位精度，一般先快速移动，当接近终点位置时，再减速缓慢靠近终点，以保证定位精度。

采用点位控制的机床有数控钻床、数控坐标镗床、数控冲床和数控测量机等。

2）直线控制数控机床

直线控制数控机床不仅要控制点的准确定位，而且要控制刀具(或工作台)以一定的速度沿与坐标轴平行的方向进行切削加工。机床应具有主轴转速的选择与控制、切削速度与刀具的选择及循环进给加工等辅助功能。这种机床常用于简易数控车床、数控镗铣床等。

3）轮廓控制数控机床

轮廓控制数控机床能够对两个或两个以上运动坐标的位移及速度进行连续相关的控制，使合成的平面或空间的运动轨迹能够满足零件轮廓的要求，其数控装置一般要求具有直线和圆弧插补功能、主轴转速控制功能及较全的辅助功能。这类机床常用于加工曲面、凸轮及叶片等复杂形状的零件。

轮廓控制数控机床有数控铣床、数控车床、数控磨床和加工中心等。

3. 按所用进给伺服系统的类型进行分类

1）开环数控机床

开环数控机床采用进给伺服系统。开环控制系统没有位置检测元件，伺服驱动部件通常为反应式步进电动机或混合式步进电动机，如图 1.2(a)所示，数控装置每发出一个进给指令脉冲，经驱动电路功率放大后，驱动步进电动机旋转一个角度，再经传动机构带动工作台移动。这类系统信息流是单向的，即进给脉冲发出去以后，实际移动值不再反馈回来，所以称为开环控制系统。

开环控制系统的优点是结构较简单、成本较低、技术容易掌握。但是，由于受步进电动机的步距精度和传动机构传动精度的影响，难以实现高精度的位置控制，进给速度也受步进电动机工作频率的限制。因此开环数控机床一般适用于中、小型控制系统的经济型数控机床，特别适用于旧机床改造的简易数控机床。

2）闭环数控机床

闭环数控机床的进给伺服系统是按照闭环原理工作的，闭环控制系统如图1.2(b)所示。这类控制系统带有直线位移检测装置，直接对工作台的实际位移量进行检测。伺服驱动部件通常采用直流伺服电动机和交流伺服电动机。当指令值发送到比较装置时，若工作台没有移动则没有反馈量，指令值使得伺服电动机转动，通过测量装置将反馈信号反馈到比较装置，在比较装置中与指令值进行比较，用比较后的差值进行位置控制，直到差值为零时控制终止。这类控制系统，因为把机床工作台纳入了控制环节，所以称为闭环控制系统。该系统的优点是可以消除包括工作台传动链在内的传动误差，因而定位精度高。其缺点是由于工作台惯性大，对机床结构的刚性、传动部件的间隙及导轨副的灵敏性等都提出了严格的要求，否则对系统稳定性会带来不利的影响。同时调试和维修都较困难，系统复杂，成本高，一般适用于精度要求较高的数控机床，如数控精密镗铣床。

3）半闭环数控机床

半闭环控制系统如图1.2(c)所示。这类控制系统与闭环控制系统的区别在于它采用了角位移检测元件，检测反馈信号不是来自于工作台，而是来自与电动机相联系的角位移检测元件，通过检测元件检测出伺服电动机的转角，推算出工作台的实际位移量，将此值与指令值进行比较，用其差值来实现控制。从图1.2(c)可以看出，由于工作台没有包括在控制回路中，因而称为半闭环控制。这类控制系统的伺服驱动部件通常采用宽调速直流伺服电动机，目前已将角位移检测元件与电动机设计成一个整体，使系统结构简单、调试方便。半闭环控制系统的性能介于开环与闭环之间，其精度没有闭环控制系统高，调试却比闭环控制系统方便，因而得到广泛应用。

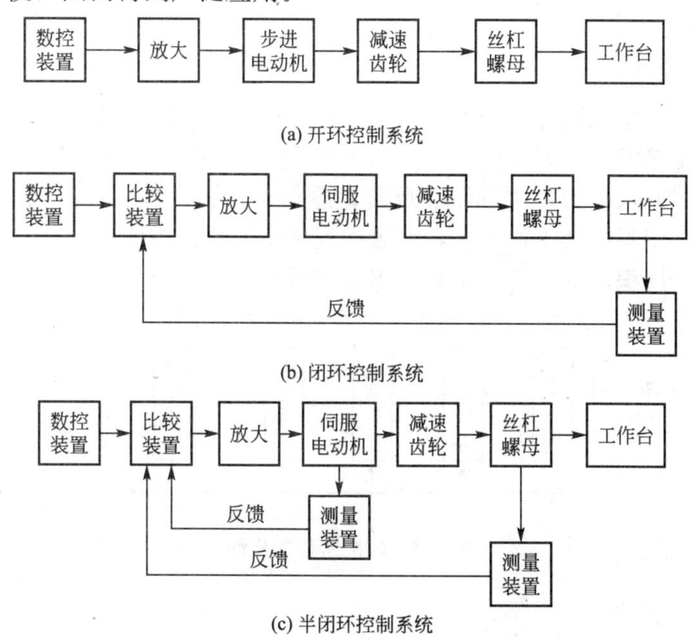

图1.2　伺服系统的类型

4. 按数控装置的功能水平分类

按数控装置的功能水平通常把数控机床分为低、中、高档三类。低、中、高档三类的界限是相对的，不同时期的划分标准不同。就目前的发展水平来看，可以根据表 1-1 的一些功能及指标，将各种类型的数控产品分为低、中、高档三类。其中，中、高档一般称为全功能数控或标准型数控。在我国还有经济型数控的提法，经济型数控属于低档数控，是由单扳机或单片机和步进电动机组成的数控系统和其他功能简单、价格低的数控系统。经济型数控装置主要应用于车床、线切割机床及旧机床改造等。

表 1-1　不同档次数控装置的功能及指标表

功能	低档	中档	高档
系统分辨率	10μm	1μm	0.1μm
进给速度	8～15m/min	15～24m/min	24～100m/min
伺服进给类型	开环及步进电动机	半闭环及直、交流伺服电动机	闭环及直、交流伺服电动机
联动轴数	2～3 轴	2～4 轴	5 轴或 5 轴以上
通信功能	无	RS232C 或 DNC	RS232C、DNC、MAP
显示功能	数码管显示	CRT：图形、人机对话	CRT：图形、自诊断
内装 PLC	无	有	强功能内装 PLC
主 CPU	8 位 CPU	16 位、32 位 CPU	32 位、64 位 CPU

1.4　数控编程概述

1.4.1　数控编程概念

数控机床是按照事先编好的加工程序、自动地对被加工零件进行加工。人们把零件的加工工艺路线、工艺参数、刀具的运动轨迹、位移量、切削参数(主轴转速、进给量、背吃刀量)、及辅助功能(换刀，主轴正、反转，冷却液开、关等)，按照数控机床规定的指令代码及程序格式编写成加工程序单，然后把程序输入到数控装置中，从而指挥机床加工工件。数控加工程序编写的内容与步骤如图 1.3 所示。

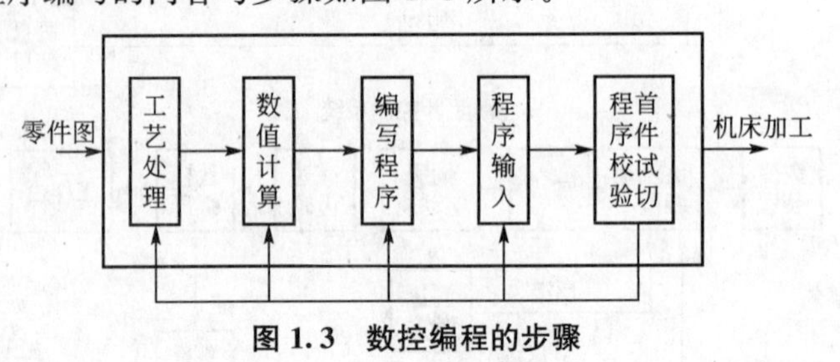

图 1.3　数控编程的步骤

1. 工艺处理

在工艺处理时，编程人员要根据零件图样对工件的形状、尺寸、技术要求进行分析，然后选择加工方案，确定加工顺序、加工路线、装夹方式、刀具及切削参数，同时还要考虑所用数控机床的指令功能，充分发挥机床的效能，加工路线要短，要正确选择对刀点、换刀点，减少换刀次数。

2. 数值计算

根据零件图的几何尺寸、确定的工艺路线及设定的坐标系，计算零件粗、精加工各运动轨迹，得到刀位数据。对于点位控制的数控机床，一般不需要计算，只有当零件图样坐标系与编程坐标系不一致时，才需要对坐标进行换算。对于形状比较简单的零件(如直线和圆弧组成的零件)的轮廓编程，需要计算出基点、圆弧的圆心的坐标值。对形状比较复杂的零件，需要用直线或圆弧段逼近，根据要求的精度计算出其节点坐标值。

3. 编写程序

加工路线、工艺参数及刀位数据确定以后，编程人员根据数控系统规定的功能指令代码及程序段格式，逐段编写加工程序单。此外，还应填写有关的工艺文件，如数控编程任务书、数控加工工件安装和原点设定卡片，数控加工工序卡片、数控加工走刀路线图、数控刀具卡片等。

4. 程序输入

把程序输入到数控装置中目前有两种方法：一是用数控操作面板上的键盘输入，一般用于程序比较简单的情况；二是把程序输入到计算机中，再通过专门的软件把数控加工程序输入到数控装置中，一般用于程序比较复杂的情况。

5. 程序校验、首件试切

数控加工程序必须经过校验和试切才能正式使用，当发现有错误或误差时，应分析错误或误差产生的原因，找出问题所在，加以修改。

1.4.2　数控编程的方法

数控编程一般分为手工编程和自动编程两种。

1. 手工编程

图 1.3 所示的就是手工编程的步骤。从工艺处理、数值计算、编写程序、程序输入、程序校验、首件试切都是由人工完成的，这种编程方法称为手工编程。

对于加工形状简单的工件，计算比较简单，程序不多，采用手工编程较容易完成，而且经济、及时，因此在点位加工及由直线和圆弧组成的轮廓加工中，手工编程仍广泛使用。但对于形状复杂零件，特别是具有非圆曲线、列表曲线和曲面的零件，用手工编程就有很大的困难甚至是不可能完成的，因此必须采用自动编程的方法编写加工程序。

2. 自动编程

自动编程是使用 CAD/CAM 一体化的软件进行编程，目前市场上 CAD/CAM 软件有很多种，如 Mastercam、Pro/E、UG 等，但使用方法大同小异，生成的数控加工程序被进行简单的处理后，可直接被输入到机床中进行加工。自动编程减轻了编程人员的劳动强度，缩短了编程时间，减少了差错，使编程工作简便，同时解决了手工编程无法解决的许多复杂零件的编程难题。工件表面越复杂，工艺过程越烦琐，自动编程的优势越明显。

自动编程是实际生产中主要采用的编程方法。

1.5　数控编程的基础知识

1.5.1　数控编程中的程序代码

国际标准化组织(ISO)在数控技术方面制定了一系列相应的国际标准，各国也都根据各国的实际情况制定了各自的国家标准，如我国的GB/T 19362.1—2003，这些标准是数控加工编程的基本原则。标准中有数字码(0～9)、文字码(A～Z)和符号码。

1.5.2　程序结构与格式

1. 程序的结构

一个完整的程序由程序代号、程序内容和程序结束三部分组成。下面所表示的程序是使用在FANUC 0i-T系统的一个实际运行的程序。

```
O0001;                                  程序代号
N010 T0202;                             程序内容
N020 S500 M03;
N030 G00 X0 Z52 M08;
N040 G01 X0 Z50 F1;
N060 G03 X10 Z45 R5 F0.5;
N070 G01 Z28 F1;
N080 G02 X16 Z25 R5 F0.5;
N090 G01 Z15 F1;
N100 X20 Z13;
N110 Z0;
N120 G00 X100 Z100;
N130 M05 M09;
N140 M02;                               程序结束
```

程序代号即为程序开始部分，为程序的开始标记，供在数控装置存储器中的目录中查找、调用。FANUC数控系统规定程序代号由字母O后面加四位编号数字组成，如O0001。随着数控系统的不同，所采用的程序代号也不同，但作用是一样的。

程序内容是整个程序的主要部分，它由多个程序段所组成，每个程序段由若干个字所组成，每个字由地址码和若干个数字所组成。指令字代表某一信息单元，其代表机床的一个位置或一个动作。

程序结束一般用M02(程序结束)或M30(程序结束，返回起点)表示。

2. 程序段格式

程序段格式是指一个程序段中的字、字符和数据的书写规则。数控编程采用的是字地址可变程序段格式，格式如下：

```
N-G-X-Y-Z-...F-S-T-M-;
```

其中，N 为程序段号；G 为准备功能；X、Y、Z 为坐标字；F 为进给功能；S 为主轴转速功能；T 为刀具功能；M 为辅助功能；为程序段结束。

一个程序段以识别程序段号开始，以程序段结束代码结束。字地址可变程序段格式的特点是：程序段中各字的先后排列顺序并不严格，不需要的字以及与上一程序段相同的继续使用的字可以省略；数据的位数可多可少；程序简短、直观、不易出错，因而非常容易掌握。

程序段号 N：通常用字母 N 后加数字表示，如 N0010、N20、N2 等，现代 CNC 系统中很多都不需要程序段号，即程序段号可有可无。

准备功能 G：简称 G 功能，它由表示准备功能的地址符 G 和两位数字所组成，如 G01，G01 表示直线插补，G 功能已标准化。

坐标字由坐标地址符和数字组成，且按一定的顺序进行排列，各组数字必须由作为地址码的地址符(如 X、Y 等)开头。各坐标轴的地址符按下列顺序排列：

```
X(U)  Y(V)  Z(W)  P  Q  R  A  B  C
```

X(U)、Y(V)、Z(W)为刀具运动的终点坐标位置，现代 CNC 系统一般都对坐标值的小数点有严格要求，比如 35 应写成 35.，否则可能会被误读。

进给功能 F：由进给功能符及数字组成，数字表示所选定的进给速度，如 F140.，表示进给速度为 140mm/min，其小数点与 X、Y、Z 后的小数点同样重要。

主轴转速功能 S：由主轴地址符及数字组成，数字表示主轴转速，单位为 r/min。

刀具功能 T：由地址符 T 及数字组成，用以指定刀具的号码。

辅助功能 M：简称 M 功能，由辅助操作地址符 M 及两位数字组成，M 功能已标准化。

程序段结束：列在程序段的最后一个有用的字符之后，表示程序段的结束。

1.5.3　坐标系

对数控编程和加工来说，数控机床的坐标系是一个非常重要的概念，编程人员和操作人员必须对数控机床的坐标系有一个完整、正确的理解，否则，编程容易发生混乱，操作时容易发生事故。ISO 标准对数控机床的坐标系做了若干规定。

1. 坐标系建立的原则

1）刀具相对于静止工件运动的原则

由于机床结构不同，有的机床是刀具运动，工件固定，如卧式车床；有的机床是工件运动，刀具固定，如升降台铣床。为了编程方便，一律规定为刀具运动，工件固定。

2）标准坐标系采用右手笛卡儿坐标系

如图 1.4 所示，大拇指的方向为 X 轴的正方向，食指为 Y 轴的正方向，中指为 Z 轴的正方向。坐标系的各个轴与机床主要导轨相平行。

2. 坐标系的建立

X、Y、Z 轴的正方向用右手定则判定，围绕 X、Y、Z 各轴的回转运动及其正方向为 $+A$、$+B$、$+C$，用右手定则判定，如图 1.4 所示。$+X$、$+Y$、$+Z$、$+A$、$+B$、$+C$ 的

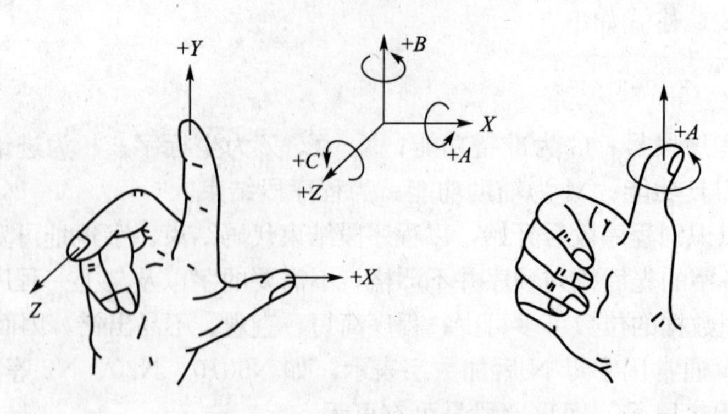

图 1.4　右手笛卡儿坐标系

反方向表示为$+X'$、$+Y'$、$+Z'$、$+A'$、$+B'$、$+C'$。

Z 轴定义为平行于机床主轴的坐标轴，其正方向定义为远离工件的方向，如图 1.5 所示。

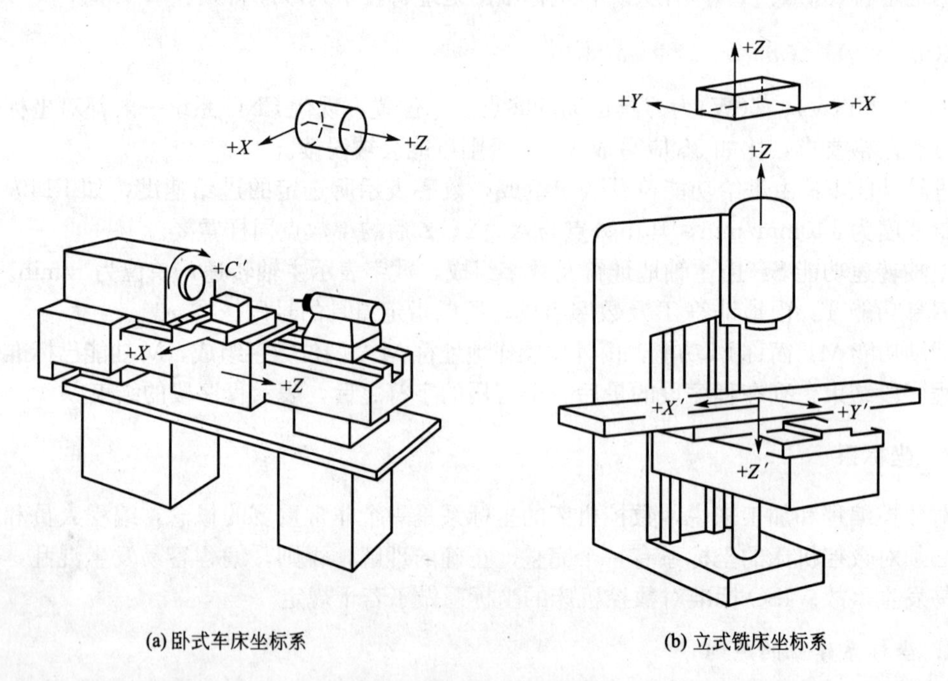

(a) 卧式车床坐标系　　(b) 立式铣床坐标系

图 1.5　数控机床坐标系

X 轴一般位于平行于工件装夹面的水平面内，它平行于主要的切削方向，且以此方向为正方向。

Y 轴的正方向则根据 X 轴、Z 轴的正方向按右手定则确定。

3. 坐标系的种类

数控机床坐标系包括机床坐标系和工件坐标系两种。

1）机床坐标系

现代数控机床都有一个基准位置，称为机床原点(Machine Oringin 或 Home Position)或绝对机床原点(Machine Absolute Oringin)，是机床制造商设置在机床上的一个物理位置，其作用是使机床与控制系统同步，建立测量机床运动坐标的起始点。机床坐标系建立在机床原点之上，是机床上固有的坐标系。机床坐标系的原点位置是在各坐标轴的正向最大极限位置处，用 M 表示机床坐标系的原点，如图 1.6 所示。

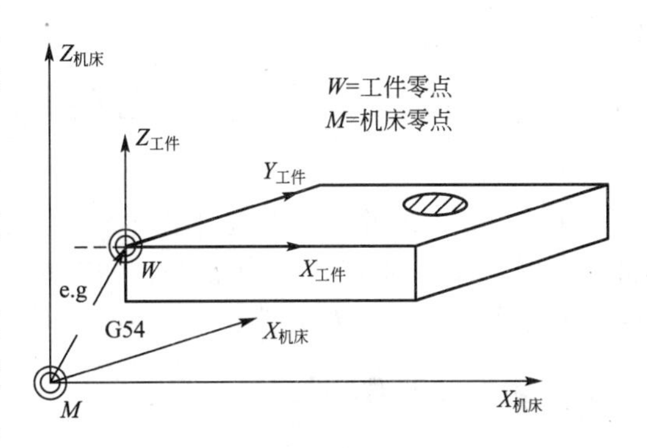

图 1.6　机床坐标系与工件坐标系

与机床原点相对应的还有一个机床参考点(Reference Point)，用 *R* 表示，它是机床制造商在机床上用行程开关设置的一个物理位置。机床参考点与机床原点的相对位置是固定的，机床出厂之前由机床制造商精密测量确定。机床参考点通常不同于机床原点，一般来说，加工中心的参考点为机床的自动换刀位置。

2）工件坐标系

工件坐标系又称编程坐标系，是由编程人员确定的。编程时一般选择工件上某一点作为工件坐标系原点，建立坐标系，该点称为程序原点(Programe Origin)，用 *W* 表示，其位置由编程者确定，一般设在工件的设计、工艺基准处，便于尺寸计算。工件坐标系与机床坐标系相应的坐标轴相平行，如图 1.6 所示。

建立工件坐标系的指令有 G50(或 G92)、G54～G59 等。使用这些指令建立工件坐标系的方法及基本操作见第 3 章、第 4 章有关内容。

1.5.4　数控机床的回零

数控机床在接通电源后要做回零操作。这是因为机床在断电后，系统就失去了对各坐标轴位置的记忆，所以在接通电源后，必须对机床的各坐标轴进行回机床坐标原点的操作，即回零操作，回零后机床坐标系才建立起来。回零操作实际上就是要确定位置测量的起点，数控机床的很多功能，如软件超程保护、快移(参数设定)等功能都必须在机床回零后才有效。回零操作的作用是对各坐标轴位置实现精确控制，是数控机床的重要功能。实践证明这是数控机床在加工过程中，能使定位自动完成的简单、准确、有效的方法。

数控机床常见的回零方式，依据所选用的位置检测元件分为两种：一种是采用绝对式编码器作为检测装置，被测的任意一点位置都从一个固定的零点算起，每一被测点都有一个对应的编码，即使断电之后再重新加电，也能读出当前位置的数据，所以，采用绝对式测量，机床能够自动记忆各进给轴全行程内的每一点位置，只要在机床第一次加电时确定其回零位置，以后就不需要回零操作，也不需要回零开关；另一种是采用增量式编码器作为检测装置，该装置有一个零点标志，作为测量的起点标志，采用这种方式一般都需要安装回零开关，零点位置是否正确与检测装置中的零标志脉冲有关，机床在回零时，坐标轴先以快速 V_1 向零点方向运动，当挡块碰到零点开关(减速开关)后，再以慢速 V_2 趋近零点，当编码器产生零标志信号后，坐标轴即停止于机床零点。回零点的实现过程，如图 1.7 所示。机床回零操作见第 3 章、第 4 章有关内容。

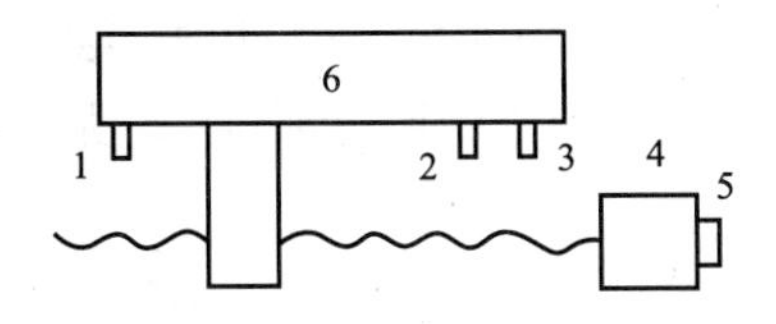

图 1.7　回零过程的实现

1，3—左右限位挡块及开关；2—零点开关；4—伺服电动机；5—编码器；6—工作台

1.6 程序编制中的工艺分析

工艺分析是整个数控加工工作中较为复杂而又非常重要的环节之一。数控加工是否先进、合理，关系到加工质量的优劣。在编制加工程序前必须对机床主体和数控系统的性能、特点和应用，以及数控加工的工艺方案的制订工作等各个方面都有比较全面的了解。

1.6.1 数控加工工艺的主要内容

根据数控加工的实践，数控加工工艺主要包括以下内容。

(1) 选择适合在数控机床上加工的零件和确定工艺内容；

(2) 对零件图样进行数控工艺性分析；

(3) 零件图形的数学处理及编程尺寸的确定；

(4) 选择数控机床的类型；

(5) 制订数控工艺路线，如工序划分、加工顺序的安排、基准选择、与非数控加工工艺的衔接等；

(6) 数控工序的设计，如确定工步、刀具选择、夹具定位与安装，确定走刀路线、测量、确定切削用量等；

(7) 加工程序的编写、校验和修改；

(8) 调整数控工艺工序，如对刀、刀具补偿等；

(9) 数控加工工艺技术文件的定型与归档。

1.6.2 数控加工工序的划分

数控加工工序的划分有三种方法。

1. 按零件装夹定位方式划分工序

由于每个零件结构形状不同，各表面的技术要求也有所不同，故加工时，其定位方式存在差异，一般加工外形时，以内形定位，加工内形时又以外形定位。因而可根据定位方式的不同来划分工序。

2. 按粗精加工划分工序

根据零件的加工精度、刚度和变形等因素来划分工序时，可按照粗精加工分开的原则来划分工序，即先粗加工再精加工。此时可用不同的机床或不同的刀具进行加工。

3. 按所用刀具划分工序

为了减少换刀次数，减少空行程时间和不必要的定位误差，可按刀具集中工序的方法加工零件，即在一次装夹中，尽可能用同一把刀具加工出需要加工的所有部位，然后再换另一把刀具加工其他部位。

1.6.3 加工路线的确定

在数控加工中，刀具刀位点相对于工件的运动轨迹称为加工路线，加工路线是编写程序的依据之一，加工路线的确定原则主要有以下几点。

1. 应保证被加工零件的精度和表面粗糙度，且效率高

例如，铣削外表面轮廓时，铣刀的切入和切出点应沿零件轮廓曲线的延长线上切向切入/切出零件表面，而不应该法向直接切入零件，以避免加工表面产生划痕，保证零件轮廓光滑。铣削内轮廓表面时，切入/切出无法外延，这时铣刀可沿零件轮廓的法线方向切入/切出，并将其切入、切出点选在零件轮廓两几何要素的交点处。图 1.8、图 1.9 所示分别为铣削外轮廓表面和铣削内轮廓表面时刀具的切入和切出过渡。

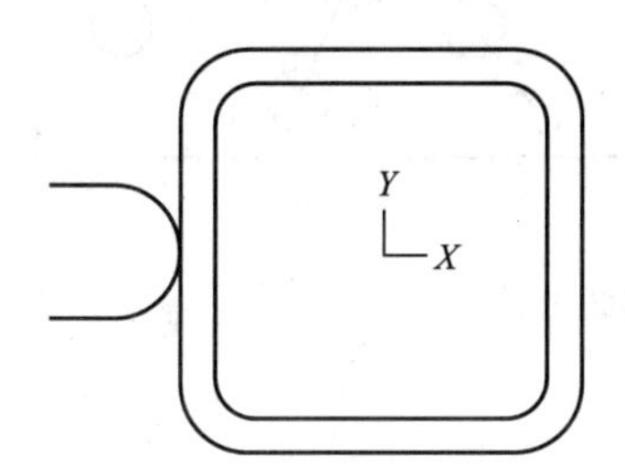

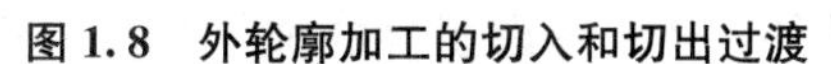
图 1.8　外轮廓加工的切入和切出过渡

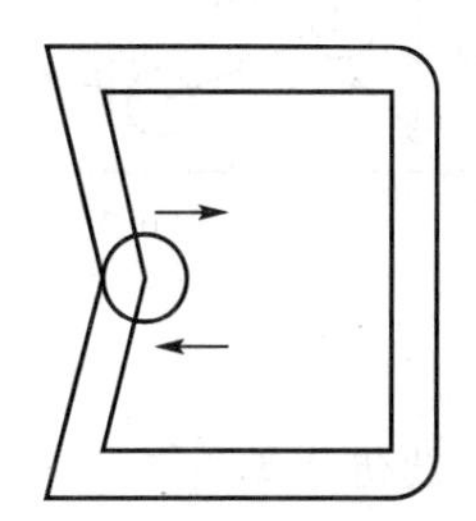
图 1.9　内轮廓加工的切入和切出过渡

当对一些位置精度要求较高的孔系加工时，应特别关注各孔加工顺序的安排，若安排不当，就有可能把坐标轴的反向间隙带入行程中，会直接影响各孔之间的位置精度，各孔的加工顺序和路线应按同向行程进行，即采用单向趋近定位点的方法，以免引入反向误差。如图 1.10(a)所示的孔系加工路线，在加工孔 4 时，X 向的反向间隙将会影响孔 3、孔 4 孔距精度；如果改为 1.10(b)所示的加工路线，加工完孔 3 后，刀具先走到换向点，然后再加工孔 4，这样可使各孔的定位方向一致，提高孔系精度。

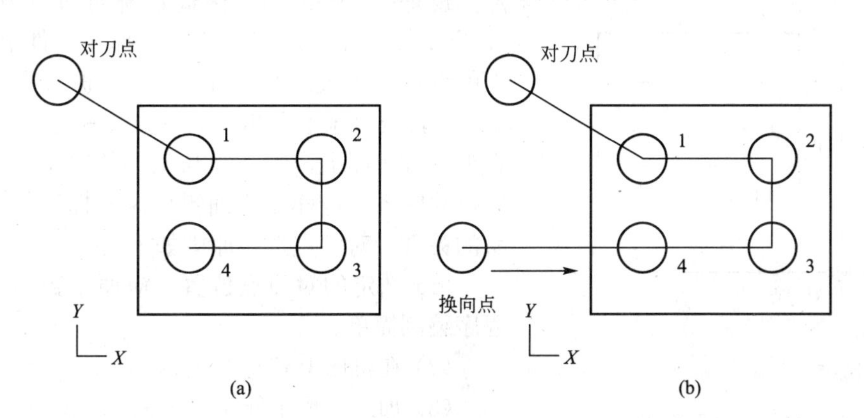

图 1.10　孔系加工方案比较

2. 应使加工路线最短

应使加工路线最短，这样既可以减少程序段，又可减少空刀时间。图 1.11 所示为钻孔加工的例子。按照一般习惯，总是先加工均布于同一圆周上的八个孔，再加工另一圆周上的孔，如图 1.11(a)所示。但对点位控制的数控机床而言，要求定位精度高，定位过程尽可能快，因此，这类机床应按空行程最短来安排走刀路线，如图 1.11(b)所示，这样可以节省加工时间。

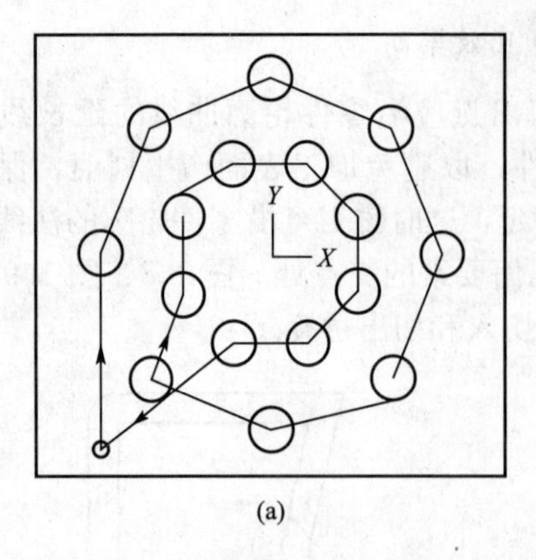

(a)

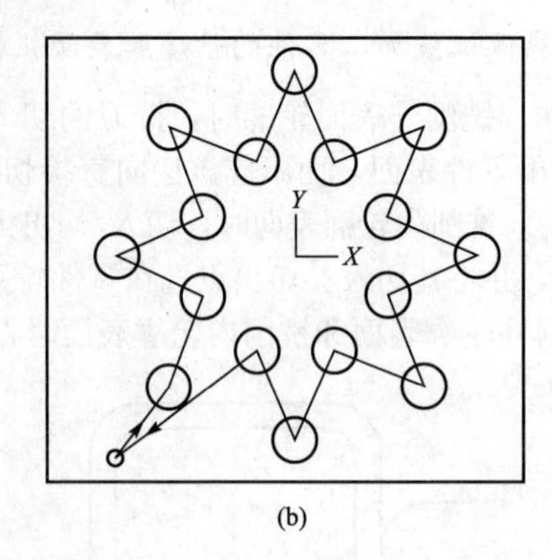

(b)

图 1.11　最短加工路线选择

3. 应使数值计算简单，减少工作量

应使数值计算简单，以减少编程工作量。此外，还要考虑工件的加工余量和机床、刀具的刚度等情况，确定一次走刀还是多次走刀来完成加工，以及在铣削加工中是采用顺铣还是逆铣等。

1.6.4　对刀点和换刀点的确定

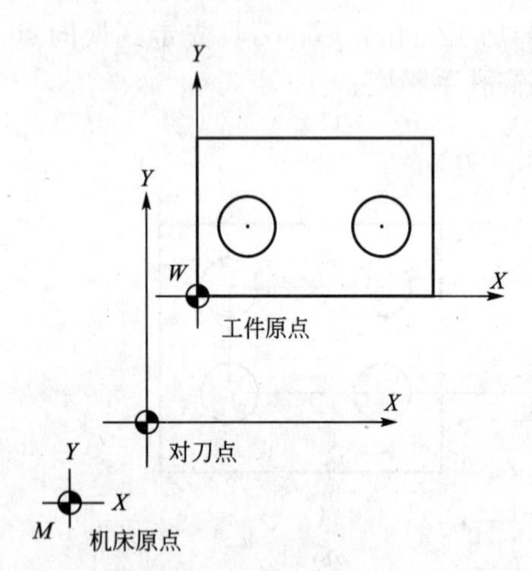

图 1.12　对刀点的设定

编程时应正确地选择对刀点和换刀点的位置。对刀点是指数控加工时，刀具相对工件运动的起点，也是程序的起点，因此也称对刀点为起刀点，如图 1.12 所示。对刀点可以选择在工件上(如工件上的设计基准或定位基准)，也可选在夹具或机床上（夹具或机床上设相应的对刀装置)。若对刀点选在夹具或机床上，则必须与工件的定位基准有一定的尺寸联系，这样才能确定机床坐标系与工件坐标系的关系。对刀点选择原则如下。

(1) 选定的对刀点位置，应便于数学处理和使程序编制简单。

(2) 在机床上容易找正。

(3) 加工过程中便于检查。

(4) 引起的加工误差小。

对刀时，应使刀位点与对刀点重合。刀位点是指在编制加工程序时用来表示刀具位置的特征点。对于端铣刀、立铣刀和钻头来说，刀位点是它们的底面中心；对于球头铣刀，刀位点是指球头中心；对于圆弧车刀，刀位点在圆弧圆心上；对于尖头车刀和镗刀，刀位点在刀尖上。数控加工程序控制刀位点的轨迹实际上是控制刀位点的运动轨迹。

对刀点不仅是程序的起点，往往也是程序的终点，因此在批量生产中，要考虑对刀点的重复定位精度。一般情况下，刀具在加工一段时间后或每次启动机床前，都要进行一次刀具回机床原点或参考点的操作，以消除对刀点的累积误差。

对有多把刀的数控机床，当加工过程需要换刀时，应规定换刀点。换刀点是指刀架转位换刀的位置，该点可以是某一固定点(如加工中心机床，其换刀机械手的位置是固定的)，也可以是任意的一点(如车床的刀架转位点)。换刀点应设在工件和夹具的外部，以刀架转位时不碰工件及其他部件为准，其设定值可用实际测量方法或计算确定。

1.6.5　切削用量的确定

数控编程时，编程人员必须确定每道工序的切削用量，并以指令的形式写入程序中。切削用量包括主轴转速、吃刀量及进给速度等，对于不同的加工方法，需要选用不同的切削用量。切削用量的选用原则是：保证零件加工精度和表面粗糙度，充分发挥刀具切削性能，保证合理的刀具耐用度，并充分发挥机床的性能，最大限度提高生产率，降低成本。由于目前数控刀具发展迅速，而切削用量与刀具寿命有着密切的关系，因此切削用量选择的具体数值应根据机床说明书、切削用量手册，并结合经验确定。

1. 确定主轴转速

主轴转速 n(r/min)应根据允许的切削速度 v 和工件(或刀具)直径 D 来选择，其计算公式为

$$n=\frac{1000v}{\pi D}$$

式中，n 为主轴转速(r/min)；v 为切削速度(m/min)，由刀具耐用度决定；D 为工件直径或刀具直径(mm)。

2. 确定进给速度

进给速度是数控机床切削用量中的重要参数，主要根据零件的加工精度和表面粗糙度要求，以及刀具、工件的材料的性质选取。最大进给速度受机床刚度和进给系统的性能限制。确定进给速度的原则：当工件的质量要求能够得到保证时，为提高生产效率，可选择较高的进给速度，一般在100～200mm/min范围内选取；在切断、加工深孔或用高速钢刀具加工时宜选择较低的进给速度，一般在20～50mm/min范围内选取；当加工精度要求高，表面粗糙度数值要求较低时，进给速度应选小些，一般在20～50mm/min范围内选取；刀具空行程时，特别是远离工件时，应采用G00指令；“回零”时可以设定该机床数控系统设定的最高进给速度。

3. 确定吃刀量

吃刀量是根据机床、工件和刀具的刚度来决定的。在刚度允许的条件下，应尽可能使吃刀量等于工件的加工余量，这样可以减少走刀次数，提高生产效率。为了保证加工表面，可留少量精加工余量，一般留0.2～0.5mm。

总之切削用量的具体数值应根据机床性能、相关的手册，结合实际经验用类比方法确定。同时，使主轴转速、切削速度及进给速度三者相互适应，以形成最佳切削用量。

切削用量不仅是在机床调整前必须确定的重要参数，而且数值合理与否对加工质量、加工效率、生产成本等都有非常重要的影响。所谓合理的切削用量是指充分利用刀具切削

性能和机床动力性能(功率、扭矩)，在保证质量的前提下，获得高的生产率和低的加工成本的切削用量。

在实际生产中，切削用量一般根据经验并通过查表的方式进行选取。常用硬质合金刀具或涂层硬质合金刀具切削不同材料时的切削用量推荐值见表1-2，常用切削用量推荐表见表1-3。

表1-2　硬质合金刀具切削用量推荐表

工件材料	粗加工			精加工		
	切削速度/(m/min)	进给量/(mm/r)	背吃刀量/(mm/r)	切削速度/(m/min)	进给量/(mm/r)	背吃刀量/(mm/r)
碳钢	220	0.2	3	260	0.1	0.4
低合金钢	180	0.2	3	220	0.1	0.4
高合金钢	120	0.2	3	160	0.1	0.4
铸铁	80	0.2	3	140	0.1	0.4
不锈钢	80	0.2	2	120	0.1	0.4
钛合金	40	0.3	1.5	60	0.1	0.4
灰铸铁	120	0.3	2	150	0.15	0.5
球墨铸铁	100	0.2	2	120	0.15	0.5
铝合金	600	0.2	1.5	600	0.1	0.5

表1-3　常用切削用量推荐表

工件材料	加工内容	背吃刀量/(mm/r)	切削速度/(m/min)	进给量/(mm/r)	刀具材料
碳素钢 σ_b＞600MPa	粗加工	5～7	60～80	0.2～0.4	YT类
	粗加工	2～3	80～120	0.2～0.4	
	精加工	2～6	120～150	0.1～0.2	
碳素钢 σ_b＞600MPa	钻中心孔	5～7	500～800(r/min)		W18Cr4V
	钻孔	5～7	25～30	0.1～0.2	
	切断(宽度＜5mm)		70～110	0.1～0.2	YT类
铸铁＜200HBS	粗加工		50～70	0.2～0.4	YG类
	精加工		70～100	0.1～0.2	
	切断(宽度＜5mm)		50～70	0.1～0.2	

1.6.6　零件的安装和夹具的选择

1. 定位基准的选择

工件上应该有一个或几个共同的定位基准，该定位基准一方面要能保证工件经多次装夹后其加工表面之间相互位置的正确性。例如，多棱体、复杂箱体等在加工中心上完成四周加工后，要重新装夹后加工剩余的加工表面，用同一基准定位可以避免由基准转换引起的误差，另一方面要满足加工中心工序集中的特点，即每一次安装尽可能完成工件上较多表面的加工。定位基准最好是工件上已有的面或孔，若没有合适的面或孔，也可专门设置工艺孔或工艺凸台等作为定位基准。

选择定位基准时，应注意减少装夹次数，尽量做到在一次安装中能把工件上所有要加工表面都加工出来。因此，常选择工件上不需要数控铣削的加工表面和定位基准。对薄板件，选择的定位基准应有利于提高工件的刚度，以减少切削变形。定位基准应尽量与设计基准重合，以减少定位误差对尺寸精度的影响。

2. 装夹方案的确定

在零件的工艺分析中，已确定了工件在数控机床上的加工部位和加工时用的定位基准，因此，在确定加工方案时，只需根据已选定的加工表面和定位基准确定工件的定位夹紧方式，并选择合适的夹具，主要考虑以下几点。

(1) 夹紧机构或其他元件不得影响进给，加工部位要敞开。

要求在夹持工件后夹具上一些组成件(如定位块、压块和螺栓等)不能与刀具轨迹发生干涉。

(2) 必须保证最小的夹紧变形。

工件在粗加工时，切削力大，需要夹紧力大，但又不能把工件夹压变形，否则松开夹具后工件发生变形，因此必须慎重选择夹具的支承点、定位点和夹紧点。如果采用了相应措施仍不能控制工件变形，只能将粗、精加工分开，或者粗、精加工使用不同的夹紧力。

(3) 装卸方便，辅助时间尽量短。

由于数控机床效率高，装夹工件的辅助时间对加工效率影响较大，所以要求配套夹具在使用中也要装卸快和使用方便。

(4) 对小型零件或工序不多的零件，可以考虑在工作台上同时装夹几件工件进行加工，以提高加工效率。

(5) 夹具结构应力求简单。

由于零件在数控机床上加工大都采用工序集中原则，加工的部位较多，同时批量较少，零件更换周期短，所以夹具的标准化、通用化和自动化对加工效率的提高及加工费用的降低有很大影响。因此对批量小的零件应优先选用组合夹具，对形状简单的单件小批量生产的零件，可选用通用夹具。只有对批量较大且周期性投产的零件和加工精度要求较高的关键工序才设计专用夹具，以保证加工精度和提高装夹效率。

(6) 夹具应便于与机床工作台面及工件定位面间的定位连接。

铣床和加工中心台面上都有基准 T 形槽，转台中心有定位圆，台面侧面有基准挡板等定位元件。固定方式一般利用 T 形槽螺钉或工作台面上的紧固螺孔，用压板或螺栓压紧。夹具上用于紧固的孔和槽的位置必须与工作台上的 T 形槽孔和槽的位置相对应。

3. 定位安装的基本原则

在数控机床上加工零件时，定位安装的基本原则与普通机床相同，也要合理选择定位基准和夹紧方案。为了提高数控机床效率，确定定位基准与夹紧方案时应注意下列几点。

(1) 力求设计、工艺与编程计算基准的统一。

(2) 减少装夹次数，尽可能在一次定位装夹后，加工出全部待加工表面。

(3) 避免采用占机人工调整式加工方案，以充分发挥数控机床的效能。

1.6.7 数控加工的工艺文件

数控加工的工艺文件主要有：数控编程任务书、数控加工工件安装和原点设定卡片，数控加工工序卡片、数控加工走刀路线图、数控刀具卡片等。文件格式可根据企业实际情况自行设计。

1. 数控编程任务书

它阐明了工艺人员对数控加工工序的技术要求和工序说明，以及数控加工前应保证的加工余量。它是编程人员和工艺人员协调工作和编制数控程序的重要依据之一。

2. 数控加工工件安装和原点设定卡片

简称装夹图和零件设定卡。它应表示出数控加工原点的定位方法和夹紧方法，并应注明加工原点设置和坐标方向，使用的夹具名称和编号等。

3. 数控加工工序卡

数控加工工序卡与普通加工工序卡有许多相似之处，所不同的是：数控加工工序卡中应注明编程原点和对刀点，要进行简要编程说明(如所用机床型号、程序编号、刀具半径补偿、镜像对称加工方式等)及切削参数(即程序输入的主轴转速、进给速度、最大吃刀量等)的选择。

4. 数控加工走刀路线图

在数控加工中，常常要注意并防止刀具在运动过程中与夹具或工件发生意外碰撞，为此必须告诉操作者关于编程中的刀具运动路线(如从哪里下刀、在哪里抬刀、哪里是斜下刀等)。为简化走刀路线图，一般可采用统一约定的符号来表示。不同的机床也可采用不同的图例与格式。

5. 数控刀具卡

数控加工时，对刀具的要求十分严格，一般要在机外对刀仪上预先调整刀具直径和长度。刀具卡应反映刀具编号、刀具结构、尾柄规格、组合件名称代号、刀片型号和材料等。

练习与思考题

1-1 对照图1.1说明数控机床的加工过程。

1-2 简述数控机床加工程序编制的步骤和内容。

1-3 数控编程的方法有哪些？它们分别适用什么场合？

1-4 数控编程中的功能代码有哪些？

1-5 数控机床的坐标系建立的原则是什么？

1-6 数控机床采用的是什么坐标系？

1－7 数控机床坐标系的种类有哪些？
1－8 数控加工工艺的主要内容有哪些？
1－9 数控加工工序的划分方法有哪些？
1－10 数控加工路线的确定原则有哪些？
1－11 什么是对刀点和换刀点？
1－12 选择对刀点的原则是什么？
1－13 数控加工中切削用量的确定原则是什么？
1－14 数控加工的工艺文件有哪些？

第2章 常用编程指令及数学处理

本章学习目标

★ 了解常用编程指令

★ 了解程序编制中的数值计算

本章教学要点

知识要点	掌握程度	相关知识
常用编程指令	掌握G00，G01，G02，G03指令； 了解其他数控加工指令	机床加工原理
程序编制中的数值计算	了解基点和节点的概念； 了解程序编制中的误差	机械加工精度

导入案例

数控加工程序由程序段组成，每个程序段就是一行，一个完整的数控加工程序，应该由程序名、多个程序段和程序尾所组成，用 FANUC 0i－T 系统对图 1 所示回转体零件进行编程。

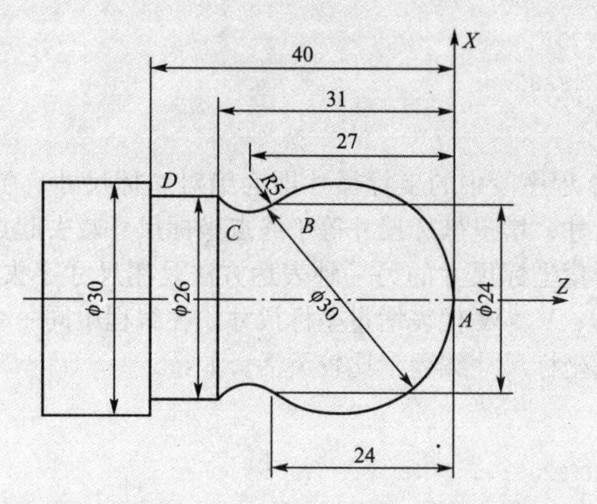

图 1　G00、G01、G02、G03 指令应用例图

所编写的精加工程序如下：

```
O1234;                      程序名
M03 S400;                   程序段
T0101;
G00 X0.0 Z2.0;
G01 Z0.0 F1.5;
G03 X24.0 Z-24.0 R15.0;
G02 X26.0 Z-31.0 R5.0;
G01 Z-40.0;
G00 X40.0;
Z50.0;
M30;                        程序尾
```

常用编程指令是在数控编程中经常使用的一些指令，这些指令是编程的基础，学会了这些指令的使用，对数控编程来说有其重要意义。在手工编写程序的过程中还要进行数学计算，以便找到基点和节点。

2.1　常用编程指令

2.1.1　绝对坐标尺寸与增量坐标尺寸指令 G90、G91

坐标字由坐标地址符 X 、Y、Z 和数字组成，数字代表的就是刀具运动的终点坐标位置，该坐标可用绝对坐标尺寸与增量坐标尺寸。绝对坐标尺寸是相对于工件坐标系原点的坐标尺寸；增量坐标尺寸是当前点相对于前一点的增量尺寸。

在加工过程中绝对坐标尺寸与增量坐标尺寸有两种表达方法。第一种用 G 指令做规定，一般用 G90 指令指定绝对坐标尺寸，用 G91 指令指定增量坐标尺寸，G90、G91 是模态指令，具有续效性，G90、G91 可互相取代。如：

```
N0030 G90 G00 X50 Y70;
N0040 G01 X100 Y150 F200;
N0050 G91 X100 Y60;
```

在 N0030 、N0040 程序段中的坐标尺寸即为绝对坐标尺寸，在 N0050 程序段中的坐标尺寸即为相对坐标尺寸；增量坐标尺寸等于终点坐标尺寸减去起点坐标尺寸。

绝对坐标尺寸与增量坐标尺寸的另一种表达方法是用尺寸字去指定。用 X、Y、Z 代表绝对坐标尺寸，用 U、V、W 代表增量坐标尺寸。在编程中同一个程序段既可用绝对坐标尺寸编程也可用增量坐标尺寸编程，比较灵活。如：

```
N0030 G00 X50 V70;
N0040 G01 U100 Y150 F200;
N0050 U50 V60;
```

绝对坐标尺寸编程与增量坐标尺寸编程的指定方法取决于数控系统。

2.1.2　预置寄存指令 G92

通过该指令设定起刀点即程序开始运动的起点，从而建立工件坐标系。指令格式为

```
G92 X-Y-Z-;
```

式中，X、Y、Z 尺寸字是指定起刀点相对于工件坐标系原点的位置。对图 2.1 来说，建立工件坐标系的程序段为

```
G92 X40.0 Y50.0 Z25.0;
```

通过运行该程序段，工件坐标系的原点 *W* 被设定。值得说明的是该指令只是用来设定坐标系，机床并未产生任何运动。有的数控系统通过 G50 指令来实现该功能。用 G92 或 G50 指令建立工件坐标系的具体操作见第 3 章和第 4 章。

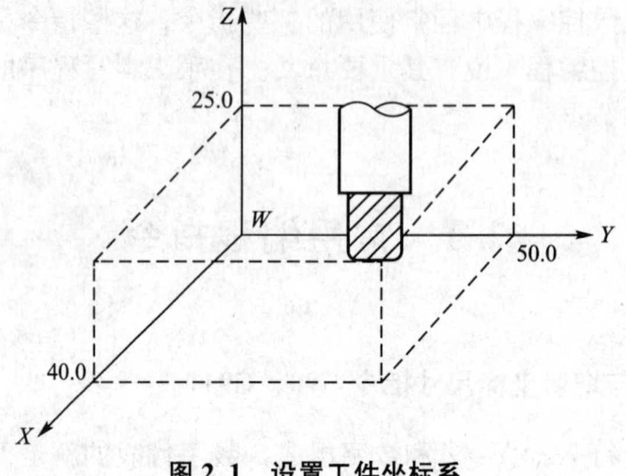

图 2.1　设置工件坐标系

2.1.3　坐标平面选择指令 G17、G18、G19

坐标平面选择指令 G17、G18、G19 分别用来指定程序段中刀具的圆弧插补平面和刀具补偿平面。在笛卡儿直角坐标系中，三个互相垂直的轴 X、Y、Z 分别构成三个平面，如图 2.2 所示，G17 表示选择在 XY 面内加工，G18 表示选择在 XZ 面内加工，G19 表示选择在 YZ 面内加工。

G17、G18、G19 为模态指令，具有续效性，可互相注销，G17 为默认值。数控立式铣床大多都在 XY 平面内加工，数控车床上在 ZX 平面内加工。

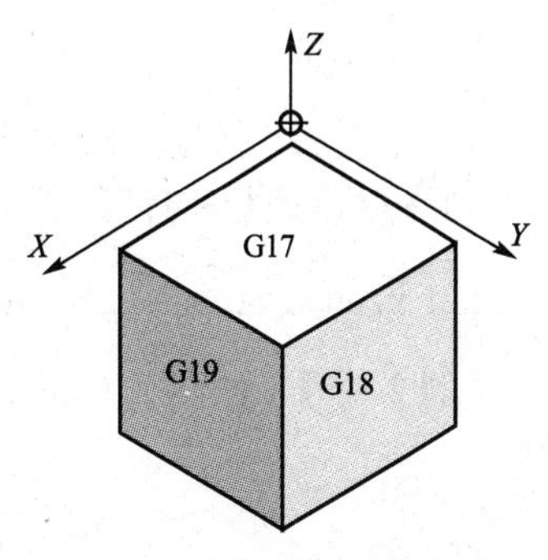

图 2.2　坐标平面选择指令

2.1.4　快速点定位指令 G00

该指令命令刀具以点位控制方式从刀具所在点快速移动到下一个目标位置。在机床上 G00 的速度一般是用参数来设定的。数控机床是这样执行 G00 指令的：从程序执行开始，加速到指定的速度，然后以此快速移动，最后减速到终点，如图 2.3 所示。

假定指定三个坐标方向都有位移量，那么三个坐标方向的伺服电动机同时按指定的速度驱动刀架或工作台运动，当某一轴向完成位移时，该向电动机停止，余下的两轴继续移动，当又有一轴完成位移后，只剩下一个轴移动，直至到达指令值。可见，G00 的轨迹不是一条直线，而是三条或两条直线的组合。如图 2.4 所示，要求刀具从 A 点到达 C 点，X、Y 轴伺服电动机同时驱动各自坐标轴移动，当到达 B 点后，Y 轴电动机停止运动，X 轴继续移动直至到达 C 点，刀具运动轨迹为一折线。

G00 指令格式为

```
G00 X-Y-Z-;
```

式中，X、Y、Z 尺寸字是指目标位置的坐标值。如图 2.4 所示，指令应为

```
G00 X60 Y30;
```

机床运行该指令后，刀具到达 C 点。

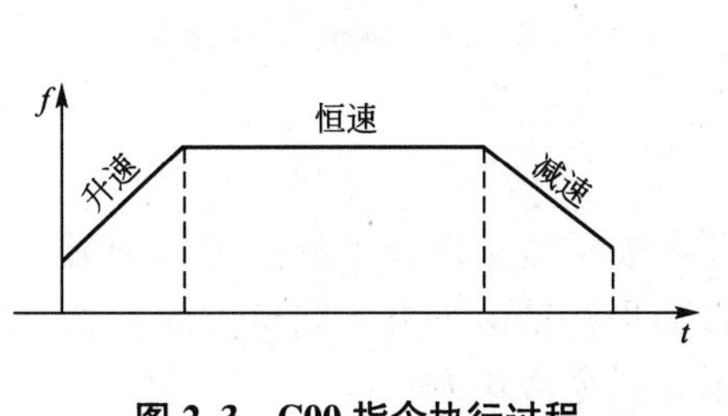

图 2.3　G00 指令执行过程

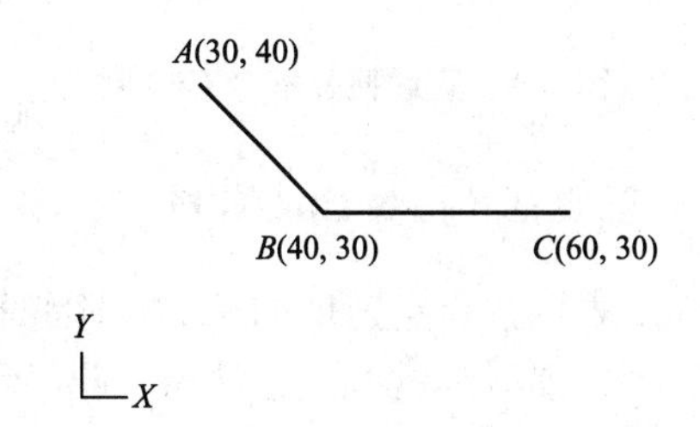

图 2.4　快速点定位轨迹

2.1.5　直线插补指令 G01

该指令用于产生按指定进给速度的直线运动，可使机床沿 X、Y、Z 方向执行单轴运动，或在各坐标平面内执行具有任意斜率的直线运动，也可使机床三轴联动，按指定空间

直线运动。G01 指令格式为

```
G01 X-Y-Z-F-;
```

式中，X、Y、Z 指定直线的终点坐标值；F 指定移动速度。如图 2.5 所示，要求刀具从起点走到终点，运行程序段为

```
G01 X200.0 Y100.0 F200.0;
```

【例 2-1】 如图 2.6 所示工件，利用 G00、G01 指令编写的精加工程序为

```
O0003;                    程序代号
M03 S500;                 启动主轴正转
T0101;                    使用1号刀具
G00 X16.0 Z2.0;           到A点
G01 X26.0 Z-3.0 F80;      到B点
Z-48.0;                   到C点
X60 Z-58;                 到D点
X80 Z-73;                 到E点
X90;                      退刀
G00 X100.0 Z100.0;
M05;                      主轴停止
M30;                      程序结束
```

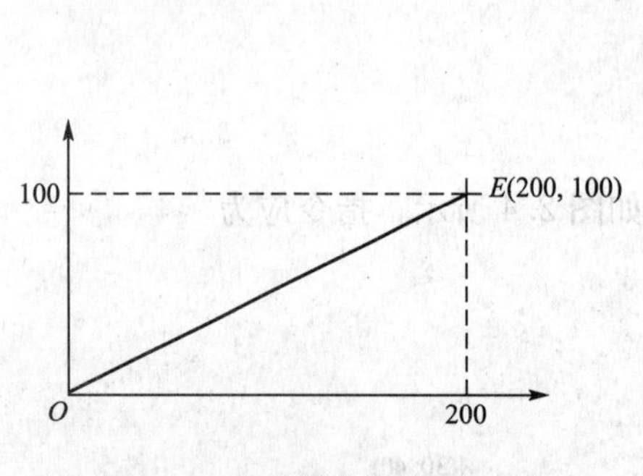

图 2.5　直线插补指令 G01 例

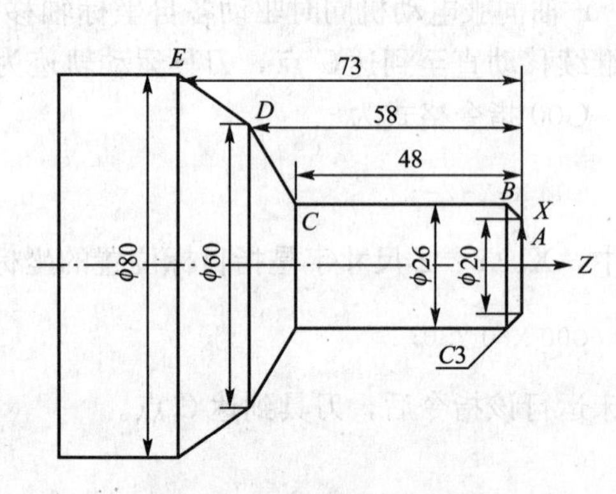

图 2.6　G00、G01 指令例

2.1.6　圆弧插补指令 G02/G03

G02 表示按指定速度的顺时针圆弧插补，G03 表示按指定速度的逆时针圆弧插补。圆弧顺时针、逆时针的判别方法是：沿着不在圆弧面坐标轴由正方向向负方向看去，顺时针方向为 G02、逆时针方向为 G03，如图 2.7 所示。指令格式为

```
G02(G03)X-Y-Z-I-J-K-F-;
```

式中，X、Y、Z 为指定圆弧终点的位置；I、J、K 为指定圆弧的圆心位置，I、J、K 分别为圆心相对于圆弧起点在 X、Y、Z 方向的增量，即等于相对应方向的圆心坐标减去圆弧起点坐标。

如图 2.8 所示，加工圆弧 AB 时的程序段为

```
G90 G03 X0.0 Y50.0 I-50.0 J0.0 F200.0;
```

加工圆弧 BA 时的程序段为

```
G90 G02 X50.0 Y0.0 I0.0 J-50.0 F200.0;
```

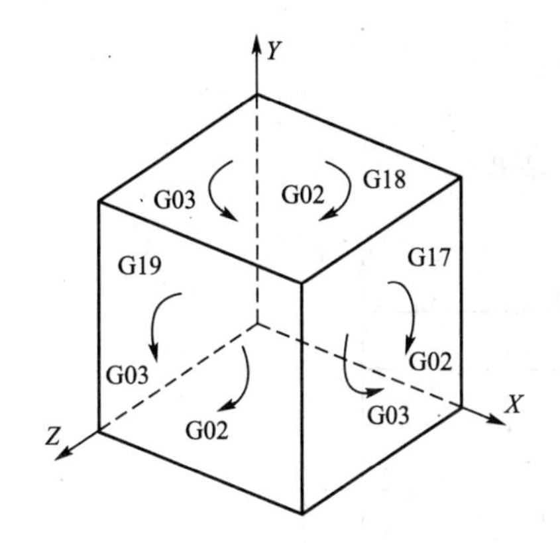

图 2.7　圆弧顺逆方向的判别

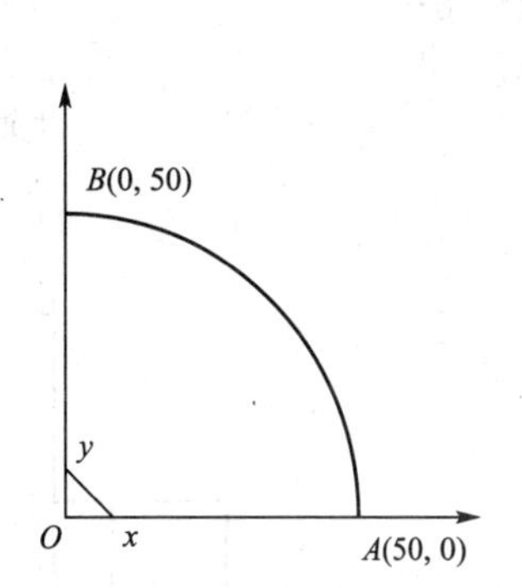

图 2.8　圆弧插补指令的应用

现在很多数控系统可直接采用圆弧半径 R 编写程序，即在 G02 或 G03 的程序段中，可直接指定圆弧半径，而不必再指令 I、J、K 字，但用半径 R 时，若圆弧角度小于或等于 180°时，用 R，若圆弧半径大于 180°时，用 R -。如图 2.9 所示圆弧，若圆弧半径为 30，加工角度小于或等于 180°圆弧时，程序段为

```
G90 G02 X-Y-R30.0 F200.0;
```

若加工角度大于 180°圆弧时，程序段为

```
G90 G02 X-Y-R-30.0 F200.0;
```

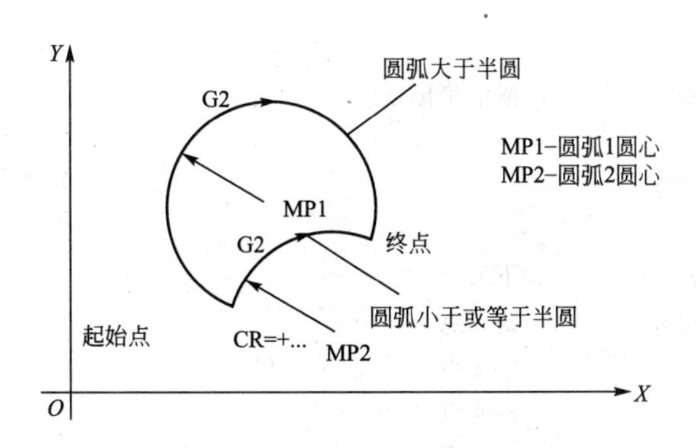

图 2.9　用半径 R 圆弧编程

【例 2-2】　应用 G00、G01、G02 或 G03 指令编写图 2.10 所示零件的精加工程序。应用 FANUC 系统对图 2.10 所示零件编写的精加工程序为

```
O0004;                    程序代号
```

```
M03 S400;                    启动主轴正转
T0101;                       使用 1 号刀具
G00 X0.0 Z2.0;
G01 Z0.0 F1.5;               到 A 点
G03 X24.0 Z-24.0 R15.0;      到 B 点
G02 X26.0 Z-31.0 R5.0;       到 C 点
G01 Z-40.0;                  到 D 点
G00 X40.0;                   退刀
Z50.0;
M30;                         主轴停止，程序结束
```

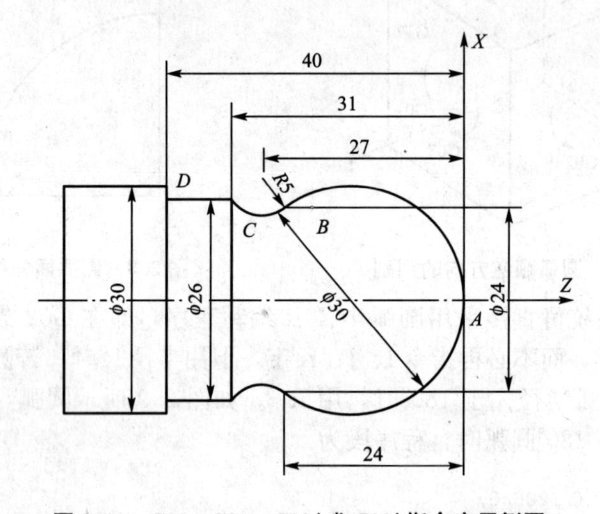

图 2.10　G00、G01、G02(或 G03)指令应用例图 1

【例 2-3】 应用 G00、G01、G02 或 G03 指令在铣床上加工图 2.11 所示图形，加工程序为

```
O1121;
N10 G54 G90 G40 G17;         激活坐标系
N12 S600 M03;
N14 G00 X0 Y20 Z30;
N15 Z5;
N16 G01 Z-2 F50;             下刀
N16 X4.5 Y6.5 F200;          1-2 点
N20 X18.9;                   2-3 点
N22 X7 Y-2;                  3-4 点
N24 X11.5 Y-16.5;            4-5 点
N26 X0 Y-7.5;                5-6 点
N28 X-11.5 Y-16.5;           6-7 点
N30 X-7 Y-2;                 7-8 点
N32 X-18.9 Y6.5;             8-9 点
N34 X-4.5 Y6.5;              9-10 点
```

```
N35 X0 Y20;                 10-1点
N36 G03 X0 Y20 I0 J-20;     R20圆弧加工
N39 G00 Z30;                抬刀
N46 M05;
N48 M30;
```

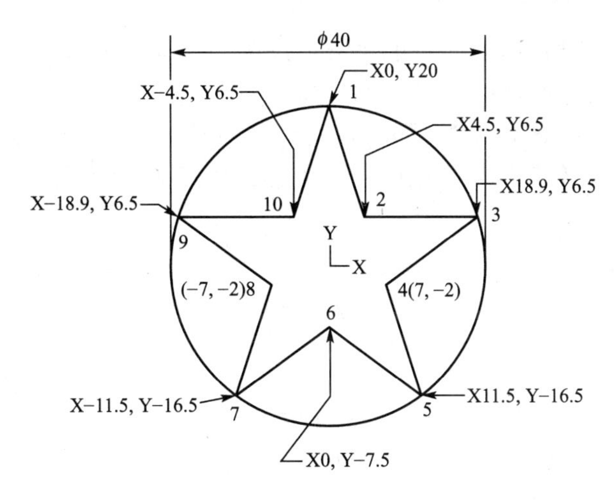

图 2.11　G00、G01、G02(或 G03)指令应用例图 2

2.1.7　刀具半径补偿指令 G40、G41/G42

现代数控系统都具有刀具半径补偿功能，为程序编制提供了方便。当编制零件加工程序时不需要计算刀具中心运动轨迹，而只需要按零件轮廓编程，使用刀具半径补偿指令，数控系统便能自动地计算出刀具中心的偏移向量，进而得到偏移后的刀具中心轨迹，并使刀具沿刀具中心轨迹运动。

G41 为刀具半径左补偿，表示沿着刀具前进方向看，刀具偏在工件轮廓的左边，相当于顺铣；G42 为刀具半径右补偿，表示沿着刀具前进方向看，刀具偏在工件轮廓的右边，相当于逆铣，如图 2.12(a)所示。对刀具寿命、加工精度、表面粗糙度而言，顺铣效果较好，因此 G41 使用较多。G40 表示取消刀具半径补偿。图 2.12(b)、图 2.12(c)表示

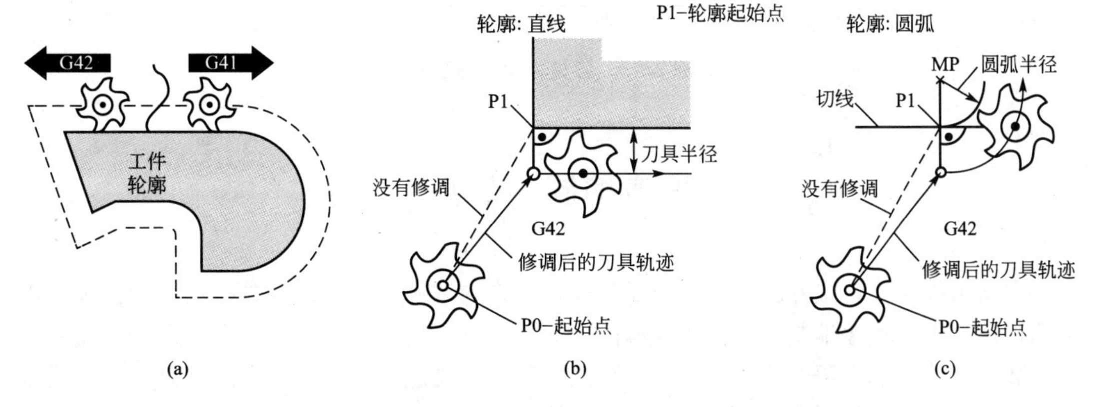

图 2.12　刀具半径补偿指令

的是刀具半径补偿的建立过程，修调后的轨迹就是使用G42(或G41)指令后，刀具实际运动轨迹。

G41、G42指令需要与G00～G03等指令共同构成程序段，通常采用G01指令建立或取消刀具半径补偿，这样既安全又快捷。G40、G41、G42为模态指令。程序段格式为

```
G00(或G01、G02、G03)G41(或G42) X_  Y_  D_  F_ ;
```

式中，X、Y为刀具半径补偿起始点的坐标；D为刀具半径补偿寄存器代号，1号刀为D01，2号刀为D02，以此类推；F为进给速度。

刀具补偿(简称刀补)的动作过程分为三步，即刀补建立、刀补执行和取消刀补。如图2.13所示，实线为工件轮廓，虚线即为刀具中心轨迹，加工程序为

```
……
G41 G01 X20.0 Y10.0 F100 D1;          建立刀补
G01 Y50.0 F200.0;                     刀补执行开始
X50.0;
Y20.0;
X10.0 Y20.0;                          刀补执行结束
G40 X0.0 Y0.0 F300.0;                 取消刀补
……
```

车床刀尖半径补偿的具体操作方法见第3章，铣床刀具半径补偿的具体操作方法见第4章。

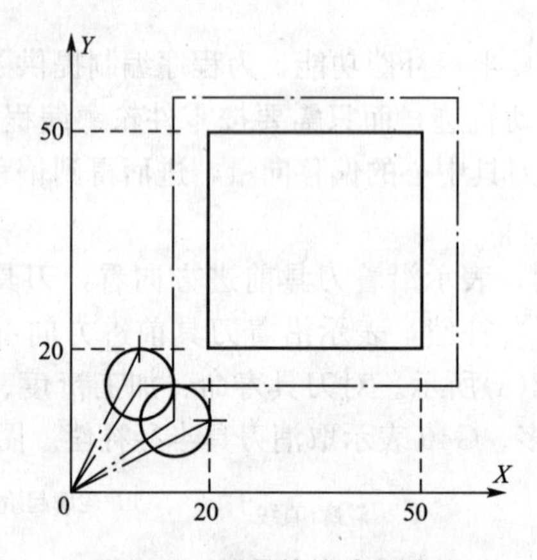

图2.13 刀具补偿动作过程

2.2 程序编制中的数值计算

根据零件图样，按照已确定的加工路线和允许的编程误差，计算数控系统所需输入的数据，称为数控程序编制中的数值计算。手工编程时，在完成工艺分析和确定加工路线以后，数值计算就成为程序编制中一个关键性的环节，要进行基点和节点的计算，尤其是节点的计算比较烦琐和复杂。实际生产中自动编程已成主流，数值计算问题已不突出，只要

给出编程误差值，节点会自动算出并给出加工轨迹。本节的目的是让编程人员了解程序编制中的数值计算。

2.2.1 基点和节点的计算

一个零件的轮廓往往是由许多不同的几何元素构成的，如直线、圆弧、二次曲线等。各几何元素间的连接点（交点或切点）称为基点，如图 2.14(a)中的 A、B、C、D、E 点。

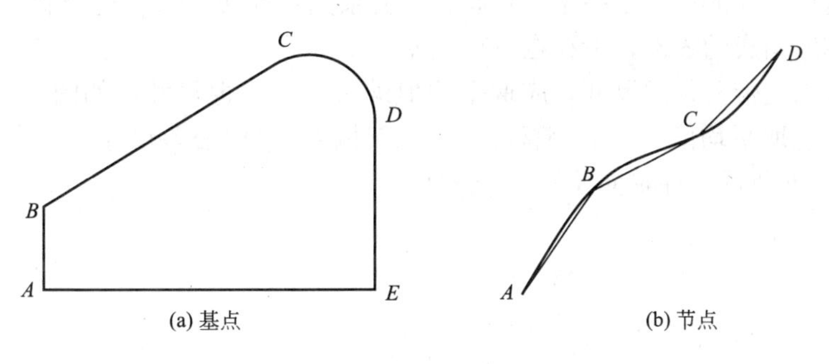

图 2.14 基点和节点

当零件的形状是由直线段和圆弧段以外的其他曲线构成，而数控装置又不具备该曲线的插补功能时，其数值计算比较复杂。将组成零件轮廓的曲线，按数控系统插补功能的要求，在满足允许的编程误差的条件下进行分割，即用若干直线段或圆弧段来逼近给定的曲线，逼近线段的交点或切点称为节点，如图 2.14(b)中的 B、C 点。逼近线段的误差应小于或等于编程允许误差，编程允许误差一般取零件公差的 1/10～1/5。

2.2.2 程序编制中的误差

1. 程序编制中的误差

程序编制中的误差 $\Delta_{程}$ 是由三部分组成的，其关系为

$$\Delta_{程}=f(\Delta_{逼}，\Delta_{插}，\Delta_{圆})$$

式中，$\Delta_{逼}$ 为采用近似计算方法逼近零件轮廓曲线时产生的误差，称为逼近误差；$\Delta_{插}$ 为采用插补段逼近零件轮廓曲线时产生的误差，称为插补误差；$\Delta_{圆}$ 为数据处理时，将小数脉冲圆整成整数脉冲时产生的误差，称为圆整误差。

若零件的原始轮廓用列表曲线表示，当用近似方程来逼近列表曲线时，则方程式所表示的形状与零件原始轮廓之间的差值，称为逼近误差。这种误差只出现在零件轮廓形状用列表曲线表示的情况。

当用数控机床加工零件时根据数控装置所具有的插补功能的不同，可用直线或圆弧去逼近零件轮廓，当用直线或圆弧去逼近零件轮廓时，逼近曲线与零件实际原始轮廓曲线之间的最大差值，称为插补误差。图 2.15

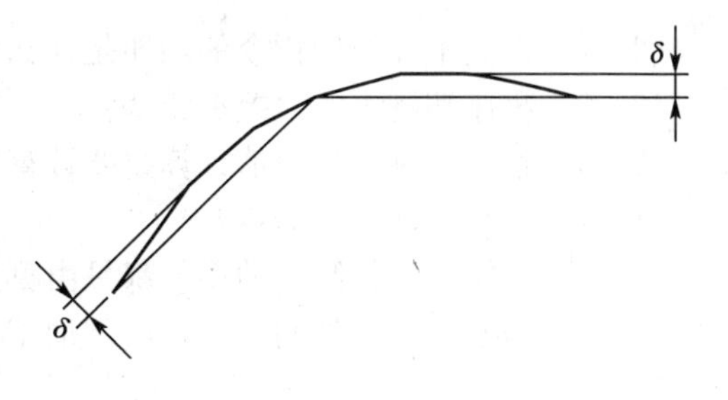

图 2.15 插补误差

中的δ是用直线逼近零件轮廓曲线时的插补误差。

圆整误差是将脉冲值中小于一个脉冲当量的数值，用四舍五入法圆整成整数脉冲值时所产生的误差。$\Delta_{圆}$不超过脉冲当量的一半。

在点位数控系统中，圆整误差直接影响坐标尺寸精度；在轮廓加工系统中圆整误差对加工影响不大，影响其加工精度的主要是插补误差。

2. 编程基本尺寸的选取

编程时编程尺寸的选取是一个关键问题，关系到零件加工精度是否能满足要求。对于由圆弧和直线所构成的零件，不存在编程误差。

对于零件图上带公差的尺寸，应取平均值编程，即中值尺寸，如图 2.16 所示零件轴向尺寸 $28^{0}_{-0.05}$应取平均值 27.975 编程。对于零件图上自由公差尺寸，应直接取其该尺寸编程，如图 2.16 所示零件轴向尺寸 5、63 等。

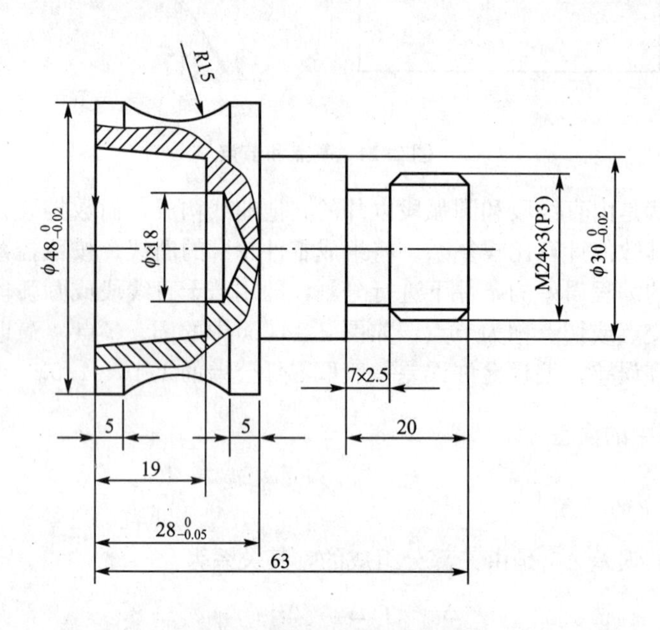

图 2.16 编程基本尺寸的选取

练习与思考题

2-1 刀具半径补偿指令的功能是什么？刀具补偿的动作过程是什么？

2-2 程序编制中的误差有哪些？

2-3 程序编制中的数值计算主要计算什么？

2-4 什么是基点和节点？

2-5 数控程序编制中的误差都是由哪几部分组成的？

2-6 当不考虑刀具的半径补偿，加工下列轮廓形状时，试编写图 2.17～图 2.20 的加工程序。

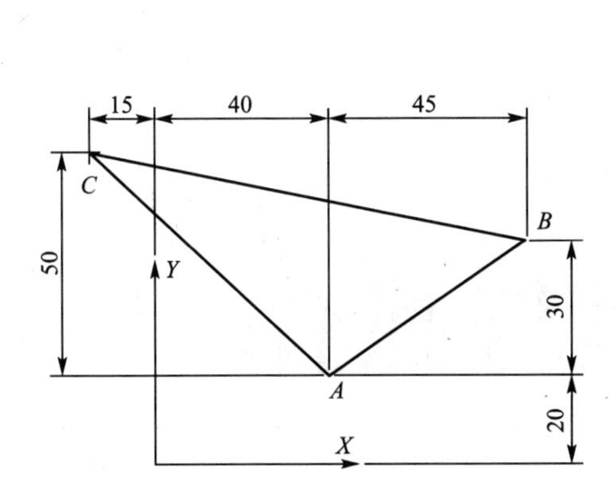

图 2.17　题 2-6 图 1

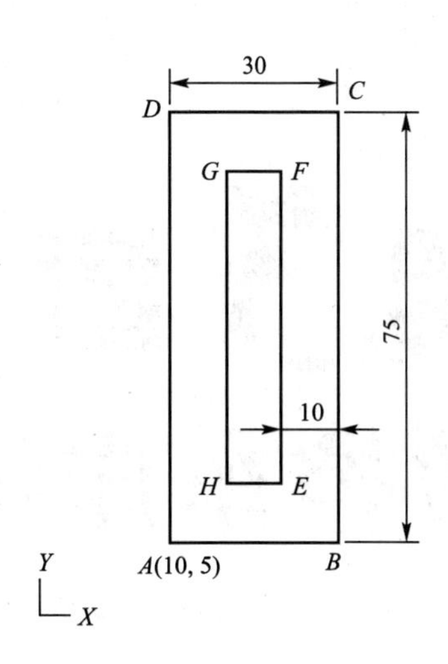

图 2.18　题 2-6 图 2

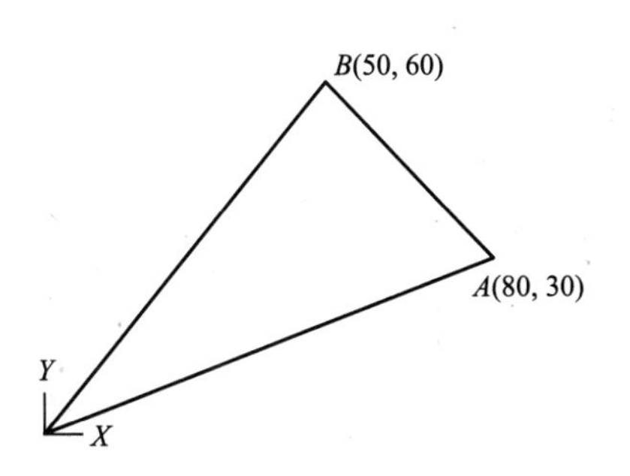

图 2.19　题 2-6 图 3

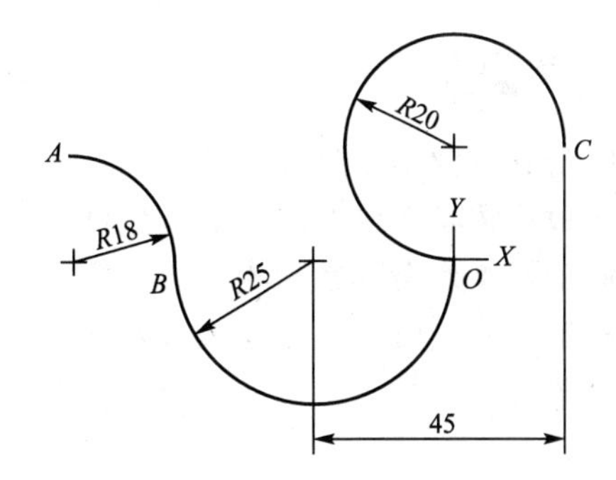

图 2.20　题 2-6 图 4

第3章

数控车床编程与操作

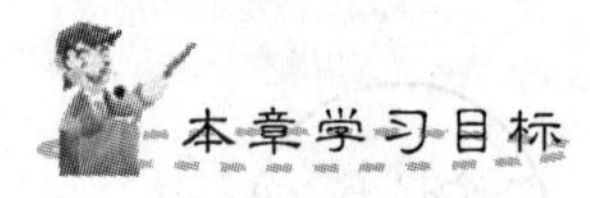

本章学习目标

★ 了解数控车床编程基础
★ 初步掌握数控车床的基本操作
★ 了解工件坐标系的建立与刀具补偿
★ 了解刀尖圆弧半径补偿与刀具磨耗补偿
★ 掌握数控车床常用指令的编程方法

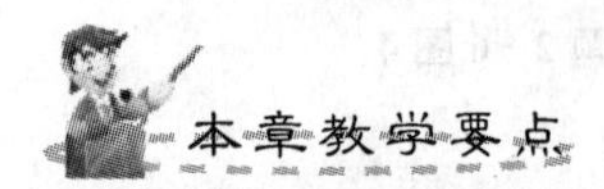

本章教学要点

知识要点	掌握程度	相关知识
数控车床编程基础	了解数控车床的编程特点；了解FANUC 0i－T数控系统的功能；了解数控车床的加工工艺	数控车床加工原理，车床加工工艺
数控车床的基本操作	通过仿真软件使学生初步掌握数控车床基本操作，如开机、关机，手动操作机床，开关主轴，装换刀具和工件，输入加工程序等	车床加工方法
工件坐标系的建立与刀具补偿	了解工件坐标系的建立方法；掌握以任意位置建立工件坐标系的编程及操作方法；了解刀具补偿的概念及在数控车床中的应用	数控车床坐标系的概念
刀尖圆弧半径补偿与刀具磨耗补偿	了解车床刀尖圆弧半径补偿与刀具磨耗补偿的编程与操作方法	刀具磨损及耐用度的概念
数控车床常用指令的编程方法	掌握单一固定循环指令G90、G92、G94；掌握复合固定循环G70～G73	车床加工原理，车床加工方法，车床加工工艺

导入案例

数控车床数控系统提供了一些固定循环指令，这使得车床的编程变得比较简单，通常采用手工编程即可，如图1所示零件，工件坐标系原点在右端面，采用固定循环指令编写的加工程序如下。

```
O0120;
N10 T0101;
N20 S240 M03;
N30 G00 X120 Z10 M08;
N40 G96 S120
N50 G71 U3 R1;
N60 G71 P70 Q130 U2 W1 F1.5;
N70 G00 X40;                        循环开始
N80 G01 Z-30 F0.15S 150;
N90 X60 W-30;
N100 W-20;
N110 X100 W-10;
N120 W-20;
N130 X120 W-20;
N135 G70 P70 Q130;
N140 G00 X125;
N150 X200 Z140 M05;
N160 M02;
```

图2为仿真加工结果。

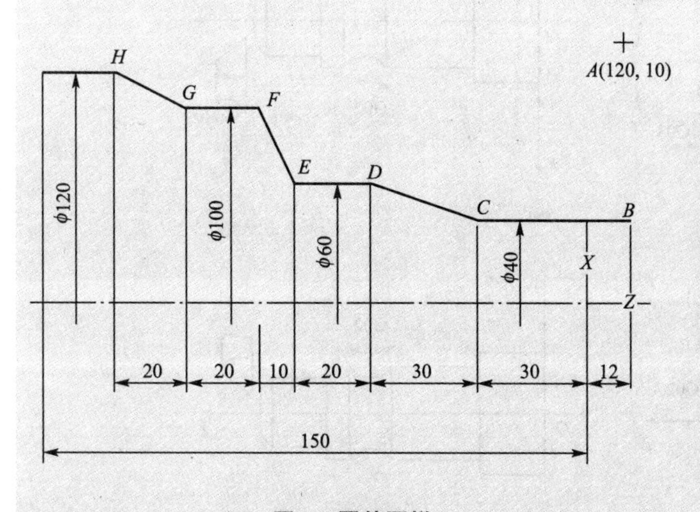

图1　零件图样

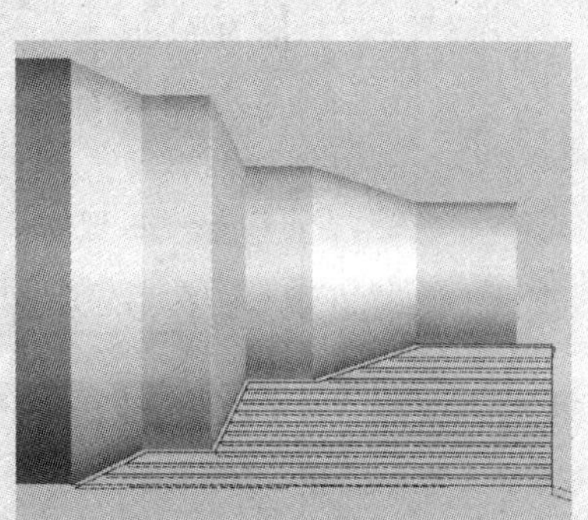

图2　仿真加工结果

3.1　数控车床编程基础

3.1.1　数控车床的编程特点

数控车床加工程序的编制有以下特点。

(1) 在一个程序段中，根据图样上的标注尺寸，可以采用绝对坐标编程、增量坐标编程或二者混合编程。

(2) 由于被加工零件的径向尺寸在图样上和测量时，都是以直径值表示，所以直径方向用绝对值编程时，X 以直径值表示；用增量值编程时，以径向实际位移量的二倍值表示，并附上方向符号(正向可省略)。

(3) 由于车削加工常用棒料或锻料作为毛坯，加工余量较大，所以为简化编程，数控装置常备用不同形式的固定循环功能，使车床手工编程简化。

(4) 编程时，常认为车刀刀尖是一个点，而实际上为了提高刀具寿命和工件表面质量，车刀刀尖常磨成一个半径不大的圆弧，因此为提高工件的加工精度，当编制加工程序时，需要对刀具半径进行补偿，现代数控车床都具有刀具半径自动补偿功能，具体补偿方法见本章 3.4 节。

(5) 数控车床编程中的坐标系。

图 2.7 所示为 ISO 对圆弧插补顺逆方向的判别规定。若车床为前置刀架结构，坐标系应为图 3.1(a)所示，车削图 3.1(a)所示圆弧时使用 G02 指令；若车床为后置刀架结构，坐标系应为图 3.1(b)所示，车削图 3.1(b)所示圆弧时使用 G02 指令；即按照 ISO 对圆弧插补顺逆方向的判别规定，无论使用前置刀架或后置刀架编写出的加工程序是一样的。

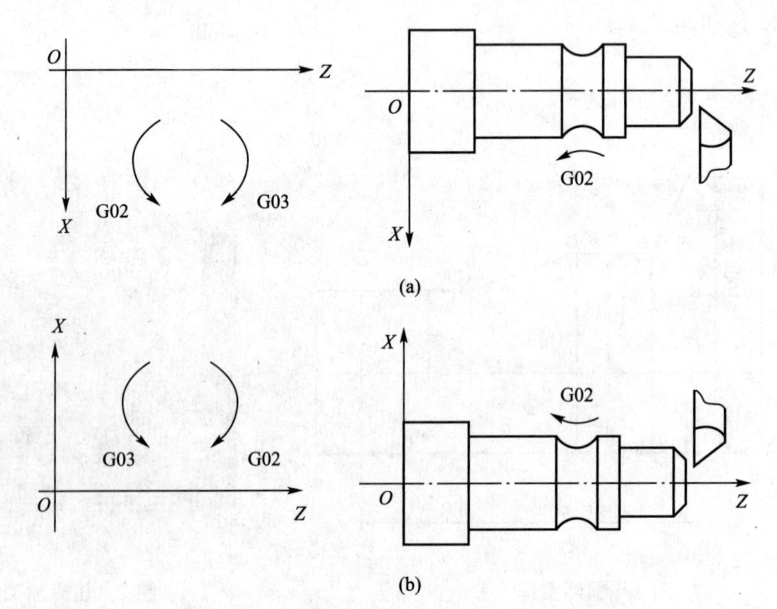

图 3.1　数控车床编程中的坐标系

3.1.2　数控系统的功能

数控机床加工中的动作在加工程序中用指令的方式事先予以规定，这类指令有准备功能 G、辅助功能 M、主轴转速功能 S、刀具功能 T 和进给功能 F。本节简要介绍 FANUC Series 0i－TC 数控系统功能。

1. G 功能

表 3－1 所示为 FANUC Series 0i－TC 数控系统常用准备功能。

表 3－1　准 备 功 能

G 代码	组	功能
G00	01	定位(快速)
G01		直线插补
G02		顺时针圆弧插补
G03		逆时针圆弧插补
G04	00	暂停
G20	06	英寸输入
G21		毫米输入
G32	01	螺纹车削
G34		变螺距螺纹车削
G50	00	坐标系设定或最大主轴转速钳制
G54～G59	14	工件坐标系选择 1～6
G70	00	精加工循环
G71		外圆粗车循环
G72		端面粗车循环
G73		封闭粗车循环
G90	01	外径/内径切削循环
G92		螺纹切削循环
G94		端面切削循环
G96	02	恒表面速度控制
G97		恒表面速度控制取消

2. F 功能

(1) 每转进给 G99mm/r，默认，例：

```
N30 G99 G01 X100.0 Z100.0 F1.5;
```

即主轴每转刀具进给量为 1.5mm/r。

(2) 每分钟进给 G98mm/min，例：

```
N30 G98 G01 X100.0 Z100.0 F 200.0;
```

即刀具进给速度为 200mm/min。

3. S 功能

(1) 主轴最高转速限制 G50，例：

```
N10 G50 S2000;
```

即把主轴最高转速限制在 2000r/min 以内。

(2) 恒线速度控制 G96，例：

```
N10 G96 S150; (m/min)
```

即主轴恒线速度为 150m/min。

(3) 恒线速度控制取消 G97，例：

```
N10 G96 S150;
N20 G97 S1000;恒线速度控制取消,主轴转速为 1000r/min
```

4. T 功能

T 功能的表达方法为 T 字母后面加上四位数字，前两位数字表示刀号，后两位数字表示刀具补偿值代号。例如，T0101 表示使用第 1 把刀及第 1 组刀具补偿值，T0404 表示使用第 4 把刀及第 4 组刀具补偿值，T0100 表示取消第 1 把刀的刀具补偿值。

5. M 功能

编程中常用的辅助功能如下。

M00——用于停止程序运行，按循环启动按钮继续运行。机床状态：主轴旋转，冷却、进给停止。

M01——计划停止。

M03、M04、M05——主轴正转、反转、停止。

M08、M09——冷却液开、关。

M30、M02——主轴停止，程序结束。

M02——程序结束。

M98、M99——调用、返回子程序。

3.1.3 数控车床的加工工艺概述

数控车床的车削与普通车床加工零件所涉及的工艺问题大致相同，处理方法也没有多大差别。从装夹到加工完毕的每一个工步的加工过程都要十分清晰，还要考虑每一个工步的切削用量、走刀路线、位置、刀具尺寸等比较广泛的问题，因此要根据数控车床的特性、运动方式合理制定工件加工工艺。加工工艺处理的工作内容主要是制订加工方案、确定切削用量、制订补偿方案等。

1. 夹具

充分发挥数控车床的加工效能，工件的装夹必须迅速，定位必须准确。数控车床对工件的装夹要求：首先应具有可靠的夹紧力，以防止工件在加工过程中松动；其次应具有较高的定位精度，并便于迅速和方便地装拆工件。

数控车床主要用三爪夹盘装夹，其定位方式主要采用心轴、顶块、缺牙爪等方式，与普通车床装夹定位方式基本相同。

2. 刀具

车床主要用于回转表面的加工，如内外圆柱面、圆锥面、圆弧面、螺纹等切削加工。如图 3.2 所示为常用车刀的种类、形状和用途。

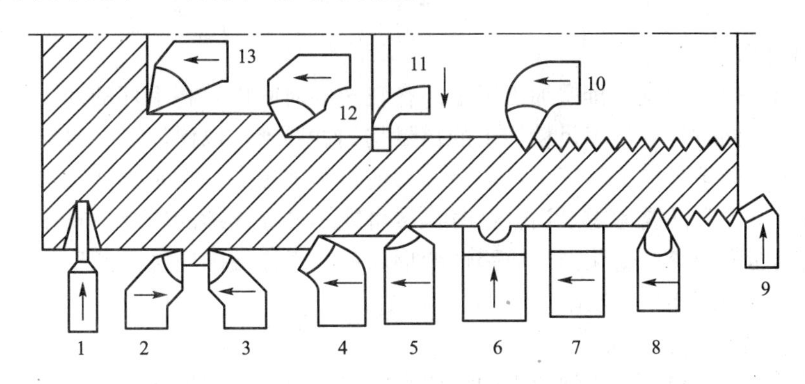

图 3.2 常用车刀的种类、形状和用途

1—切槽(断)刀；2—90°反(左)偏刀；3—90°正(右)偏刀；4—弯头车刀；5—直头车刀；6—成形车刀；7—宽刃精车刀；8—外螺纹车刀；9—端面车刀；10—内螺纹车刀；11—内切槽车刀；12—通孔车刀；13—不通孔车刀

数控车削常用的车刀一般分为三类，即尖形车刀、圆弧形车刀和成形车刀。

1) 尖形车刀

以直线形切削为特征的车刀一般称为尖形车刀。这类车刀的刀尖(同时也为其刀位点)由直线形的主、副切削刃构成，如 90°内外圆车刀、左右端面车刀、切断刀(切槽)车刀及刀尖倒棱很小的各种外圆和内孔车刀。

2) 圆弧形车刀

圆弧形车刀是较为特殊的数控加工用车刀。它的特征是构成主切削刃的刀刃形状为一圆度误差或线轮廓误差很小的圆弧，该圆弧刃每一点都是圆弧形车刀的刀尖，因此，刀位点不在圆弧上，而在该圆弧的中心上。圆弧形车刀可以用于车削内、外表面，特别适宜于车削各种光滑连接(凹形)的成形面。

3) 成形车刀

成形车刀俗称样板车刀，加工零件的轮廓形状完全由车刀刀刃的形状和尺寸决定。数控加工中应尽量少用或不用成形车刀。

车刀安装的正确与否，将直接影响切削能否顺利进行和工件的加工质量。安装车刀时，应注意下列几个问题。

(1) 车刀装在刀架上，伸出部分不宜太长，伸出量一般为刀杆高度的 1～1.5 倍。伸出过长会使刀杆刚性变差，切削时易产生振动，影响工件表面的粗糙度。

(2) 车刀垫铁要平紧，数量要少，垫铁应与刀架对齐。车刀一般要用两个螺钉压紧在刀架上，并逐个拧紧。

(3) 车刀刀尖应与工件轴线等高。

(4) 车刀刀杆中心线应与进给方向垂直，否则会使主偏角或副偏角的实际工作角度发生变化，从而产生误差。

3. 制订加工方案

数控车床的加工方案包括制定工序、工步及走刀路线等。制订加工方案的一般原则为先粗后精、先近后远、先内后外、程序段最少、走刀路线最短和特殊情况特殊处理等。

1) 先粗后精

在车削加工中，应先安排粗加工工序。在较短的时间内，将毛坯的加工裕量去掉，以提高生产效率，同时应尽量满足精加工的裕量均匀性要求，以保证零件的精加工质量。

在数控车床的精车加工工序中，最后一刀的精车加工应一次走刀连续加工而成，加工刀具的进刀、退刀方向要考虑妥当。这时，尽可能不要在连续的轮廓中安排切入和切出或停顿，以免因切削力突然变化而造成弹性变形，使光滑连接的轮廓上产生表面划伤，或者滞留刀痕及尺寸精度不一等缺陷。

2) 先近后远

一般情况下，在数控车床的加工中，通常安排离刀具起点近的部位先加工，离刀具起点远的部位后加工。这样可以缩短刀具移动距离，减少空走刀次数，提高效率，还有利于保证工件的刚性，改善其切削条件。

3) 先内后外

在加工既有内表面(内孔)又有外表面的零件时，通常应先安排加工内表面后再加工外表面。这是因为在加工内表面时，由于受刀具刚性较差影响及工件刚性不足，会使其振动加大，不易控制其内表面的尺寸和表面形状的精度。

4) 走刀路线最短

这是在数控车床上确定走刀路线的重点，主要是指粗车加工和空运行的走刀路线。在保证加工质量的前提下，使加工程序具有最短的走刀路线不仅可以节省整个加工过程的时间，而且还能减少车床的磨损等。

4. 切削用量与切削速度

数控车削加工中的切削用量是表示机床主体的主运动和进给运动速度大小的重要参数，包括切削深度、主轴转速和进给速度。在数控加工程序的编制工作中，选择好切削用量，使切削深度、主轴转速和进给速度三者间能互相适应，形成最佳切削参数，是工艺处理的重要内容之一。

1) 切削深度的确定

在车床主体—夹具—零件这一系统刚性允许的条件下，尽可能选取较大的切削深度，以减少走刀次数，提高生产效率。当零件的精度要求较高时，则应考虑适当留出精车裕量，其所留精车裕量一般比普通车削时所留裕量小，常取0.1～0.5mm。

2）主轴转速的确定

主轴转速的确定方法，除螺纹加工外，其他与普通车削加工时一样，应根据零件上被加工部位的直径，并按零件和刀具的材料及加工性质等条件所允许的切削速度来确定。在实际生产中，主轴转速可用下式计算。

$$n=\frac{1000v}{\pi d}$$

式中，n 为主轴转速(r/min)；v 为切削速度(m/min)；d 为零件待加工表面直径(mm)。

在确定主轴转速时，需要首先确定其切削速度，而切削速度又与切削深度和进给量有关。

3）进给量 f 的确定

进给量是指工件每转动一周，车刀沿进给方向移动的距离(mm/r)，它与切削深度有较密切的关系。粗车时一般取 0.3～0.8mm/r；精车时一般取 0.1～0.3mm/r；切断时宜取 0.05～0.2mm/r。

进给量 f 与进给速度之间的关系为

$$V_f=f\times n$$

式中，V_f 为进给速度(mm/min)；n 为主轴转速(r/min)；f 为进给量(mm/r)。

4）车螺纹时主轴转速的确定

在车削螺纹时，车床的主轴转速将受到螺纹的螺距(或导程)的大小、驱动电动机的降速特性及螺纹插补运算速度等多种因素的影响，故对于不同的数控系统，推荐的主轴转速会有所不同。

3.1.4　对刀

对刀是数控车削加工前的一项重要工作，对刀的好与坏将直接影响到加工程序的编制及零件的加工精度，因此它也是加工成败的关键因素之一。数控车削加工中，应首先确定零件的加工原点以建立准确的加工坐标系，同时考虑刀具的不同尺寸对加工的影响，并输入相应的刀具补偿值。这些都需要通过对刀来解决。

刀位点是指在加工程序编制中，用以表示刀具特征的点，也是对刀和加工的基准点。各类车刀的刀位点如图 3.3 所示。

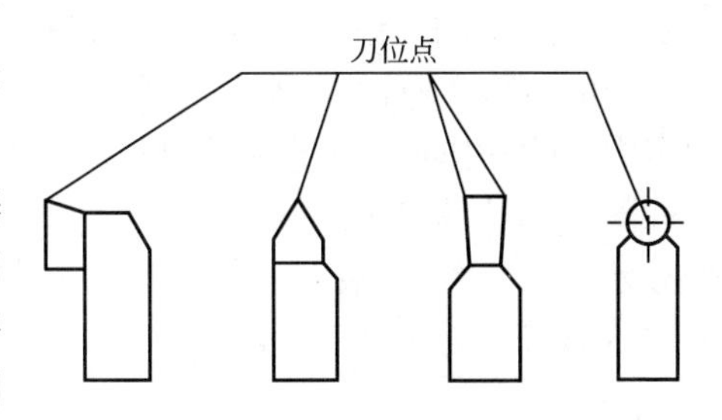

图 3.3　各类车刀的刀位点

对刀是将所选刀的刀位点尽量和某一理想基准点重合，以确定工件坐标系和刀具在机床上的位置。对刀的实质是测量出各把刀的位置差，将各把刀的刀尖统一到同一工件坐标系下的某个固定位置，以使各刀尖点均能按同一工件坐标系指定的坐标移动。

对刀后，各把刀的刀位点与对刀基准点相重合的状况总是有一定的偏差。因此，在对刀的过程中，可同时测定出各刀具的刀位偏差(在进给轴上的偏差大小和方向)，以便进行自动补偿。

对刀点用以确定工件坐标系与机床坐标系之间的关系，它是与对刀基准点相重合(或经刀补后能重合)的位置。在一般情况下，对刀点既是加工程序执行的起点，也是加工程序执行后的终点，该点的位置可由G50、G54等指令指定，具体操作方法详见第3.3节工件坐标系的建立与刀具补偿。

数控车床的对刀方法有三种：试切对刀、机外对刀仪对刀(接触式)和自动对刀。

(1) 试切对刀。试切对刀是指在机床上使用相对位置检测手动对刀。具体操作方法详见第3.3节工件坐标系的建立与刀具补偿。试切对刀是基本对刀方法，操作简单，不需要专用的对刀仪器，实际生产中使用较多，但是此方法占用较多的在机床上的时间。

(2) 机外对刀仪对刀。机外对刀的本质是测量出刀具假想刀尖点到刀具基准之间 X 及 Z 方向的距离。利用机外对刀仪可将刀具预先在机床外校对好，以便装上机床后将对刀长度输入相应刀具补偿号即可以使用。

(3) 自动对刀。自动对刀是通过刀尖检测系统实现的，刀尖以设定的速度向接触式传感器接近，当刀尖与传感器接触并发出信号，数控系统立即记下该瞬间的坐标值，并自动修正刀具补偿值。

3.2 数控车床的基本操作

本节结合斯沃数控仿真软件，介绍了南京第二机床厂生产的由FANUC 0i－T系统控制的数控车床的基本操作。

3.2.1 斯沃数控仿真软件简介

南京斯沃软件技术有限公司开发FANUC、SINUMERIK、MITSUBISHI、华中世纪星HNC等数控车铣及加工中心仿真软件，是结合机床厂家实际加工制造经验与高校教学训练一体所开发的。通过该软件可以使学生达到实物操作训练的目的，又可大大减少昂贵的设备投入。

斯沃数控仿真软件包括十五大类，47个系统，87个控制面板。具有FANUC、SIEMENS(SINUMERIK)、MITSUBISHI、广州数控GSK、华中世纪星HNC等系统编程和加工功能，学生通过在PC上操作该软件，能在很短时间内掌握各系统数控车、数控铣及加工中心的操作，可手动编程或读入CAM数控程序加工。

图3.4为南京第二机床厂生产的FANUC 0i－T车床的操作界面。主窗口屏幕用来显示机床，数控系统屏幕用来显示加工信息、操作信息及输入信息等，编程面板用来输入数控程序和编辑程序并完成相应的操作功能，操作面板用来输入各种操作控制信息。

3.2.2 数控车床的基本操作

图3.5为FANUC 0i－T车床操作面板上的模式旋钮，单击可置模式旋钮在不同位置，选择不同的操作模式，实现机床不同的操作功能。表3－2所示为模式旋钮在不同位置所对应的功能。

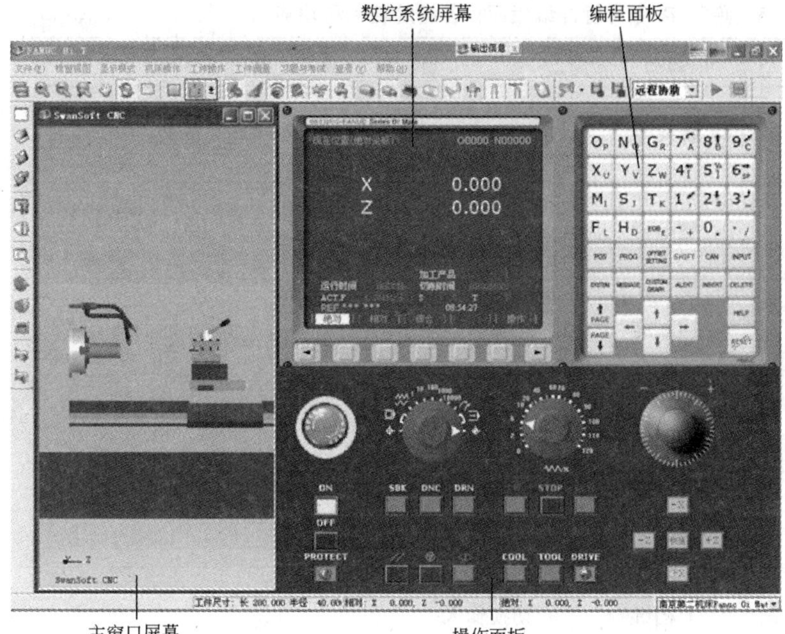

图 3.4 FANUC 0i - T 车床操作界面

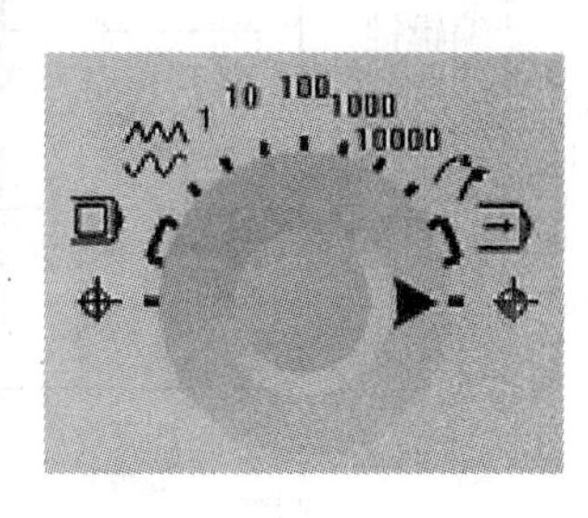

图 3.5 模式旋钮

表 3 - 2 模式旋钮功能

功能图标	功能	功能图标	功能
	编辑模式	 1, 10, 100, 1000	INC(增量进给)模式
	MDI(手动输入数据)模式		MEM(自动加工)模式
	JOG(手动)模式		REF(回参考点)模式

图 3.6 为 FANUC 0i - T 系统的编程面板，表 3 - 3 所示为除数字/字母键外编程面板上各键所对应的名称和功能。数字/字母键用于将字母、数字及其他符号输入到输入区域，每次输入的字母、数字及其他符号都显示在 CRT 屏幕上，每个按键都有两个功能，通过上档键 SHIFT 切换输入。

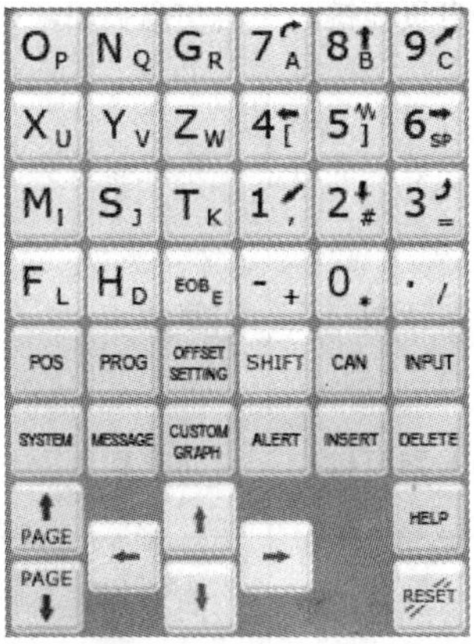

图 3.6 编程面板

表 3-3　除数字/字母键外编程面板各键的名称和功能

类别	键图	键名	功　能
编辑键	ALERT	替代键	用输入的数据替代光标所在处的数据
	DELETE	删除键	删除光标所在处的数据；或者删除一个数控程序或者删除全部数控程序
	INSERT	插入键	把输入域之中的数据插入到当前光标之后的位置
	CAN	修改键	消除输入域内的数据
	EOB_E	回撤换行键	结束一行程序的输入并且换行
	SHIFT	上档键	切换输入
页面切换键	PROG	数控程序显示与编辑页面键	数控程序显示与编辑页面
	POS	位置显示页面键	位置显示页面。位置显示有三种方式，用 PAGE 键选择
	OFFSET SETTING	参数输入页面键	参数输入页面。按一次进入坐标系设置页面，按二次进入刀具补偿参数页面。进入不同的页面以后，用 PAGE 键切换
	HELP	系统帮助页面键	系统帮助页面
	CUSTOM GRAPH	图形参数设置页面键	图形参数设置页面
	MESSAGE	信息页面键	信息页面，如“报警”
	SYSTEM	系统参数页面键	系统参数页面
	RESET	复位键	复位
翻页键（PAGE）	↑ PAGE	向上翻页键	向上翻页
	PAGE ↓	向下翻页键	向下翻页

（续）

类别	键图	键名	功　能
光标移动键（CURSOR）		向上下左右移动光标键	向上下左右移动光标
输入键	INPUT	输入键	把输入域内的数据输入参数页面或者输入一个外部的数控程序

1. 回参考点

在图 3.4 所示界面中按下操作面板上的绿色“NC 系统启动”按钮，再松开其上方的红色“急停”按钮，机床开机。

机床开机后首先要回参考点，机床回参考点后，机床坐标系(MCS)建立起来。回参考点的操作步骤如下。

(1) 置图 3.5 中的模式旋钮在回参考点模式位置，这时屏幕左下角显示为“REF”；

(2) 单击操作面板上的＋X、＋Z 按键 +X、+Z，机床回参考点，这时屏幕显示的 X、Z 坐标值均为零为。

2. 手动移动机床刀架

手动移动机床刀架的方法有两种：一种是用手动(JOG)方式，一种是增量进给(INC)方式。

1) 手动方式

(1) 置图 3.5 中的模式旋钮在手动操作模式位置，这时屏幕左下角显示为“JOG”。

(2) 单击操作面板上的＋X、－X、＋Z、－Z 按键 +X、-X、+Z、-Z，刀架将向相应的坐标方向移动，松开后停止移动。如果在单击＋X、－X、＋Z、－Z 按键时已按下快速键 快速，刀架将快速移动。

2) 增量进给方式

这种方法用于微量调整，如用在对基准操作中，操作步骤如下。

(1) 置图 3.5 中的模式旋钮在 1(或 10、100、1000)步进量模式位置，这时屏幕左下角显示为“INC”。

(2) 单击操作面板上的＋X、－X、＋Z、－Z 按键 +X、-X、+Z、-Z，机床各轴移动一步。1、10、100、1000 对应的步进量分别为 0.001、0.01、0.1、1。

3. 开、关主轴

开主轴：

(1) 置图 3.5 中的模式旋钮在手动数据输入模式位置，这时屏幕左下角显示为“MDI”。

(2) 按下编程面板中程序键 PROG，单击屏幕上对应 MDI 下方的软键，在弹出的界面中，输入“S500 M03”，按下操作面板上绿色“循环启动”键后，主轴将正传；若输入“S500 M04”，主轴将反传。主轴转速的数值根据需要而输入。

关主轴：

(1) 置图 3.5 中的模式旋钮在手动操作位置；

(2) 按“STOP”对应的红色键，主轴停转。

4. 装换刀具

单击“工具”工具栏中的“刀具管理”按钮，弹出图 3.7 所示的“刀具库管理”对话框，在“刀具数据库”选项组中单击选择所用刀具，单击“添加到刀盘”按钮，并在随后弹出的菜单中选择刀位，相应的刀具就装到刀架相应的刀位上。利用“刀具库管理”对话框中的功能按钮可对刀具数据库进行添加、删除、修改、保存操作。

在图 3.7 中双击“刀具数据库”中的刀具，弹出图 3.8 所示的“修改刀具”对话框，可对所选刀具进行修改。

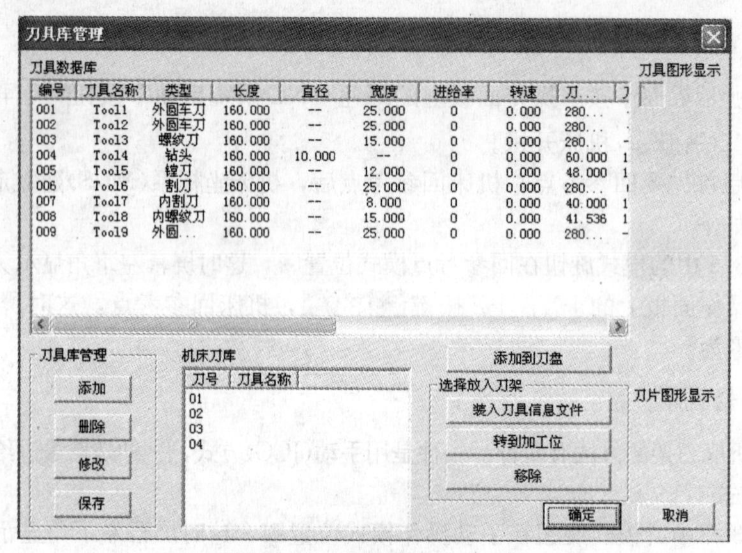

编号	刀具名称	类型	长度	直径	宽度	进给率	转速	刀...	
001	Tool1	外圆车刀	160.000	--	25.000	0	0.000	280...	-
002	Tool2	外圆车刀	160.000	--	25.000	0	0.000	280...	-
003	Tool3	螺纹刀	160.000	--	15.000	0	0.000	280...	-
004	Tool4	钻头	160.000	10.000	--	0	0.000	60.000	1
005	Tool5	镗刀	160.000	--	12.000	0	0.000	48.000	1
006	Tool6	割刀	160.000	--	25.000	0	0.000	280...	
007	Tool7	内割刀	160.000	--	8.000	0	0.000	40.000	1
008	Tool8	内螺纹刀	160.000	--	15.000	0	0.000	41.536	1
009	Tool9	外圆...	160.000	--	25.000	0	0.000	280...	-

图 3.7 “刀具库管理”对话框

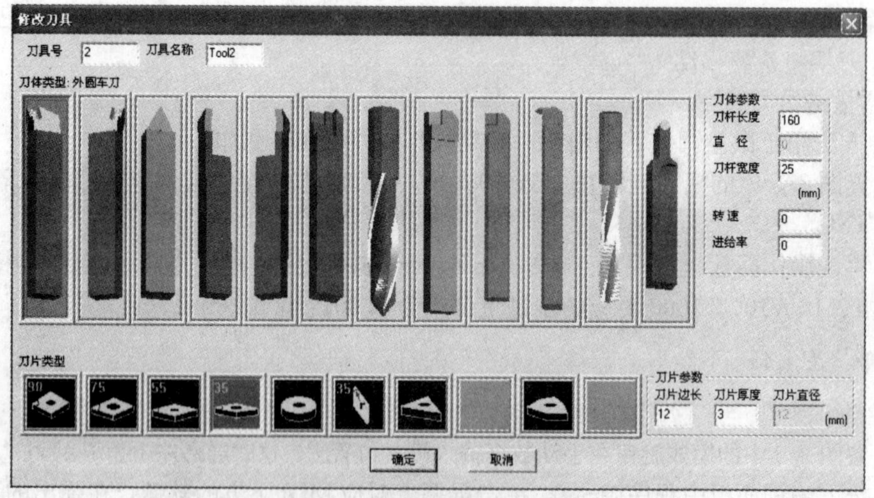

图 3.8 “修改刀具”对话框

单击操作面板上的绿色“TOOL”按钮，刀架转 90°，把所用刀具转到工作位置。

5. MDI 模式

置图 3.5 中的模式旋钮在(MDI)模式位置，按下(图 3.6)编程面板上的程序键，再按数控系统屏幕上的 MDI 对应的软键，出现图 3.9 所示的 MDI 方式输入界面。在该界面中可用编程面板输入若干段数控加工程序，按操作面板上的绿色“循环启动”键后，程序运行。

6. *编辑输入数控加工程序*

1）通过操作面板手工输入数控加工程序

（1）置图 3.5 中的模式旋钮在编辑模式位置，这时屏幕左下角显示为“EDIT”，单击程序保护锁旋钮 PROTECT；

（2）单击程序键 PROG，再按 DIR 对应的软键进入程序页面；

（3）输入 O **** 程序名(O 字母后面加四位数字，输入的程序名不要与已有程序名重复)；

（4）先单击回车换行键 EOB E，输入程序内容，单击插入键 INSERT，输入一段程序；再单击回车换行键 EOB E，输入下一段程序内容，再按插入键 INSERT，第二段程序被输入。顺次将整个程序输入。

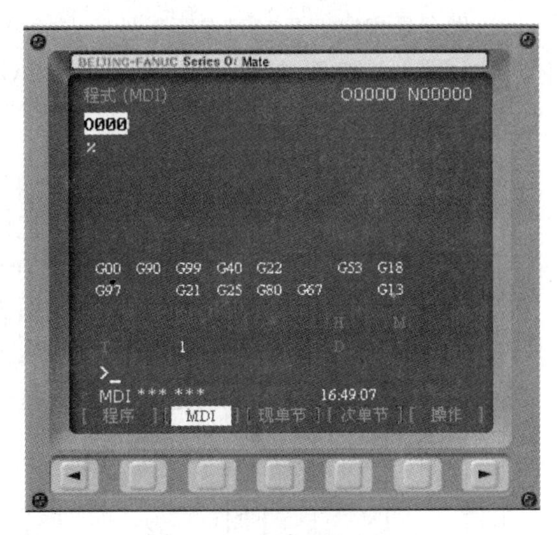

图 3.9　MDI 方式输入界面

2）从计算机输入一个程序

数控加工程序可在计算机上用文本文件 *.TXT 格式编写，也可将 CAD/CAM 软件生成的数控程序直接读入到数控机床中。

（1）置图 3.5 中的模式旋钮在编辑模式位置，单击程序保护锁旋钮 PROTECT；

（2）单击程序键 PROG，再单击 DIR 对应的软键，进入程序页面；

（3）新建程序名“Oxxxx”，单击插入键 INSERT，进入编程页面；

（4）单击“打开”按扭，打开计算机目录下的文本格式文件，程序显示在当前屏幕上。

7. *启动程序加工零件*

（1）置图 3.5 中的模式旋钮在编辑模式位置；

（2）单击程序键 PROG，再按 DIR 对应的软键进入程序页面，选择程序，单击输入键 INPUT；

（3）置图 3.5 中的模式旋钮在自动加工模式位置，这时屏幕左下角显示为“MEM”；

（4）单击绿色“循环启动”键，程序将连续运行；若想单步运行，先按下单步运行键 SBK，然后再按下“循环启动”键，程序运行过程中，每按一次程序启动键，执行一个程序段。

3.3　工件坐标系的建立与刀具补偿

编制数控加工程序时，首先要建立一个工件坐标系，程序中的坐标值均以此坐标系为依据。工件坐标系一旦建立，便一直有效，直到被新的工件坐标系取代。刀具补偿与坐标系的建立紧密相关，在用试切法进行刀具补偿时两者是同时进行的。FANUC 0i－T 系统提供了两种类型的建立工件坐标系的指令 G50、G54～G59，两种类型建立工件坐标系的方法不同，而在实际加工中还有一种以任意位置建立工件坐标系的方法。下面对其进行逐一阐述。

3.3.1　用 G50 指令建立工件坐标系

该指令是规定刀具起刀点距工件原点的距离，若刀尖的起始点距工件原点的 X 向、Z 向尺寸分别为 α 和 β，如图 3.10 所示，则用 G50 建立工件坐标系的程序段为

```
G50 XαZβ;
```

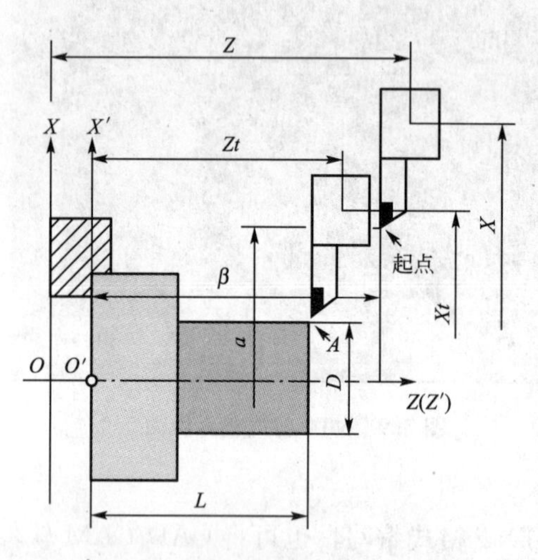

图 3.10　建立工件坐标系原理图

执行该程序段后，系统内部即对 α、β 进行记忆，并显示在显示器上，建立了工件坐标系 $XO'Z$，在执行程序之前，刀具的刀尖就应处于图 3.10 所示起点的位置。用 G50 指令建立工件坐标系的步骤如下。

1. 返回机床参考点

选择回参考点操作方式，进行回参考点的操作，建立机床坐标系 XOZ，如图 3.10 所示，此时显示器上显示的坐标值是刀架中心在机床坐标系中的坐标值。

2. 试切并测量

以手动方式移动刀架，轻轻车一刀工件端面，沿 X 方向退刀，并停止主轴，记下 Z 方向坐标尺寸 Zt，并测量试切端面距工件原点的距离 L。

再以手动方式移动刀架车一刀工件外圆，沿 Z 方向退刀，并停止主轴，记下 X 方向坐标尺寸 Xt，并测量工件外径 D。

3. 计算坐标增量

根据试切后测量的端面距离长度 L、工件外径 D 与程序要求的起刀点位置(α，β)，算出将刀尖移动到起刀点位置所需 X 轴的、Z 轴的坐标增量分别为($\alpha-D$)、($\beta-L$)。

4. 对刀

根据算出的坐标增量，以手动方式移动刀架，将刀架移至使显示器上所显示的 X、Z 坐标值分别为($Xt+\alpha-D$)、($Zt+\beta-L$)为止，这样就实现了将刀尖放在程序所要求的起刀点位置上。加工程序中即可使用 G50 建立工件坐标系，如图 3.10 所示的 $X'O'Z'$。

X:-160.000 Z:-297.673 ▸　存入第二参考点
整体放大
整体缩小
缩放
✔ 平移
旋转
全屏显示
减速仿真
正常仿真
加速仿真
存入G54
存入G55
存入G56
存入G57
存入G58
存入G59

图 3.11　第二参考点存储菜单

5. 存储第二参考点

将刀尖移动到起刀点位置上后，将鼠标放在工作区，右击，出现图 3.11 所示菜单，单击选取

起始点位置(本例中为 X：－160.000 Z：－297.673)，在出的菜单中选择“存储第二参考点”选项，起始点被作为第二参考点存储。在加工过程中若需要返回起始点，运行程序段为

```
G30 U0 W0
```

后即可返回第二参考点。

编程时，第一个程序段为

```
G50 XαZβ;
```

这时刀具不做任何运动，数控系统内部即对 α、β 进行记忆，并显示在显示器上，工件坐标系建立起来。

3.3.2　用 G54(或 G55～G59)指令建立工件坐标系

用 G54(或 G55～G59)指令建立工件坐标系的步骤如下。

(1) 返回机床参考点。

(2) 设置 Z 方向偏置值。以手动方式移动刀架，车一刀工件右端面，沿 X 方向退刀，并停止主轴，测量图 3.10 所示端面距离 L。

按参数输入功能键，再按坐标系软键，出现图 3.12 所示坐标系参数输入页面，将光标移动到 G54(或 G55～G59)的 Z 值处，输入 ZL，按测量软键。

(3) 设置 X 方向偏置值。移动刀架车一刀工件外圆，沿 Z 方向退刀，并停止主轴。测量图 3.10 所示外圆直径 D，在图 3.12坐标系参数输入页面，将光标移动到 G54(或 G55～G59)的 X 值处，输入 XD，按测量软键。

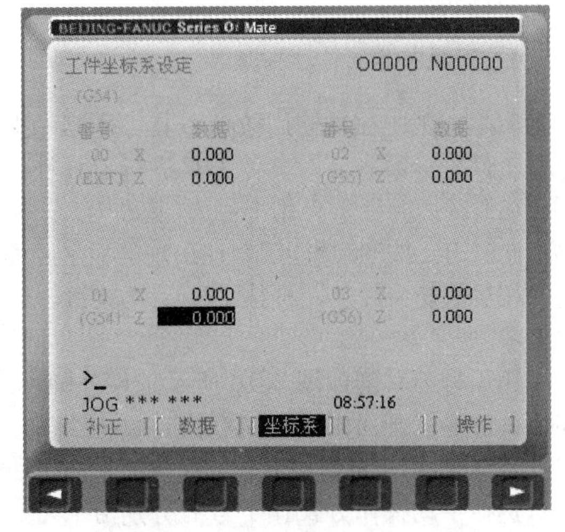

图 3.12　坐标系参数输入页面

通过以上操作，工件坐标系 G54(或 G55～G59)建立起来，加工中即可使用该坐标系，如图 3.10 所示的 $X'O'Z'$。

编程时，第一个程序段为

```
G54;
```

这时刀具不做任何运动，数控系统将 G54 坐标系激活，即可按照该坐标系运行程序。

3.3.3　以任意位置建立工件坐标系

在实际编程时可以不使用 G50 或 G54～G59 建立工件坐标系，而是将任意位置作为加工起始点建立工件坐标系。用试切法确定每一把刀具起始点的坐标值，并将此坐标值作为刀补值输入到相应的存储器内。任意位置建立工件坐标系的步骤如下。

(1) 返回机床参考点。

(2) 首先选加工中使用的第一把刀具。

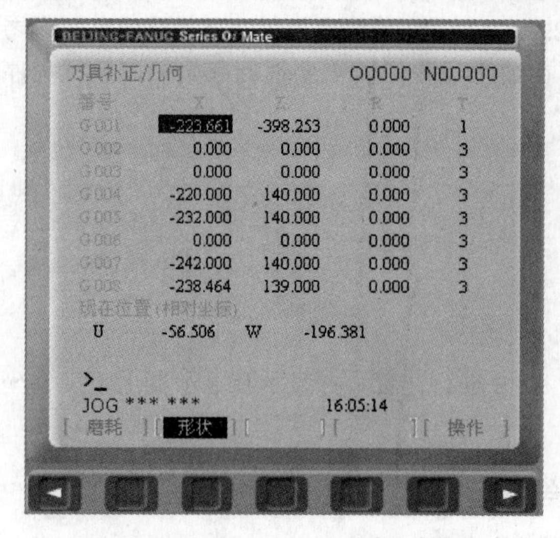

图 3.13　刀具补正/几何参数输入页面

(3) 设定 Z 轴偏置量。以手动方式移动刀架，车一刀工件端面，沿 X 方向退刀，并停止主轴。测量端面距工件原点在 Z 方向的距离，如图 3.10 所示端面距离 L。

按 $^{\text{OFFSET}}_{\text{SETTING}}$ 功能键，再按补正、形状软键，出现图 3.13 刀具补正/几何参数输入页面，将光标移动到该刀具补偿号的 Z 值处，输入 ZL，再按测量软键。

(4) 设定 X 轴偏置量。移动刀架车一刀工件外圆，沿 Z 方向退刀，并停止主轴，测量外圆直径，如图 3.10 所示直径 D。

在图 3.13 刀具补正/几何参数输入页面，将光标移动到该刀具补偿号的 X 值处，输入 XD，按测量软键。

(5) 设定其他刀具偏置量。对其他刀具，重复第 3、4 步的操作，直到所有刀具的偏置量输入完毕。

3.3.4　刀具补偿

实际加工中往往使用数把刀具，用第一把刀具作为基准刀用 G50(或 G54～G59)指令建立工件坐标系，而对其他刀具进行刀具补偿。操作步骤如下。

(1) 试切并置零。用 1 号刀(基准刀)车削如图 3.10 所示工件右端面，Z 向不动，沿 X 轴正向退刀。按POS功能键，在出现的显示画面中按相对软键，输入 Z0，这时，画面中 Z 方向的相对值变为红色，再按 ORIGIN 软键，1 号刀在图 3.10 中的 A 点处 Z 方向的相对值被置零。

用 1 号刀车削如图 3.10 所示工件外圆，X 向不动，沿 Z 轴正向退刀。按POS功能键，在出现的显示画面中按相对软键，输入 X0，再按 ORIGIN 软键，1 号刀在图 3.10 中的 A 点处 X 方向的相对值被置零。

选择手动操作方式让 1 号刀分别沿 $+X$、$+Z$ 离开工件。

(2) 其他刀对刀。刀架转位，让 2 号刀转至工作位置，移动刀架让 2 号刀刀尖与图 3.10 中的 A 点对齐，并记录在该点的 X、Z 方向的相对坐标值，让 2 号刀分别沿 $+X$、$+Z$ 离开工件。

按顺序陆续让其他刀具和 2 号刀对刀的操作一样，并分别记录各把刀在图 3.10 中 A 点的 X、Z 方向的相对坐标值。

(3) 返回参考点。

(4) 刀具补偿。按 $^{\text{OFFSET}}_{\text{SETTING}}$ 功能键，再按补正、形状软键，出现图 3.13 刀具补正/几何参数输入页面，首先将光标移动到 1 号刀具补偿号的 X 处，输入 X0，按测量软键；再将光标移动到 1 号刀具补偿号的 Z 处，输入 Z0，按测量软键。

将光标移动到 2 号刀具补偿号的 X 处，输入记录的 2 号刀 X 方向的相对坐标值，按测量软键；再将光标移动到 2 号刀具补偿号的 Z 处，输入记录的 2 号刀 Z 方向的相对坐标值，按测量软键。再依次将其他刀具的相对坐标值输入。加工中即可调用该补偿值。

用该种方式建立的坐标系，在编程时体现为

```
T0101;                         激活坐标系,换第一把刀
……
T0202;                         换第二把刀
……
T0303;                         换第三把刀
……
```

3.4　刀尖圆弧半径补偿与刀具磨耗补偿

3.4.1　刀尖圆弧半径补偿

在实际加工中，对于尖头车刀，为了提高刀具的使用寿命，满足精加工的需要，常将刀尖磨成半径不大的圆弧，刀位点即为刀尖圆弧的中心。由于圆弧车刀的刀位点为刀头圆弧的圆心，为了确保工件的轮廓形状，加工时不允许刀具刀尖圆弧运动轨迹与被加工工件轮廓重合，而应与工件轮廓偏移一个半径值，该偏移称为刀具圆弧半径补偿。

FANUC 0i-T数控系统具有自动刀具半径补偿功能，编程时只要按照工件轮廓进行编程，再通过系统补偿刀尖圆弧半径即可。

1. 刀尖圆弧半径补偿对加工精度的影响

在理论状态下，一般将尖头车刀的刀位点假想成一个点，该点即为理论刀尖，如图3.14所示的P点，在试切对刀时对刀点分别是图3.14中的A点和B点。在实际加工中，刀具切削点在刀头圆弧上变动，从而在加工过程中产生过切或少切现象，如果不使用刀具半径补偿功能，加工中会出现以下几种情况。

如图3.15所示，加工台阶或端面时，对加工表面的尺寸和形状影响不大，但端面中心和台阶的清角处会产生残留。加工锥面时，对锥度不会产生影响，但对圆锥大小端的尺寸有影响。若是外圆锥面，尺寸会变大；若是内圆锥面，尺寸会变小；加工圆弧面时，会对圆弧的圆度和半径有影响。对于凸圆弧，半径会变小；对于凹圆弧，半径会变大。

2. 圆弧车刀刀沿位置点

数控车床进行加工时，如果刀尖的形状和切削时所处的位置(即刀沿位置)不同，那么刀具的补偿量和补偿方向也不同。根据各种刀尖形状和刀尖位置的不同，车刀刀沿位置点号共有9种情况，如图3.16所示，图3.16(a)为后置刀架车刀刀沿位置点号，图3.16(b)为前置刀架车刀刀沿位置点号，图3.16(c)为后置刀架常用车刀刀沿位置点号。

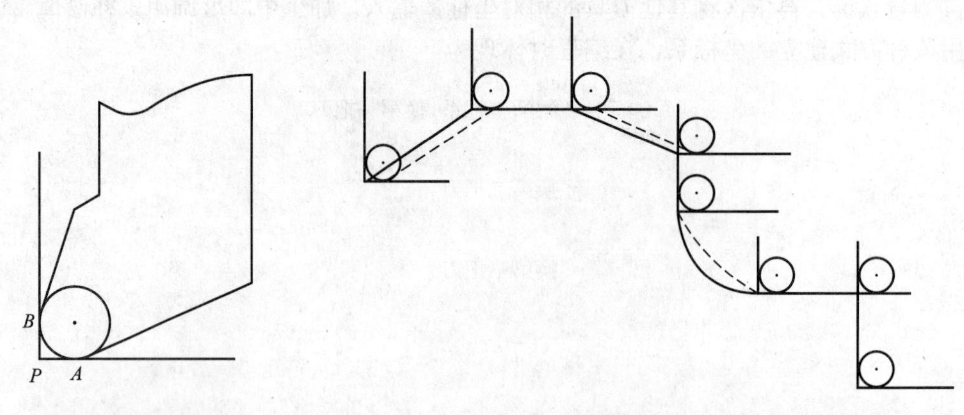

图 3.14　车刀刀尖　　　图 3.15　刀尖圆弧半径对加工精度的影响

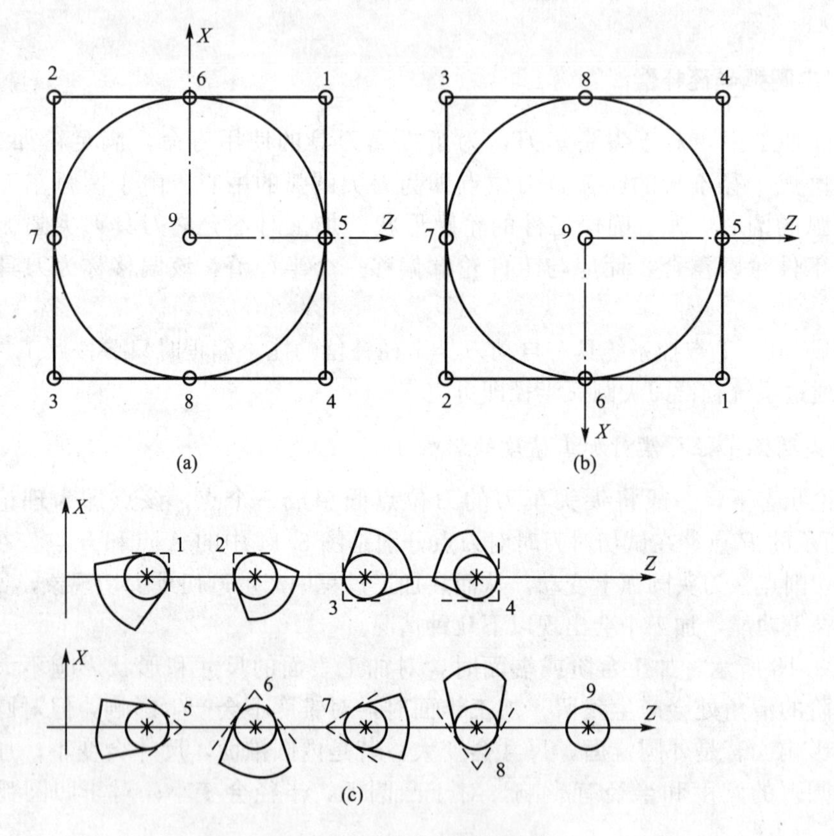

图 3.16　车刀刀沿位置点号

3. 刀尖圆弧半径补偿参数设置

在 FANUC 0i－T 数控系统操作键盘按参数输入功能键，再按补正、形状软键，出现图 3.13 所示刀具补正/几何参数输入页面，将光标移动到该刀具补偿号的 R 值处，输入刀尖半径值(如 1.4)后，按 INPUT 键；再将光标移动到该刀具补偿号的 T 值处，输入刀沿位置点号(如 3)后，按 INPUT 键，结果如图 3.17 所示。

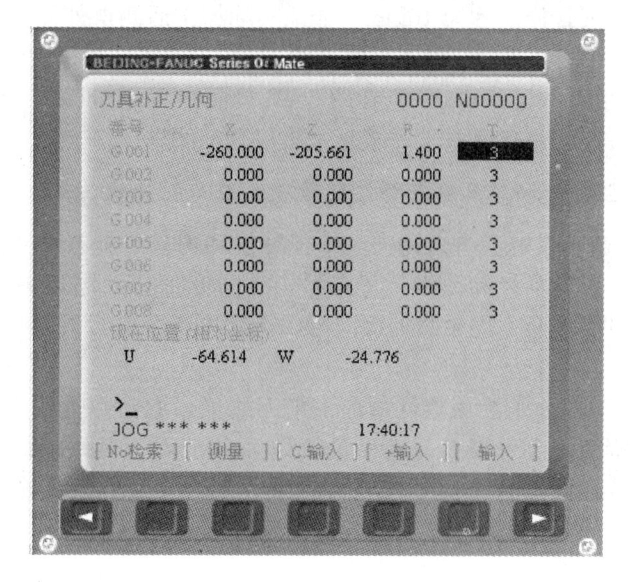

图 3.17　刀具补正/几何参数输入页面

3.4.2　刀具磨耗补偿

1. 刀具磨耗补偿

在数控加工中当刀具出现磨损或更换刀片后，可对刀具进行磨损设置。

在 FANUC 0i－T 数控系统操作键盘按参数输入功能键，再按补正、磨耗软键，出现图 3.18 所示刀具补正/磨耗参数输入页面，将光标移动到该刀具补偿号的 X 值处，输入磨损量，按 INPUT 键；再将光标移动到该刀具补偿号的 Z 值处，输入磨损量后，按 INPUT键。

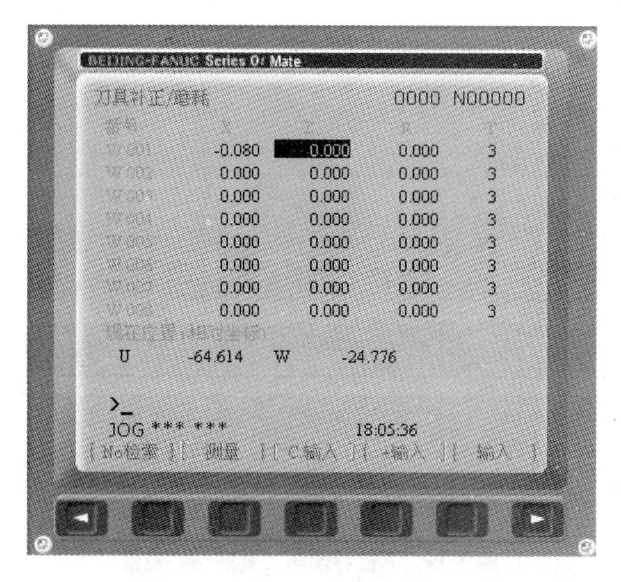

图 3.18　刀具补正/磨耗参数输入页面

例如，当工件外圆直径尺寸为40mm，如果实际加工后测得外径尺寸为40.08mm，尺寸偏大0.08mm，则在图3.18页面中X值处输入“−0.08”；如果实际加工后测得外径尺寸为39.93mm，尺寸偏小0.07mm，则在图3.18页面中X值处输入“0.07”。

当长度方向(Z向)尺寸有偏差时，修改方法与X向相同。

2. 刀尖圆弧半径补偿和刀具磨耗补偿在数控编程中的处理

FANUC 0i−T数控系统具有自动刀具半径补偿和刀具磨耗补偿功能，只要在图3.17所示页面中正确输入刀具半径和刀沿位置点号，在图3.18所示页面中正确输入相应刀具的磨损量，编程时只要按照工件轮廓编程即可，不使用指令进行刀具半径补偿和刀具磨耗补偿。

【例3−1】 图3.19所示为该零件精加工走刀路线，起刀点为I点，采用以任意位置建立工件坐标系，所使用2号刀具刀尖半径值为1.2mm，刀具磨损量为0。在图3.17所示页面，在2号刀具补偿号的R值处输入刀尖半径1.2，在T值处输入刀沿位置点号3，编写的数控加工程序如下。

```
O0001;
N010 T0202;
N020 S500 M03;
N030 G00 X0 Z52 M08;
N040 G01 X0 Z50 F1;
N060 G03 X10 Z45 R5 F0.5;
N070 G01 Z28 F1;
N080 G02 X16 Z25 R5 F0.5;
N090 G01 Z15 F1;
N100 X20 Z13;
N110 Z0;
N120 G00 X100 Z100;
N130 M05 M09;
N140 M02;
```

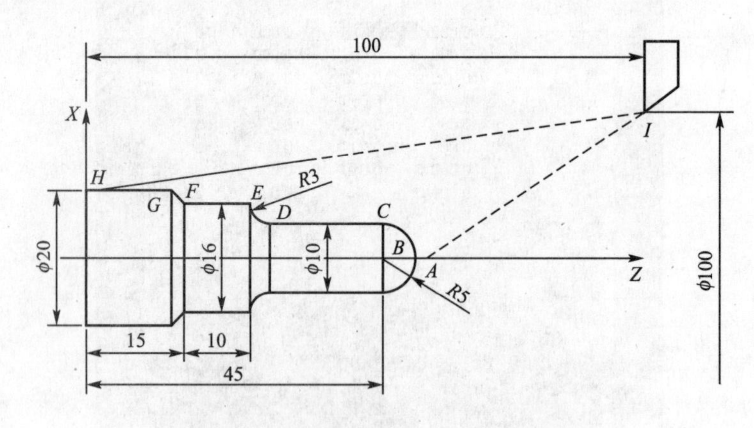

图3.19　半径补偿和刀具磨耗补偿例

3.5　数控车床常用指令的编程方法

本节介绍配置 FANUC 0i－T 数控系统进行切削加工所特有的程序编制方法。

3.5.1　外径切削固定循环指令 G90

外径直线切削固定循环的编程格式为

```
G90 X(U)_Z(W)_F_;
```

循环过程如图 3.20 所示。X、Z 为圆柱面切削终点坐标值；U、W 为圆柱面切削终点相对循环起点的坐标增量。图中 R 表示快速移动，F 表示由 F 代码指定的进给速度。

外径锥形切削固定循环的编程格式为

```
G90 X(U)_Z(W)_R_F_;
```

循环过程如图 3.21 所示。X、Z 及 U、W 的意义同上；R 为切削始点与切削终点的半径差。

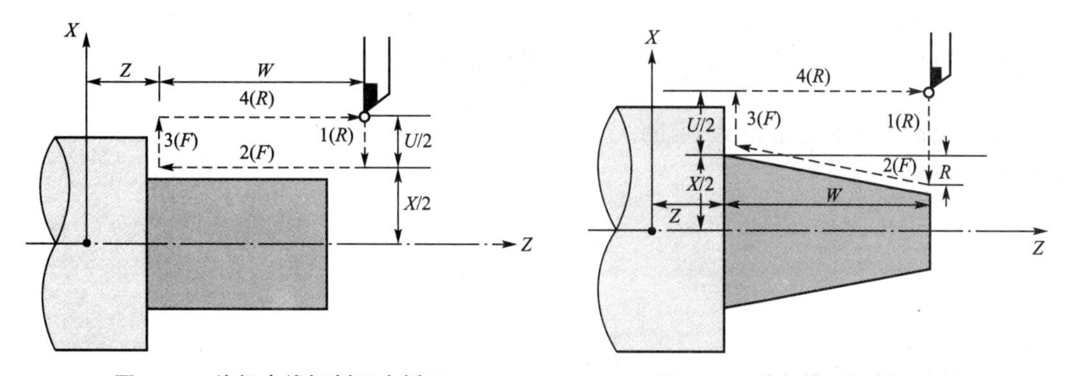

图 3.20　外径直线切削固定循环　　图 3.21　外径锥形切削固定循环

【例 3－2】 如图 3.22 所示零件，采用任意位置建立工件坐标系，使用 G90 循环指令加工圆柱面，数控加工程序为

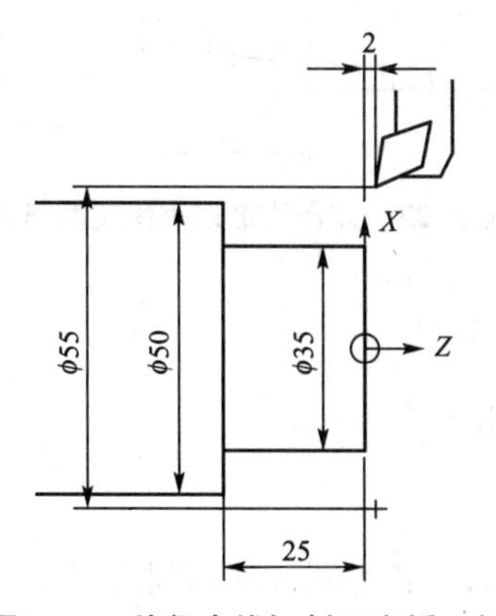

图 3.22　外径直线切削固定循环例

```
O0001;
N10 T0101;                              使用1号刀
N20 S695 M03;                           启动主轴正转
N30 G00 X55 Z4 M08;                     快速调刀、开冷却液
N40 G01 G96 Z2 F2.5 S120;               到达循环起点,主轴线速度120m/min
N50 G90 X45 Z-25 F0.35;                 第一次循环
N60 X40;                                第二次循环
N70 X35;                                第三次循环
N80 G00 G97 X200 Z100 S695 T0100;       取消恒线速度控制,主轴转速695r/min,取消刀补
N85 M05 M09;                            停止主轴,关冷却液
N90 M02;                                程序结束
```

【例3-3】 如图3.23所示零件，采用任意位置建立工件坐标系，使用G90循环指令加工圆锥面，数控加工程序为

```
O0002;
N10 T0101;
N20 S695 M03;
N30 G00 X75 Z4 M08;
N40 G01 G96 Z2 F2.5 S120;               到达循环起点
N50 G90 X60 Z-35 I-5 F0.3;              第一次循环
N60 X50;                                第二次循环
N80 G00 G97 X200 Z100 S695 T0100;
N85 M05 M09;
N90 M02;
```

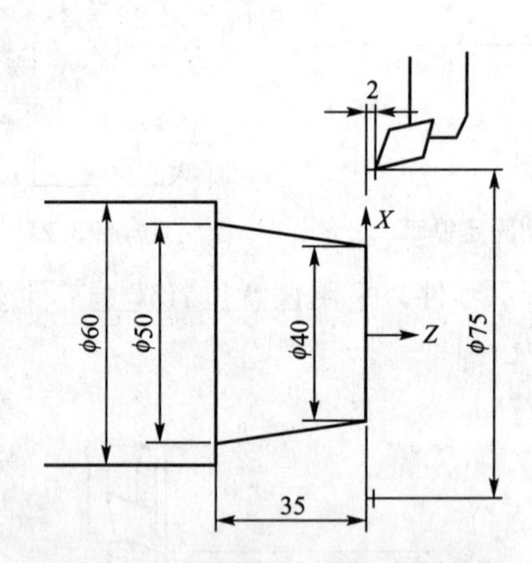

图3.23 外径锥形切削固定循环例

3.5.2 端面切削固定循环指令G94

端面切削固定循环的编程格式为

```
G94 X(U)_Z(W)_F_;
```

循环过程如图3.24所示。X、Z为圆柱面切削终点坐标值，U、W为圆柱面切削终点相对循环起点的坐标增量。图中R、F的意义同G90。

端面锥形切削固定循环的编程格式为

```
G94 X(U)_Z(W)_R_F_;
```

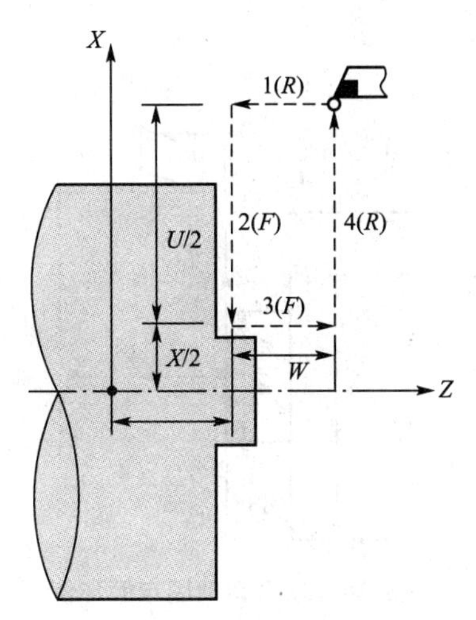

图 3.24　端面切削固定循环

循环过程如图 3.25 所示。X、Z 及 U、W 的意义同上，R 为切削终点相对切削始点在 Z 方向的增量。

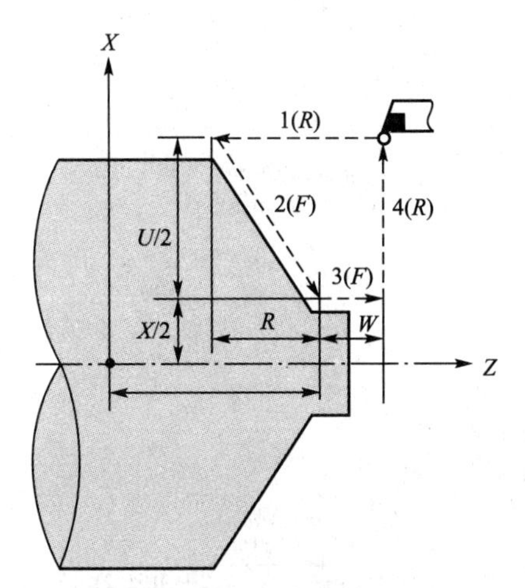

图 3.25　端面锥形切削固定循环

【例 3 - 4】 如图 3.26 所示零件，采用任意位置建立工件坐标系，使用 G94 端面切削固定循环指令加工圆柱面，数控加工程序为

```
O0003;
N10 T0101;
N20 G97 S450 M03;
N30 G00 X85 Z10 M08;
N40 G01 Z5 F1.5;
N50 G94 X30 Z-5 F0.35;
N60 Z-10;
```

```
N70 Z-15;
N80 G00 X200 Z100 T0100;
N85 M05 M09;
N90 M02;
```

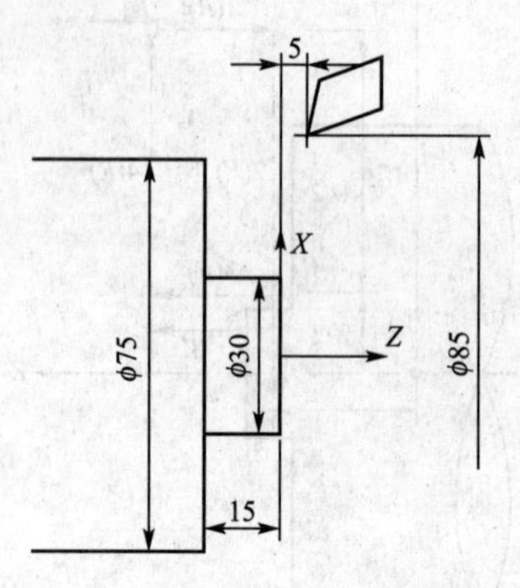

图 3.26　端面切削固定循环例

【例 3-5】 如图 3.27 所示零件，采用任意位置建立工件坐标系，使用 G94 端面锥形切削固定循环指令加工圆柱面，数控加工程序为

```
O0004;
N10 T0101;
N20 S450 M03;
N30 G00 X60 Z10 M08;
N35 G96 S120;
N40 G01 X55 Z2 F3;
N50 G94 X30 Z0 R-5 F0.35;
N60 Z-5;
N70 Z-10;
N80 G00 X200 Z100 T0100 M05;
N90 M02;
```

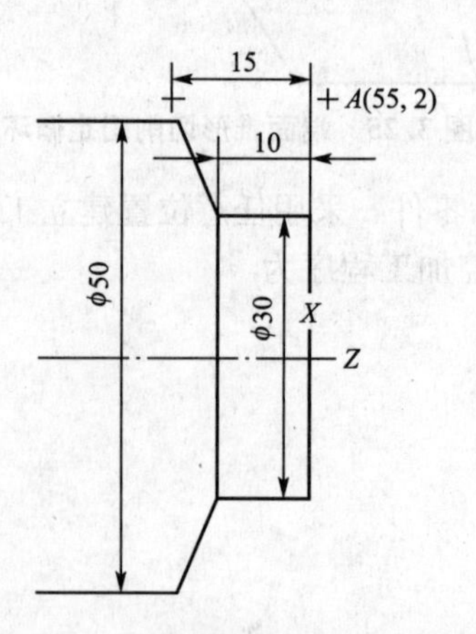

图 3.27　端面锥形切削固定循环例

3.5.3　螺纹加工及其循环指令

在FANUC数控系统中，车削螺纹的加工指令主要有G32和固定循环加工指令G92、G76。数控车床主轴上装有脉冲编码器，以保证主轴转一转刀具走一个导程。

1. 螺纹切削指令G32

指令格式为

```
G32 X(U)_Z(W)_F_;
```

其中，X(U)、Z(W)为直线螺纹的终点坐标，F为螺纹导程。在切削螺纹时需要设置足够的升速进刀段δ_1和降速进刀段δ_2，以消除伺服滞后造成的螺距误差，保证螺纹切削完整。δ_1、δ_2的数值与工件螺距和主轴转速有关，与数控系统的功能相关，一般取δ_1为1～2倍的螺距，取δ_2为0.5倍的螺距以上，或参考机床编程手册。

对图3.28(a)所示直螺纹，引入距离为3mm，超越距离为1.5mm，螺距4，应用G32指令进行编程，加工程序为

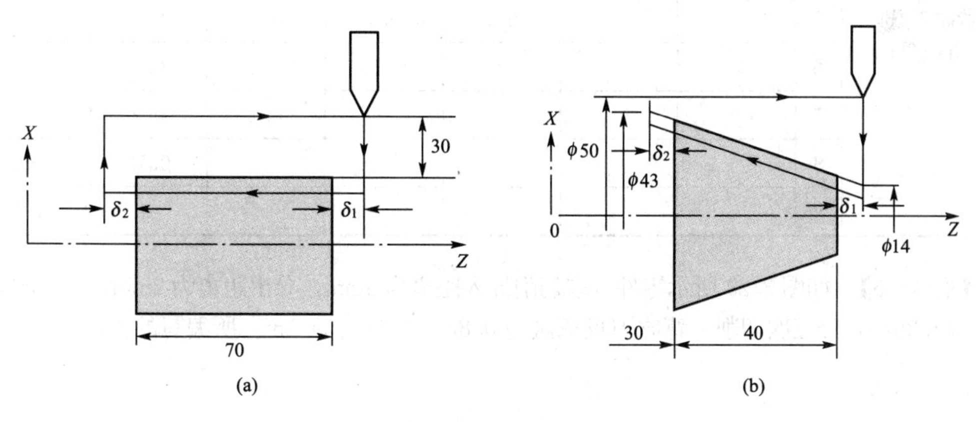

图3.28　螺纹切削指令G32

```
G00 U-62;
G32 W-74.5 F4;                         第一次加工螺纹
G00 U62;
W74.5;
U-64;
G32 W-74.5;                            第二次加工螺纹
G00 U62;
W74.5;
```

对图3.28(b)所示锥螺纹，引入距离为2mm，超越距离为1mm，螺距3.5，应用G32指令进行编程，加工程序为

```
G00 X12 Z72;
G32 X41.0 Z29.0 F3.5;                  第一次加工螺纹
G00 X50;
    Z72;
```

```
  X10;
G32 X39.0 Z29.0;                    第二次加工螺纹
G00 X50;
  Z72;
```

螺纹加工一般要分几次进给加工才能完成。螺纹牙型越深，螺距越大，加工次数越多。每次进给的背吃刀量用螺纹深度减精加工余量所得的差按递减规律分配，参阅表 3-4。

表 3-4　常用螺纹切削的进给次数与背吃刀量

螺距		1.0	1.5	2.0	2.5	3.0	3.5	4.0
牙深(半径量)		0.649	0.974	1.299	1.624	1.949	2.273	2.598
切削次数及背吃刀量(直径量)	1	0.7	0.8	0.9	1.0	1.2	1.5	1.5
	2	0.4	0.6	0.6	0.7	0.7	0.7	0.8
	3	0.2	0.4	0.6	0.6	0.6	0.6	0.6
	4		0.16	0.4	0.4	0.4	0.6	0.6
	5			0.1	0.4	0.4	0.4	0.4
	6				0.15	0.4	0.4	0.4
	7					0.2	0.2	0.4
	8						0.15	0.3
	9							0.2

【例 3-6】　如图 3.29 所示零件，取切削导入距离为 3mm，导出距离为 2mm，螺纹的总切深量为 1.2mm，分三次切削，背吃刀量依次为 0.8m、0.3m、0.1m。所编写的程序如下。

```
M03 S400;
T0101;
G00 X40 Z3;
U-20.8;
G32 W-35 F1;                        加工螺纹 1 次
G00 U20.8;
    W35;
  U-21.1;
G32 W-35 F1;                        加工螺纹 2 次
G00 U21.1;
    W35;
  U-21.2;
G32 W-35 F1;                        加工螺纹 3 次
G00 U21.2;
    W35;
G00 X100 Z100;
M30;
```

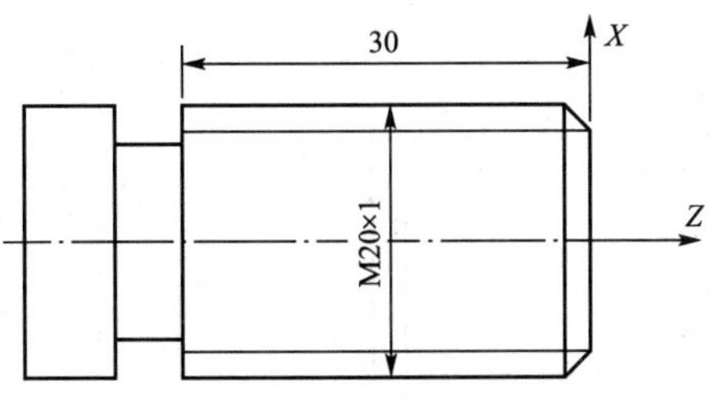

图 3.29　G32 螺纹加工

2. 螺纹切削单一固定循环指令 G92

螺纹切削固定循环的编程格式为

```
G92 X(U)_Z(W)_R_F_;
```

直螺纹循环过程如图 3.30 所示，X、Z 为螺纹切削终点坐标值，U、W 为螺纹切削终点相对循环起点的坐标增量，R 值为零。锥螺纹循环过程如图 3.31 所示，R 值为切削始点与切削终点的半径差。

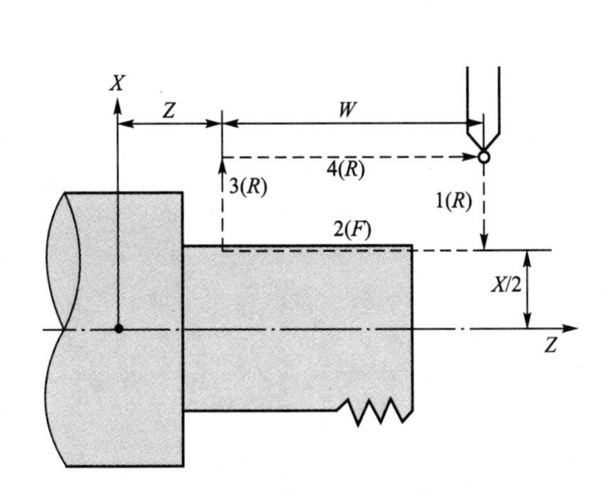

图 3.30　直螺纹切削固定循环

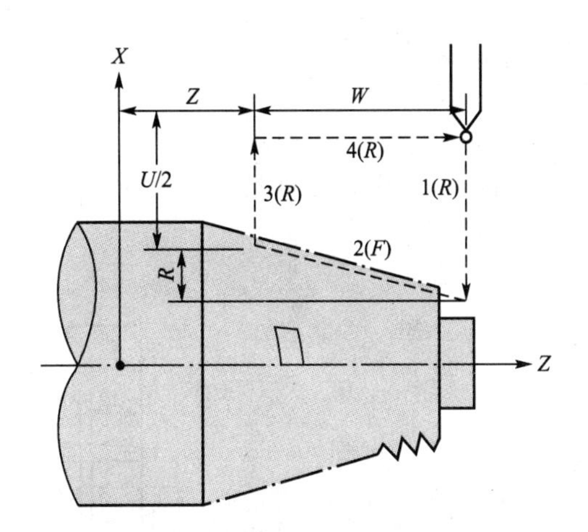

图 3.31　锥螺纹切削固定循环

【例 3-7】 如图 3.32 所示零件，采用任意位置建立工件坐标系，使用 G92 螺纹切削固定循环指令加工圆柱螺纹，数控加工程序为

```
N10 T0101;
N20 S300 M03;
N30 G00 X35 Z104;
N40 G92 X29.2 Z53 F1.5;
N50 X28.6;
N60 X28.2;
N70 X28.04;
N80 G00 X100 Z200 T0100 M05;
N90 M02;
```

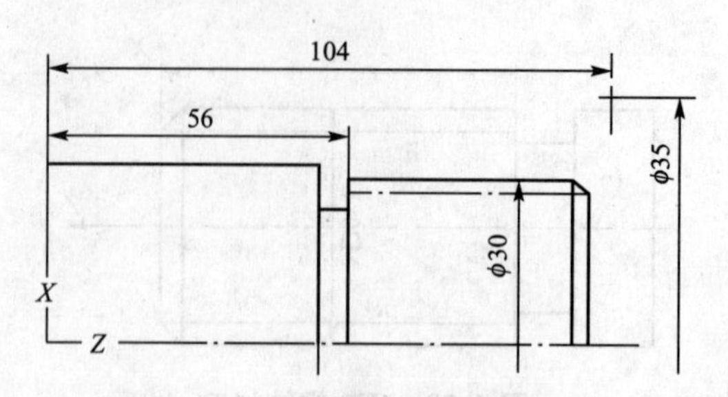

图 3.32　直螺纹切削固定循环例

【例 3-8】 如图 3.33 所示零件，采用任意位置建立工件坐标系，使用 G92 螺纹切削固定循环指令加工锥螺纹，数控加工程序为

```
N10 T0101;
N20 S300 M03;
N30 G00 X80 Z62;
N40 G92 X49.6 Z12 R-5F2;
N50 X48.7;
N60 X48.1;
N70 X47.5;
N80 47.1;
N90 X47;
N100 G00 X100 Z100 T0100 M05;
N110 M02;
```

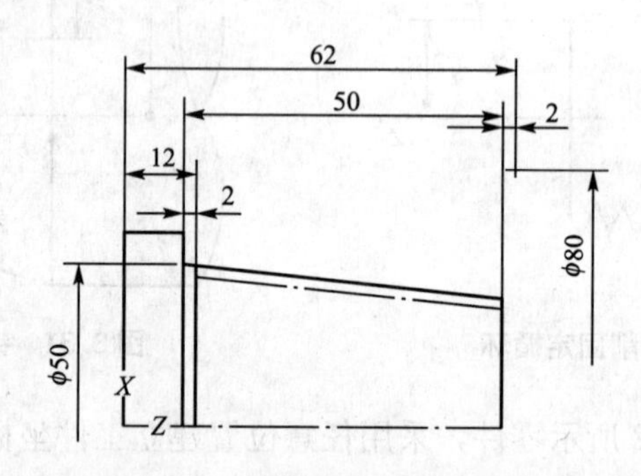

图 3.33　锥螺纹切削固定循环例

3.5.4　复合固定循环 G70～G73

1. 外圆粗车循环指令 G71

外圆粗车循环指令 G71 的编程格式为

```
G71 U(Δd)R(e);
G71 P(ns)Q(nf)U(Δu)W(Δw)F(f)S(s)T(t);
```

外圆粗车循环过程如图 3.34 所示，$U(\Delta d)$为 X 方向每次进刀量，$R(e)$为每切一刀的

退刀量。$P(\mathrm{ns})$、$Q(\mathrm{nf})$分别为循环开始和结束的程序段段号，$U(\Delta u)$、$W(\Delta w)$分别为给精加工在X、Z方向所留余量，$F(f)$、$S(s)$、$T(t)$分别为外圆粗车循环切削中使用的进给量、主轴转速和刀具。

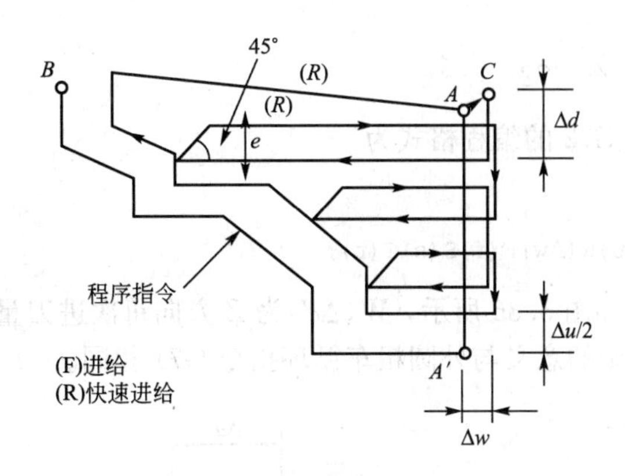

图 3.34　外圆粗车循环指令 G71

【例 3-9】　如图 3.35 所示零件，采用任意位置建立工件坐标系，使用外圆粗车循环指令 G71 进行粗加工，数控加工程序为

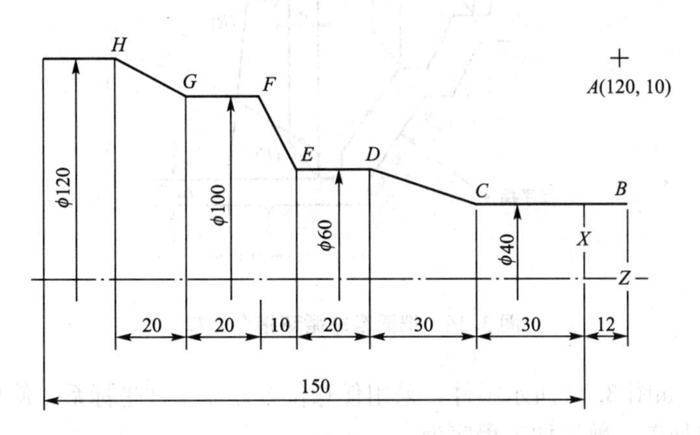

图 3.35　外圆粗车循环 G71 例

```
N10 T0101;
N20 S240 M03;
N30 G00 X120 Z10 M08;
N40 G96 S120;
N50 G71 U3R1;
N60 G71 P70 Q130 U2 W2 F1.5;
N70 G00 X40;                        粗加工循环开始的程序段
N80 G01 Z-30 F0.15 S150;B-C
N90 X60 W-30;C-D
N100 W-20;D-E
N110 X100 W-10;E-F
N120 W-20;F-G
```

```
N130 X120 W-20;                        粗加工循环结束的程序段
N140 G00 X125;
N150 X200 Z140 M05;
N160 M02;
```

2. 端面粗车循环指令 G72

端面粗车循环指令 G72 的编程格式为

```
G72 W(Δd)R(e);
G72 P(ns)Q(nf)U(Δu)W(Δw)F(f)S(s)T(t);
```

端面粗车循环过程如图 3.36 所示，$W(\Delta d)$为 Z 方向每次进刀量，$R(e)$为每切一刀在 Z 方向的退刀量，其他量的意义与外圆粗车循环指令 G71 相同。

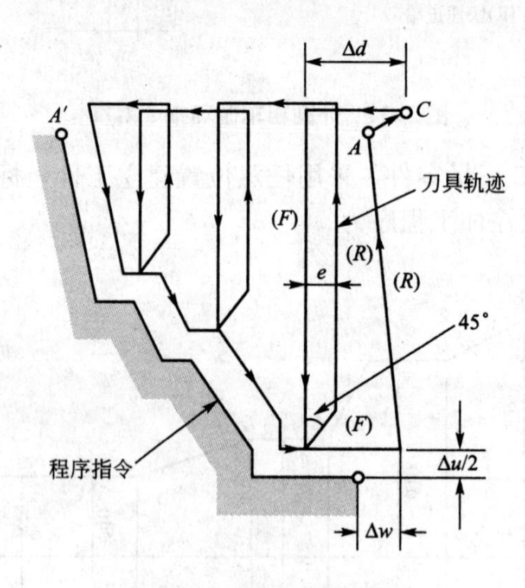

图 3.36　端面粗车循环指令 G72

【例 3-10】 如图 3.37 所示零件，采用任意位置建立工件坐标系，使用端面粗车循环指令 G72 进行粗加工，数控加工程序为

```
N10 T0101;
N20 S220 M03;
N30 G00 X176 Z132 M08;
N40 G96 S120;
N50 G72 W3 R0.5;
N60 G72 P70 Q120 U2 W0.5 F1.5;
N70 G00 X160 Z60;                      粗加工循环开始的程序段
N80 G01 X120 Z70 F0.15 S150;G-F
N90 W10;F-E
N100 X80 W10;E-D
N110 W20;D-C
N120 X36 Z132;                         粗加工循环结束的程序段
```

```
N130 G00 X200 Z200 M05;
N160 M02;
```

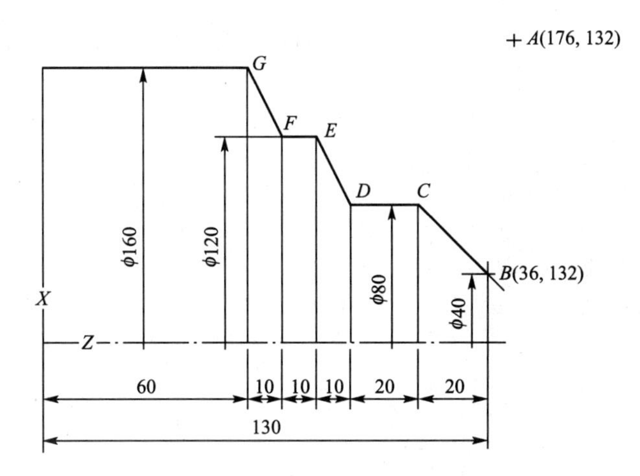

图3.37　端面粗车循环G72例

3. 封闭切削粗车循环指令G73

封闭切削粗车循环指令G73的编程格式为

```
G73 U(Δi)W(Δk)R(d);
G73 P(ns)Q(nf)U(Δu)W(Δw)F(f)S(s)T(t);
```

封闭切削粗车循环过程如图3.38所示，$U(\Delta i)$为X方向的进刀量，$W(\Delta k)$为Y方向的进刀量，$R(d)$为循环次数，其他量的意义与外圆粗车循环指令G71相同。

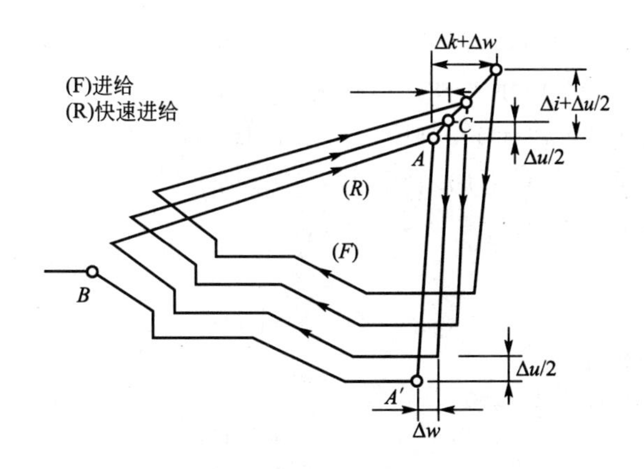

图3.38　封闭切削粗车循环G73

【例3-11】 如图3.39所示零件，采用任意位置建立工件坐标系，使用封闭切削粗车循环指令G73进行粗加工，数控加工程序为

```
N10 T0101;
N20 S200 M03;
N30 G00 X140 Z40 M08;
```

```
N40 G96 S120;
N50 G73 U30 W15 R6;
N60 G73 P70 Q120 U1 W0.5 F3;
N70 G00 X20 Z0;                                 粗加工循环开始的程序段
N80 G01 Z-20 F0.15 S150;C-D;
N90 X40 W-10;D-E;
N100 W-20;E-F;
N110 G02 X90 Z-75 R25;F-G;
N120 G00 X100;                                  粗加工循环结束的程序段
N130 G00 X200 Z200 M05;
N140 M02;
```

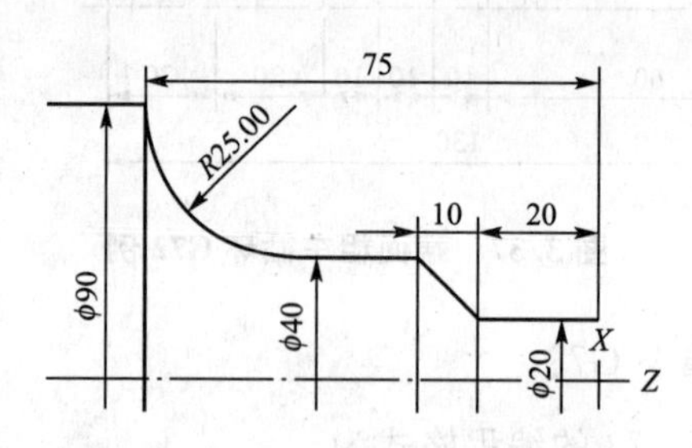

图 3.39　封闭切削粗车循环 G73 例

4. 精加工循环指令 G70

精加工循环指令 G70 的编程格式为

```
G70 P(ns)Q(nf)
```

其中，*P*(ns)表示循环开始的程序段号，*Q*(nf)表示循环结束的程序段号。

【例 3-12】 如图 3.40 所示零件，材料为 45＃钢，毛坯已基本锻造成形，加工余量为 20mm，用 G73、G70 指令编写零件粗、精车加工程序。设粗车循环次数为 4 次，精加工余量在 *X* 方向为 0.05，在 *Z* 方向为 0.025，数控加工程序为

```
T0101;
S600 M03;
G00 X180.0 Z2.0;                     到 A 点
G73 U10.0 W10.0 R4.0;
G73 P70 Q150 U0.05 W0.025 F150;
N70 G00 X80.0 Z2.0;                  到 B 点
        G01 Z-20.0 F50.0;            到 C 点
        X120.0 W-10.0;               到 D 点
        W-40.0;                      到 E 点
        X160.0;                      到 F 点
N150 X180.0 Z-80.0;                  到 G 点
G70 P70 Q150;
G00 X200.0 Z100.0;
N160 M30;
```

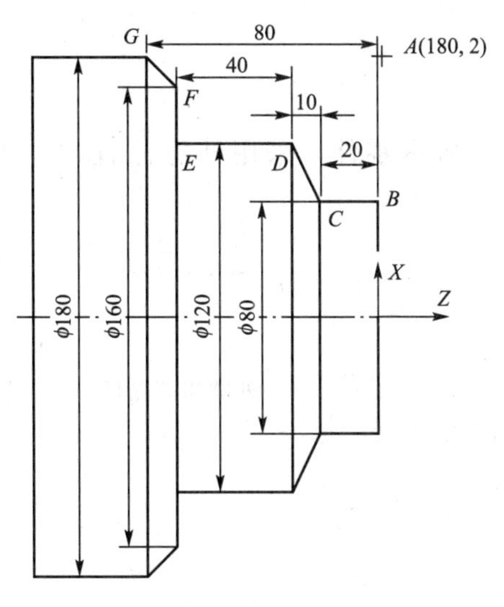

图3.40　多重循环例

5. 使用复合固定循环指令时的注意事项

(1) 如何选用复合固定循环，应根据毛坯形状、工件的加工轮廓及其加工要求适当进行。

① G71固定循环指令主要用于对径向尺寸要求比较高，轴向切削尺寸大于径向尺寸的这类毛坯工件进行粗车循环。编程时，X向的精车余量一般大于Z向的精车余量的取值。

② G72固定循环指令主要用于对端面精度要求比较高，径向切削尺寸大于轴向尺寸的这类毛坯工件进行粗车循环。编程时，Z向的精车余量一般大于X向的精车余量的取值。

③ G73固定循环指令主要用于已成形工件的粗车循环。精车余量根据具体的加工要求和加工形状来确定。

(2) 使用G71、G72、G73复合固定循环时，在ns～nf之间的程序段中，不能含有固定循环指令、参考点返回指令、螺纹切削指令、宏程序调用指令或子程序调用指令。

(3) 执行G71、G72、G73复合固定循环时，只有在G71、G72、G73程序段中F、S、T功能是有效的，在调用的程序段ns～nf之间编入的F、S、T功能将被全部忽略。相反，在执行G70精车循环时，G71、G72、G73程序段中指令的F、S、T功能无效。这时，F、S、T值决定于程序段ns～nf之间编入的F、S、T功能。

(4) 在G71、G72、G73程序段中，$\Delta d(\Delta i)$、Δu都用地址符U指定，而Δk、Δw都用地址符W指定，系统是根据G71、G72、G73程序段中是否指定P、Q来区分$\Delta d(\Delta i)$、Δu及Δk、Δw的。当程序段中没有指定P、Q时，该程序段中的U和W分别表示$\Delta d(\Delta i)$和Δk；当程序段中指定了P、Q时，该程序段中的U和W分别表示Δu和Δk。

(5) 在G71、G72、G73程序段中的Δu、Δw是指精加工余量，该值按其余量的方向有正、负之分。另外，G73指令中的Δi、Δk也有正、负之分，其正、负值是根据刀具位置和进退刀方式来判定的。

3.5.5 综合编程举例

【例3-13】 如图3.41所示零件，采用任意位置建立工件坐标系，数控加工程序为

```
N10 T0101;                              使用1号刀
N20 S1000 M03;
N30 G00 X47 Z2 M08;
N40 G71 U2R1;                           外圆粗车循环
N50 G71 P60 Q160 U0.5 W0.25 F0.2;
N60 G00 X12;
N70 G01 Z0 F0.5;
N80 G03 X20 Z-8 R10 F0.5;
N90 G01 X24 Z-10 F0.8;                  车倒角
N100 Z-31;
N110 X29;                               车端面
N120 X32 W-15;                          车锥面
N130 W-10;                              车φ32外圆
N140 G02 X42 W-5 R5;                    车R5
N150 G01 W-15;                          车φ42外圆
N160 G00 X50;
N170 X150 Z100 T0100;                   退刀,取消1号刀刀补
N180 G50 S1500;
N190 G96 S150 T0202;                    换2号刀
N200 G00 X47 Z2;
N210 G70 P70 Q160;                      精车循环
N220 G00 X150 Z100 T0200;               退刀,取消2号刀刀补
N230 T0303 S300;                        换3号刀
N240 G00 X30Z-31;
N250 G01 X20 F0.8;                      车槽
N260 G04 X1;
N270 G00 X42;
N280 G00 X150 Z100 T0300;               退刀,取消3号刀刀补
N290 G97 T0404 S800;
N300 G00 X25 Z-7;
N310 G92 X23.2 W-22.5 F1.5;
N320 X22.6;
N330 X22.15;
N340 X22.05;
N350 G00 X150 Z100 T0400 M05;           退刀,取消4号刀刀补
N360 T0101 M09;
N370 M30;
```

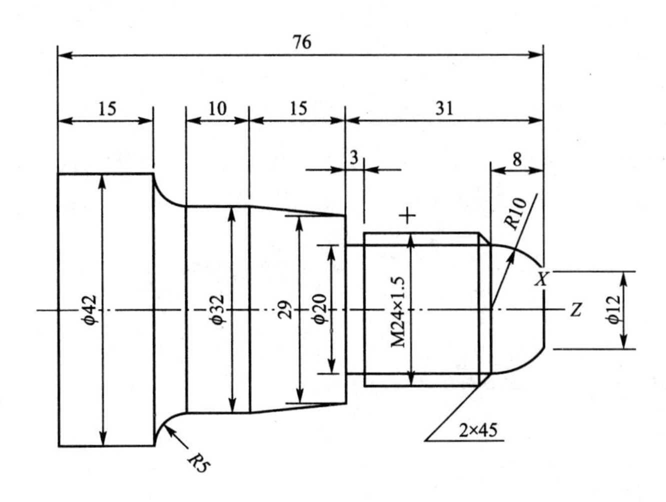

图 3.41 综合编程举例 1

【例 3-14】 如图 3.42 所示零件，采用任意位置建立工件坐标系，数控加工程序为

```
N10 T0101;                          使用 1 号刀
N20 S800 M03 M08;
N30 G00 X49 Z2;
N40 G71 U1.5 R1;                    外圆粗车循环
N50 G71 P60 Q190 U0.5 W0.2 F0.15;
N60 G00 X16;
N70 G01 Z1.0 F0.1;
N80 Z0;
N90 X20 Z-2;
N100 Z-20;
N110 X24;
N120 W-5;
N130 G02 W-15 R12;
N140 G01 X30 W-15;
N150 G03 X30 W-20 R18;
N160 G01 W-10;
N170 X36 W0;
N180 X40 W-2;
N190 X45 W0;
N200 G00 X150 Z100 T0100;           退刀,取消 1 号刀刀补
N210 G50 S1500;
N220 G96 S150 T0202;                换 2 号刀
N230 G00 X49 Z2;
N240 G70 P60 Q190;                  精车循环
N250 G00 X150 Z100 T0200;           退刀,取消 2 号刀刀补
N260 G97 S350 T0303;                换 3 号刀
N270 G00 X26 Z0;
```

```
N280 Z-20;
N290 G01 X16 F0.1;
N300 G04 X1.0;
N310 G00 X30;
N320 X150 Z100 T0300;                   退刀,取消 3 号刀刀补
N330 S800 T0404;                        换 4 号刀
N340 G00 X25 Z2;
N350 G92 X19.1 Z-18.5 F2;               车螺纹循环
N355 X17.9;
N356 X17.4;
N360 G00 X150 Z100 T0400 M05 M09;
N370 M30;
```

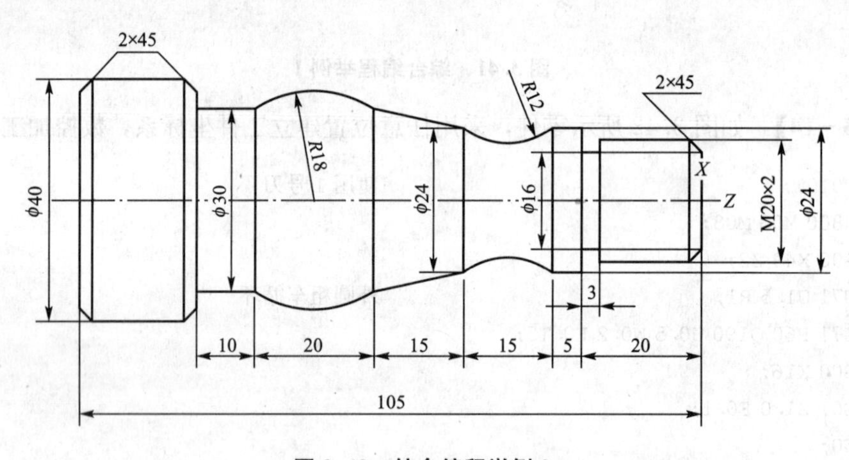

图 3.42 综合编程举例 2

【例 3-15】 如图 3.43 所示零件，采用任意位置建立工件坐标系，数控加工程序为

```
N10 T0101;                              使用 1 号刀
N20 S1000 M03;
N30 M08;
N40 G00 X26 Z1.0;
N50 G73 U5 W2.0 R5;                     封闭粗车循环
N60 G73 P70 Q170 U0.5 W0.25 F2;
N70 G00 X0;
N80 G01 Z0 F0.5;
N90 G03 X6 Z-3 R3 F0.05;
N100 X11 Z-15 R7.5;
N110 G01 Z-18 F0.08;
N120 X13 Z-20;                          车倒角
N130 X10 Z-35;                          车锥面
N140 G02 X18 Z-39 R4;                   车 R4
N150 G03 X24 Z-42 R3;                   车 R3
N160 G01 Z-45 F0.1;                     车 24 外圆
```

```
N170 G00 X100 Z100 T0100;        退刀,取消1号刀刀补
N180 T0202 S300;                 换2号刀
N190 G00 X25;
N200 Z-18;
N210 G01 X12 F0.5;
N220 X7 F0.05;                   切槽
N230 G00 X25;
N240 X100 Z100 T0200;            退刀,取消1号刀刀补
N250 T0303 S1500;                换3号刀
N260 G00 X26 Z1.0;
N270 G70 P70 Q170;               精车循环
N280 X100 Z100 T0300 M05;        退刀,取消3号刀刀补
N290 T0101 M09;
N300 M30;
```

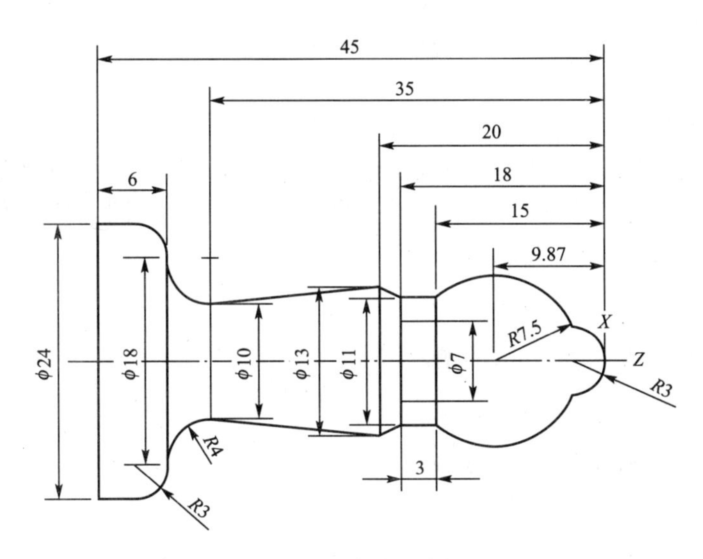

图3.43 综合编程举例3

3.6 典型数控车床编程及仿真加工实例

在CK7815型数控车床上对图3.44所示的零件进行加工，图中ϕ85不加工，要求编制加工程序。

3.6.1 确定加工路线

首先根据图样要求按先主后次的加工原则，确定加工路线。

1. 粗加工

单边留加工余量0.25，选择55°右偏车刀进行粗加工。

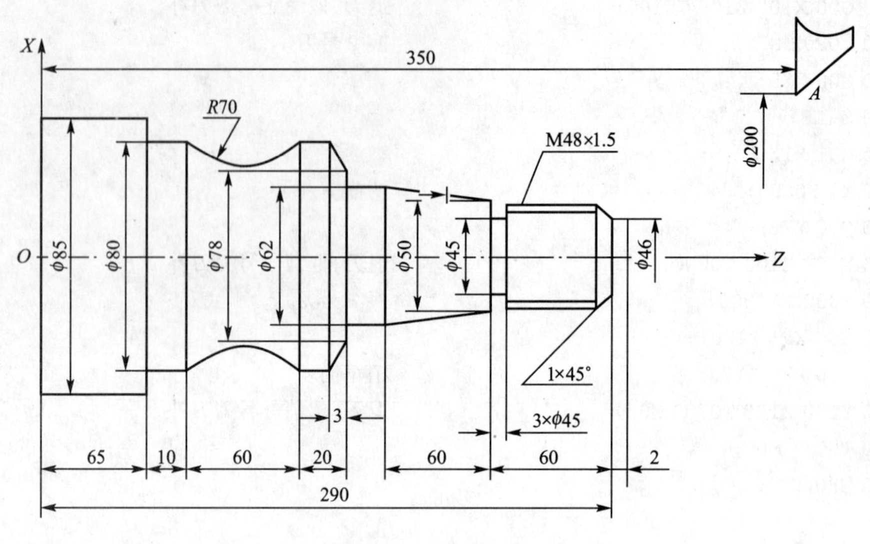

图 3.44　编程实例

2. 车削外轮廓面

选择 55°右偏车刀从左至右切削外轮廓面。其路线为：倒角—车削螺纹的实际外圆—车削锥度部分—车削 ϕ62 外圆—车削端面—倒角—车削 ϕ80 外圆—车削 R70 圆弧—车削 ϕ80 外圆—车削端面。

3. 切槽

用 3mm 切断刀切 3×ϕ45mm 的槽。

4. 车螺纹

选择螺纹车刀车削 M48×1.5 螺纹。

3.6.2　确定切削用量

各工步的切削用量见表 3-5。

表 3-5　切削用量表

切削用量 / 切削表面	主轴转速 /(r/min)	进给速度 /(mm/r)
粗加工	240	1.5
车削外轮廓面	630	0.15
切槽	315	0.16
车螺纹	200	

3.6.3　编制加工程序

【例 3-16】 对图 3.44 所示零件，采用 G50 指令建立工件坐标系，编制的数控加工

程序为

```
O2222;
N010 G50 X200 Z350;                        建立工件坐标系
N020 T0101;                                使用1号刀
N030 S240 M03;
N040 G00 X90 Z300 M08;
N050 G71 U3R1;                             外圆粗车循环
N060 G71 P80 Q200 U0.5 W0.25 F1.5;
N080 G00 X46 Z292 M08;
N090 G01 Z290 F0.15;
N100 X48 Z289;
N110 W-59;
N120 X50;
N130 X62 W-60;
N140 W-15;
N150 X78 W0;
N160 X80 W-3;
N170 W-17;
N180 G02 W-60 R70 F0.1;
N190 G01 Z65 F0.15;
N200 X106;
N210 G00 X200 Z350 M05 T0100 M09;          退刀,取消1号刀刀补
N220 T0202;                                换2号刀
N230 S630 M03;
N240 G70 P80 Q200;                         精车循环
N250 G00 X200 Z350 M05 T0200 M09;          退刀,取消2号刀刀补
N260 T0303;                                换3号刀
N270 S315 M03 M08;
N280 G00 X51 Z230;
N290 G01 X45 F0.16;                        切槽
N300 G04 P5;                               暂停5s
N310 G00 X56;
N320 G00 X200 Z350 M05 T0300 M09;          退刀,取消3号刀刀补
N330 T0404;                                换4号刀
N340 S200 M03;
N350 G00 X50 Z293 M08;
N360 G92 X47.4 Z231.5 F1.5;                车螺纹循环
N370 X46.8;
N380 X46.2;
N390 X45.6;
N400 X45;
N410 X44.4;
N420 X44;
```

```
N430 G00 X200 Z350 M05 T0400 M09;          退刀,取消 3 号刀刀补
N440 M02;
```

3.6.4　仿真加工

在南京第二机床厂生产的由 FANUC 0i-T 数控系统控制的机床上装上 $\phi85\times350$ 的棒料，依次装上加工中所需的四把刀具。

1. 建立工件坐标系

(1) 返回机床参考点。

(2) 试切并测量。

选择 MDI 方式，输入 S300 M03 程序段，让主轴旋转。

用 1 号刀(基准刀)车一刀工件端面，并沿 X 方向退刀，Z 方向坐标尺寸 $Zt=-198.747$。

按位置功能键，在出现的显示画面中按相对软键，输入 Z0，这时，画面中 Z 方向的相对值变为红色，再按 ORIGIN 软键，1 号刀 Z 方向的相对值被置零。

用 1 号刀车削工件外圆，沿 Z 方向退刀，并停止主轴，记下 X 方向坐标尺寸 $Xt=-183.446$，并测量工件外径 $D=76.554$。X 向不动，沿 Z 轴正向退刀。按位置功能键，在出现的显示画面中按相对软键，输入 X0，再按 ORIGIN 软键，1 号刀 X 方向的相对值被置零。

(3) 计算坐标增量。

$X=Xt+\alpha-D=-183.446+200-76.554=-60$

$Z=Zt+\beta-L=-198.747+350-290=-138.747$

(4) 对刀。

以手动方式移动刀架，将刀架移至使显示器上所显示的坐标值为 $X=-60$，$Z=-138.747$。

(5) 存储第二参考点。

将刀尖移动到起刀点位置上后，将鼠标放在工作区，右击，出现图 3.11 所示菜单，右击选取起始点位置(本例中为 $X-60$ $Z-138.747$)，在出现的菜单中选择“存储第二参考点”选项，起始点被作为第二参考点存储。

2. 其他刀对刀

按顺序陆续让 2 号刀、3 号刀和 4 号刀对刀，各把刀相对 X、Z 方向的相对坐标值见表 3-6。

表 3-6　刀具相对坐标值

刀号	*U*	*W*
1	0	0
2	−0.098	−0.171
3	−0.132	−4.338
4	−0.314	−5.499

3. 返回参考点

4. 刀具补偿

按参数输入功能键，再按补正、形状软键，出现图 3.13 刀具补正/几何参数输入页面，分别将光标移动到1号刀具补偿号的 X、Z 处，分别按表 3-6 输入其相应的相对坐标值。

5. 到刀具起始点

让1号刀转动到工作位置，在 MDI 方式下运行：

```
G30 U0 W0
```

1号刀回到起始点位置。

6. 仿真加工

复制数控加工程序建立文本文件，把该文件写入机床，执行该程序，其步骤如下。

(1) 置图 3.5 中的模式旋钮在“EDIT”模式位置。

(2) 按程序功能键，再按 DIR 软键进入程序页面，输入主程序号 O2222，按输入功能键，选择“文件|打开”命令，弹出“有文件已被修改，是否保存当前文件”对话框，单击“确定”按钮，弹出“打开”对话框，在其对话框中文件类型选项中选择“数控代码文件(*.cnc. *.nc. *.txt)”，选择文件，单击“打开”按钮，程序 O2222 被写入到数控机床中。

(3) 置图 3.5 中的模式旋钮在“MEM”自动加工模式位置。

(4) 单击“循环启动”按钮。

图 3.45 为仿真加工后的零件及加工轨迹。

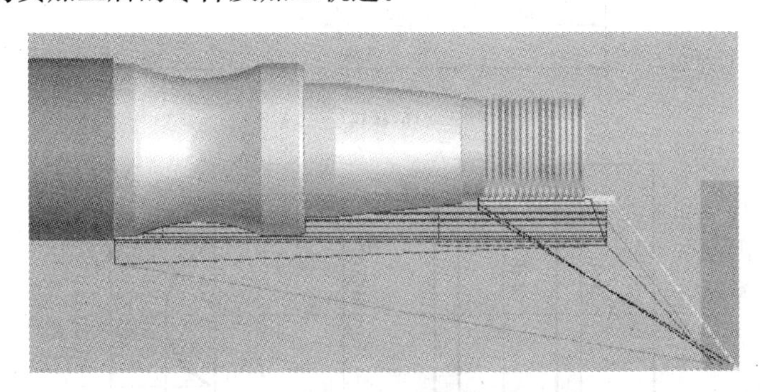

图 3.45　仿真加工后的零件及加工轨迹

练习与思考题

3-1　简述数控车床的编程特点。

3-2　简述数控车床的基本操作。

3-3　简述工件坐标系的建立方法。

3－4　简述车床刀具(长度)补偿的方法。

3－5　刀尖圆弧半径对加工精度有何影响?

3－6　刀尖圆弧半径补偿与刀具磨耗补偿是如何进行的?

3－7　指出在前置刀架上常用刀具刀沿位置点。

3－8　编制图 3.46 各零件的数控加工程序，并在数控仿真软件上加工出该零件。

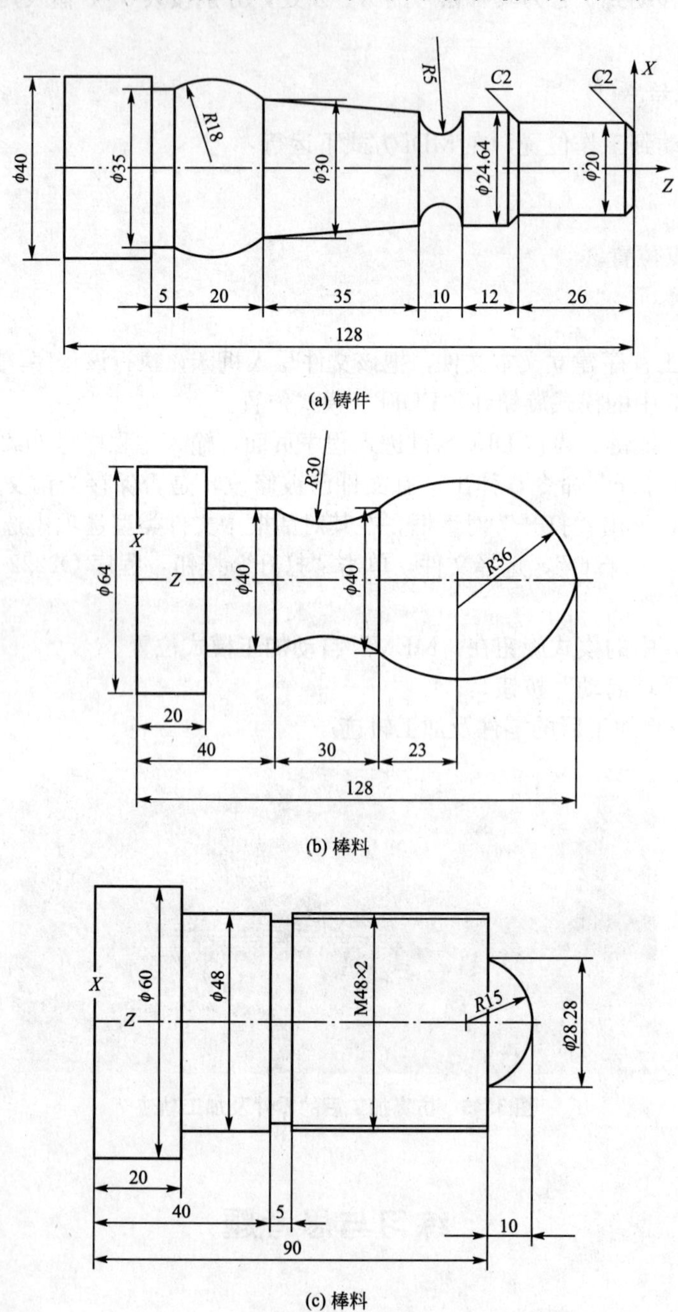

图 3.46　题 3－9 图

3－9 已知毛坯是直径 ϕ22 的棒料，割刀宽 3mm，试编写图 3.47 所示零件加工程序，并进行仿真加工。

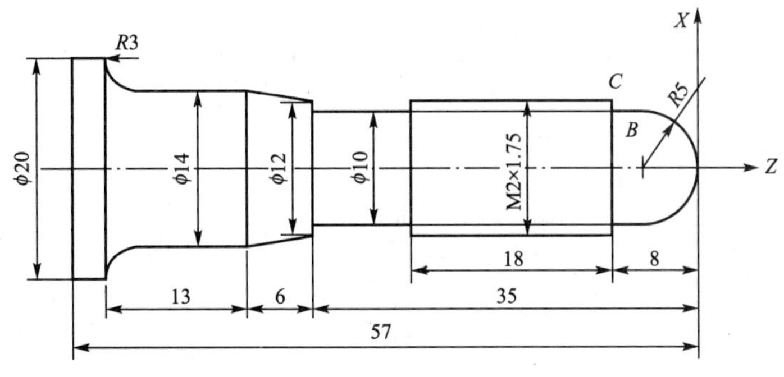

图 3.47 题 3－10 图

3－10 已知毛坯是直径 ϕ22 的棒料，割刀宽 4mm，试编写图 3.48 所示零件加工程序，并进行仿真加工。

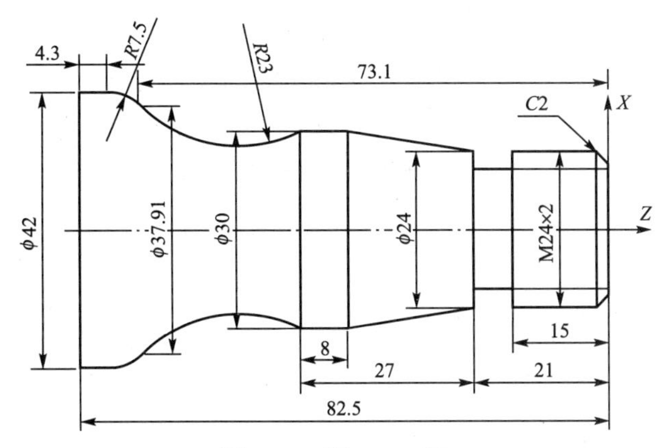

图 3.48 题 3－11 图

3－11 已知毛坯是直径 ϕ22 的棒料，割刀宽 4mm，试编写图 3.49 所示零件加工程序，并进行仿真加工。

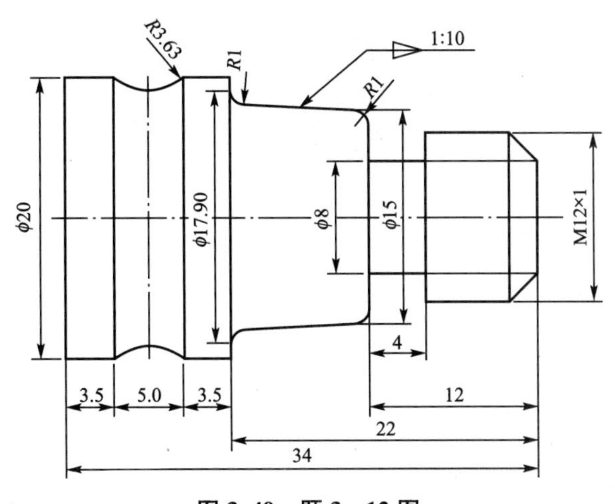

图 3.49 题 3－12 图

3－12　已知毛坯是直径 ϕ50 的棒料，试编写图 3.50 所示零件加工程序，并进行仿真加工。

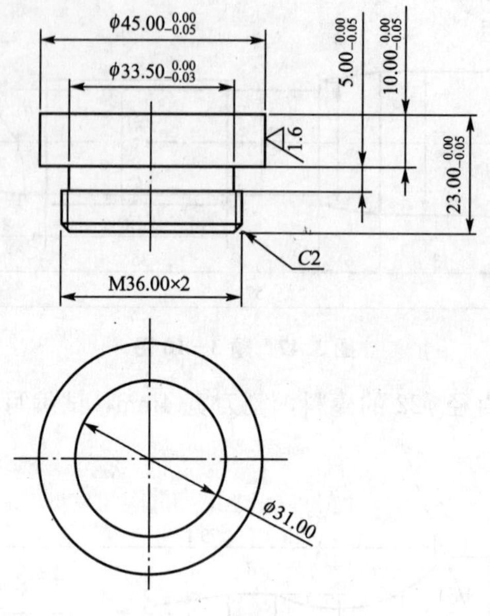

图 3.50　题 3－13 图

第 4 章

数控铣床和加工中心编程与操作

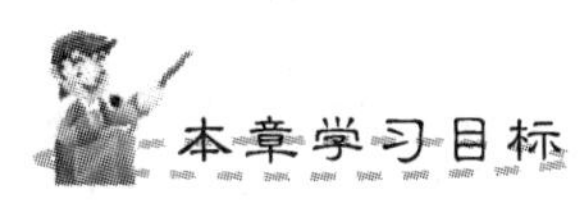

★　了解数控铣床及铣削数控加工
★　掌握数控铣床编程基础
★　了解数控系统功能
★　初步掌握数控铣床的基本操作
★　初步掌握数控铣床工件坐标系的建立与刀具补偿
★　掌握数控铣床与加工中心基本编程方法

知识要点	掌握程度	相关知识
数控铣床及铣削数控加工	了解数控铣床的种类、加工对象和数控铣削加工特点；了解铣削刀具及铣削工艺参数的确定	数控铣床结构、加工原理、刀具及加工工艺
数控铣床编程基础	掌握数控铣床编程的特点及应注意的问题；掌握数控铣削编程中的坐标系	公差配合、坐标系及数控铣削工艺
数控系统功能	了解FANUC Series 0i－MC数控系统的准备功能G、辅助功能M、刀具功能T、主轴转速功能S、进给功能F	数控标准及切削用量
数控铣床的基本操作	初步掌握回参考点，手动移动机床，开、关主轴，装换刀具等数控铣床的基本操作	数控机床结构及运动
数控铣床工件坐标系的建立与刀具补偿	初步掌握数控铣床工件坐标系的建立、刀具半径补偿和刀具长度补偿	数控铣床编程基础知识，数控系统功能，数控铣床的基本操作
数控铣床与加工中心基本编程方法	掌握铣削编程基本指令、固定循环指令、坐标变换指令及子程序的调用方法	数控铣床编程基础知识，数控系统功能，数控铣床的基本操作，数控铣床工件坐标系的建立与刀具补偿

导入案例

数控铣床及加工中心编程的关键问题是刀具补偿，包括刀具长度补偿和刀具半径补偿，补偿数值要预先存储到机床存储器中，而在程序中通过指令调用这些数值。如图1所示零件，要铣削工件外轮廓，需要进行刀具半径补偿，采用刀具半径补偿指令G41进行刀具半径补偿，刀具半径补偿值放入D01中，铣削完毕后，采用G40指令撤销其补偿，编写的加工程序如下。

```
G54 G17 G90 G40;
G00 X-30.0 Y-30.0 Z30.0;
S600 M03;
Z5 M08;
G01 Z-3.0 F50;
G41 G01 X0.0 Y0.0 F100.0 D01;
Y15 F200;
X10.0 Y25.0;
X40.0;
G02 X50.0 Y15.0 I0.0 J-10.0 F100.0;
G01 Y0.0 F200.0;
X0 Y0;
G40 G01 X-30.0 Y-30.0 F300.0 M09;
Z30.0 M05;
M02;
```

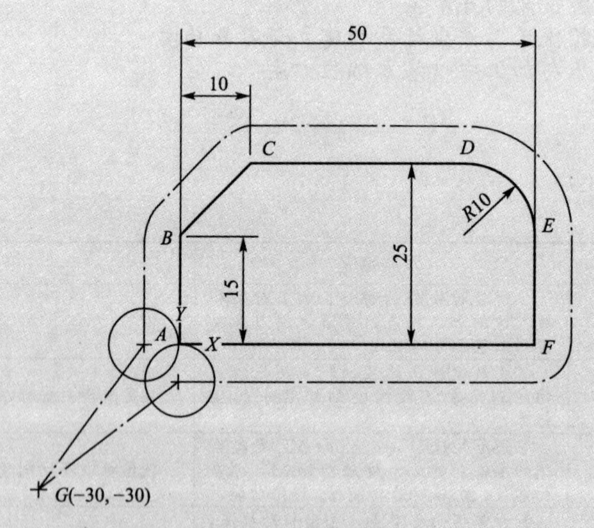

图1　铣削工件外轮廓

如图2所示，加工中要使用3把不同长度的刀具，1号刀T1为基准刀(补偿值为0)，2号刀T2、3号刀T3需要进行长度补偿，3把刀补偿值分别存放在H01、H02、H03中，用G43指令进行刀具长度补偿，用G49撤销其补偿，编写的加工程序如下。

导入案例

```
N10 G54 G17 G90 G00 Z30;
N15 M03 S500;
N16 G00 X0 Y0 Z30;
N20 G43 G90 G01 Z15 H01;            1号刀长度补偿
N21 G28 G49 X0 Y0 Z20 M05;          1号刀长度补偿取消
N22 T2 S500 M03
N25 G54 G29 X30 Y0 Z20;
N30 G43 G01 Z15 H02;                2号刀长度补偿
N31 G28 G49 X0 Y0 Z20 M05;          2号刀长度补偿取消
N32 T3 S500 M03;
N35 G54 G29 X60 Y0 Z20;
N40 G43 G01 Z15 H03;                3号刀长度补偿
N50 G49 G01 Z100 M05;               3号刀长度补偿取消
N60 M30;
```

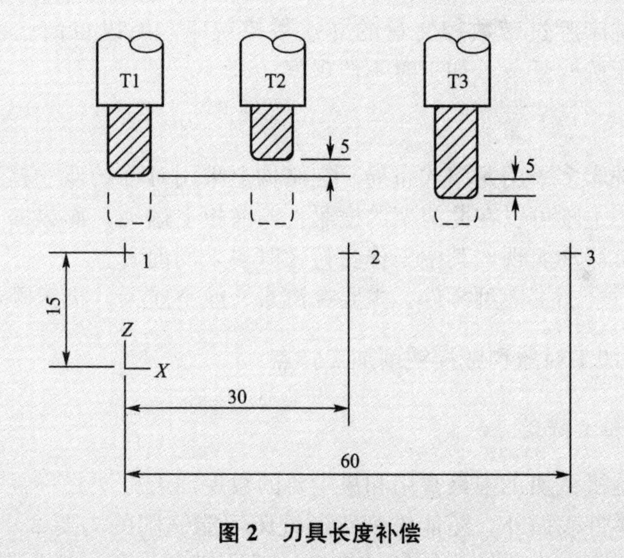

图 2　刀具长度补偿

数控铣床及加工中心编程也提供了一些固定循环指令，方便了铣床和加工中心编程。数控铣床及加工中心编程通常采用自动编程。

4.1　数控铣床概述

4.1.1　数控铣床的分类

数控铣床是一种用途很广泛的机床，在数控机床中所占的比例最大，数控铣床一般可以三轴联动，用于各种复杂的平面、曲面和壳体类零件的加工，如各种模具、样板、凸轮和连杆等。数控铣床可分为以下三类。

1. 立式数控铣床

立式数控铣床的主轴轴线与工作台面垂直。其结构有固定立柱的，工作台做 X、Y 轴进给运动的；也有工作台固定的，X、Y、Z 轴均由主轴做进给运动。立式数控铣床通常能实现三轴联动，结构简单，工件安装方便，加工时便于观察，适合于盘形零件的加工。

立式数控铣床也可以附加数控转盘，采用数控交换台，增加靠模装置等来扩大它的功能、加工范围和加工对象，进一步提高了生产效率。

2. 卧式数控铣床

卧式数控铣床的主轴轴线与工作台面平行，主要用来加工箱体类零件。为了扩大它的加工范围和扩充功能，卧式数控铣床通常采用增加数控转盘和万能数控转盘来实现四轴、五轴加工。这样不但工件侧面上的连续回转轮廓可以加工出来，而且可以实现在一次安装中，通过转盘改变工位进行四面加工，尤其是万能数控转盘可以把工件上各种不同的角度或空间角度的加工面摆成水平来加工，可以省去很多专用夹具或专用角度的成形铣刀。在许多方面卧式数控铣床胜过带数控转盘的立式数控铣床，所以目前已得到许多用户的重视。但卧式数控铣床机构复杂，加工时不便观察。

3. 龙门数控铣床

大型立式数控铣床多采用龙门式布局，在结构上采用对称的双立柱结构，以保证机床整体的刚性、强度。主轴可以在龙门架的横梁上与溜板上运动，而纵向运动则由龙门架沿床身移动或由工作台移动实现，其中工作台特大时多采用前者。

龙门数控铣床适合加工大型零件，主要在汽车、航空航天、机床等行业使用。

4.1.2　数控铣床的加工对象和数控铣削加工特点

1. 数控铣床的加工对象

数控铣床铣削是机械加工中最常用和最主要的数控加工方法之一，它除了铣削普通铣床所能铣削的各种零件表面外，还能铣削普通铣床不能铣削的需要 2～5 坐标轴联动的各种平面轮廓和立体轮廓。立式结构的数控铣床一般适宜盘、套、板类零件，一次装夹后，可对上表面进行铣、钻、扩、镗、攻螺纹工序及侧面的轮廓加工；卧式结构的数控铣床一般都带有回转工作台，一次装夹后可完成除安装面和顶面以外的其余四面的各种加工工序加工，因此适宜箱体类零件加工。万能式数控铣床的主轴可以旋转 90°或工作台带着工件旋转 90°，一次装夹后可完成对工件 5 个表面的加工；龙门式数控铣床用于大型或形状复杂的零件加工。

2. 数控铣削加工特点

(1) 对零件加工的适应性强，能加工轮廓形状特别复杂或难以控制尺寸的零件，如模具类零件、壳体类零件。

(2) 能加工普通铣床无法(或很困难)加工的零件，如用数学模型描述的复杂曲线类零件及三维空间曲面类零件。

(3) 一次装夹后，可对零件进行多道工序加工。

(4) 加工精度高，加工质量稳定可靠。

(5) 生产自动化程度高，可以减轻操作者的劳动强度，有利于生产管理的现代化。

(6) 生产效率高，一般可省去画线、中间检查等工作，可以省去复杂的工装，减少对零件的安装、调整等工作。能通过选用最佳工艺路线和切削用量有效地减少加工中的辅助时间，从而提高生产效率。

4.1.3 刀具及工艺参数确定

1. 刀具的选择

在模具型腔数控铣削加工中，刀具选择合理与否直接影响着模具零件的加工质量、加工效率和加工成本，因此正确选择刀具有着十分重要的意义。在模具铣削加工中，常用的有平底铣刀、圆角立铣刀、球头铣刀和锥度铣刀等，在模具型腔加工时刀具的选择应遵循以下原则。

1) 根据被加工型面形状选择刀具类型

对于凹形表面，在半精加工和精加工时，应选择球头刀，以得到好的表面质量，但在粗加工时宜选择平底铣刀或圆角立铣刀，这是因为球头刀切削条件较差；对凸形表面，粗加工时宜选择平底铣刀或圆角立铣刀，但在精加工时宜选择圆角立铣刀，这是因为圆角立铣刀的几何条件比平底铣刀好；对带脱模斜度的侧面，宜选用锥度铣刀，虽然采用平底铣刀也可加工斜面，但会使加工路径变长而影响加工效率，同时会加大刀具磨损而影响加工精度。

2) 根据从大到小的原则选择刀具

模具型腔一般包含有多个类型的曲面，因此在加工时一般不能选择一把刀具完成整个零件的加工。无论是粗加工还是精加工，应尽可能选择大直径的刀具，因为刀具直径越小，加工路径越长，造成加工效率降低，同时刀具的磨损会造成加工质量的明显差异。

3) 根据型面曲率的大小选择刀具

在精加工时，所用最小刀具的半径应小于或等于被加工零件上的内轮廓圆角半径，尤其是在拐角加工时，应选用半径小于拐角处圆角半径的刀具并以圆弧插补的方式进行加工，这样可以避免采用直线插补而出现过切现象；在粗加工时，一般选择的刀具半径较大，这时需要考虑的是粗加工后所留余量是否会给半精加工或精加工刀具造成过大的切削负荷，因为较大的刀具在零件轮廓拐角处会留下更多的余量，这往往是精加工过程中出现切削力的急剧变化而使刀具损坏或裁刀的直接原因。

粗加工时尽可能选择圆角立铣刀，一方面圆角立铣刀在切削中可以在刀刃与工件接触的 0°～90°范围内给出比较连续的切削力变化，这不仅对加工质量有利，而且会使刀具寿命大大延长；另一方面，在粗加工时选择圆角立铣刀，与球头刀相比具有良好的切削条件，与平底铣刀相比可以留下较为均匀的精加工余量，这对后续加工是十分有利的。

2. 走刀方式和切削方式的确定

走刀方式是指在加工过程中刀具轨迹的分布方式，切削方式是指加工时刀具相对工件的运动方式。在数控加工中走刀方式和切削方式的选择直接影响着模具零件的加工质量和加工效率。其选择原则是根据被加工零件的几何特征，在保证加工精度的前提下，使切削时间尽可能短，切削过程中刀具受力平稳。

1）走刀方式

在模具加工中，常用的走刀方式包括单向走刀、往复走刀和环切走刀三种形式，如图4.1所示。单向走刀方式在加工中切削方式保持不变，这样可以保证顺铣或逆铣的一致性，但由于增加了提刀和空走刀，切削效率较低，粗加工中，由于切削量较大，一般选用单向走刀，以保证切削受力均匀和切削过程的稳定性。往复走刀方式在加工中不提刀进行连续切削，加工效率较高，但顺铣和逆铣交替进行，加工质量较差，一般在粗加工时由于切削量大不宜采用往复走刀，而在半精加工和表面质量要求不高的情况下可选用往复走刀。环切走刀方式在加工中不提刀，采用顺铣或逆铣切削方式，是型腔加工中常用的走刀方式。

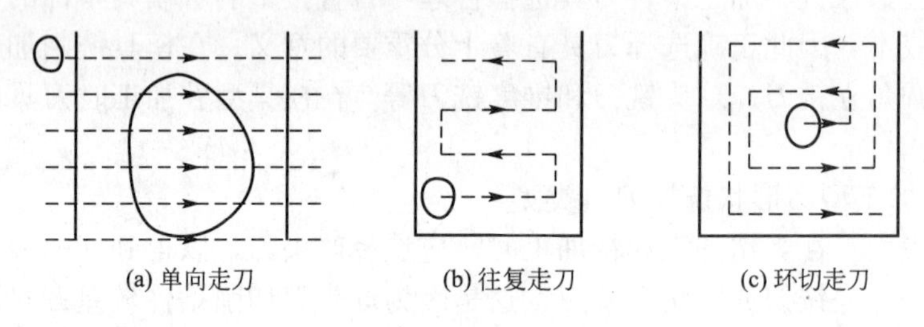

图4.1　走刀方式

2）切削方式

铣削方式的选择直接影响到加工表面质量、刀具耐用度和加工过程的平稳性。在采用圆周铣削时，根据加工余量的大小和表面质量的要求，要合理选用顺铣和逆铣，一般粗加工过程中余量较大，应选用逆铣加工方式，以减小机床的振动；精加工时，为达到精度和表面粗糙度的要求，应选用顺铣加工方式。在采用端面铣削时，应根据加工材料的不同，选用不同的铣削方式，一般在加工高硬度材料时应选用对称铣削；在加工普通碳钢和高强度低合金钢时，应选用不对称铣削，可以延长刀具的使用寿命，得到较好的工件表面质量；在加工高塑性材料时应选用不对称铣削，以提高刀具的耐用度。

3. 刀具的切入与切出

在模具型腔数控铣削中，由于模具型腔的复杂性，往往需要更换不同的刀具才能完成对模具零件的加工。在粗加工时，每次加工后残留余量形成的几何形状是在变化的，在下次进刀时如果切入方式选择不当，很容易造成裁刀事故。在精加工时，切入和切出时切削条件的变化会造成加工表面质量的差异。因此，合理选择刀具切入、切出方式有非常重要的意义。

刀具垂直切入、切出工件是最简单、最常用的方式，适用于可以从工件外部切入的凸模类工件的粗加工和精加工以及模具型腔侧壁的精加工；刀具以斜线或螺旋线切入工件常用于较软材料的粗加工；通过预加工工艺孔切入工件是凹模粗加工常用的下刀方式；圆弧切入、切出工件由于可以消除接刀痕而常用于曲面的精加工。

4. 切削参数的控制

切削参数的选择对加工质量、加工效率以及刀具耐用度有着直接的影响。切削参数主要有主轴转速(spindle speed)、进给速度(cut feed)、刀具切入时的进给速度(lead in feed rate)、步距宽度(step - over)和切削深度等。

1) 主轴转速

主轴转速一般根据切削速度来计算，$n=1000V/\pi d$ (r/min)，d 为刀具直径(mm)，V 为切削速度(mm/min)。切削速度的选择与刀具耐用度密切相关，当工件材料、刀具材料和结构确定后，切削速度就成为影响刀具耐用度的主要因素，过低或过高的切削速度都会使刀具耐用度急剧下降。在模具加工尤其是模具的精加工时，应尽量避免中途换刀，以得到较高的加工质量，因此结合刀具耐用度选择切削速度。

2) 进给速度与切入进给速度

进给速度的选择直接影响模具零件的加工精度和表面粗糙度，其计算公式为 $F=nzf$，n 为主轴转速(r/min)，z 为铣刀齿数，f 为每齿进给量(mm/齿)。每齿进给量的选取取决于工件材料的力学性能、刀具材料和铣刀结构。工件的硬度和强度越高，每齿进给量越小，硬质合金铣刀比同类高速钢铣刀每齿进给量要高；当加工精度和表面粗糙度要求较高时，应选择较低的进给量；刀具的切入进给速度应小于切削进给速度。

3) 进刀量

进刀量的大小主要受机床、工件和刀具刚度的限制，其选择原则是在满足工艺要求和工艺系统刚度允许的条件下，选用尽可能大的进刀量，以提高加工效率。为保证加工精度和表面粗糙度，应留 0.2～0.5 的精加工余量。在粗加工时，余量的切除采用层切的方法。在精加工时，进刀量的选择与表面粗糙度有关。

4.2 数控铣床编程基础

4.2.1 数控铣床编程特点

数控铣床是通过两轴联动加工零件的平面轮廓，通过两轴半控制、三轴或多轴联动来加工空间曲面零件，数控铣削加工编程有如下特点。

(1) 应进行合理的工艺分析。由于零件加工的工序多，在一次装夹下，要完成粗加工、半精加工和精加工，周密合理地安排各工序的加工顺序，有利于提高加工精度和生产效率。

(2) 尽量按刀具集中法安排加工工序，减少换刀次数。

(3) 合理设计进、退刀辅助程序段，选择换刀点的位置，是保证加工正常进行，提高零件加工质量的重要环节。

(4) 对编好的程序，必须进行认真检查，并在加工前进行试运行，减少程序的出错率。

4.2.2 数控铣削编程中的坐标系

为了确定加工时零件在机床中的位置，必须建立工件坐标系。工件坐标系采用与机床运动坐标系一致的坐标方向，工件坐标系的原点要选择便于测量或对刀的基准位置，同时要便于编程计算。选择工件零点的位置应注意以下事项。

(1) 工件零点应尽量选在零件图的尺寸基准上，这样便于坐标值计算，减少错误。

(2) 工件零点应尽量选在精度较高的加工面，以提高零件的加工精度。

(3) 对于对称的零件，工件零点应设在对称中心上。

(4) 对于一般零件，工件零点通常设在工件外轮廓的某一角点上。

(5) Z 轴方向的零点一般设在工件表面。

4.2.3　数控铣削编程应注意的问题

1. 铣刀的刀位点

铣刀的刀位点是指在加工程序编制中用以表示铣刀特征的点，也是对刀和加工的基准点。对于不同类型的铣刀，其刀位点的确定也不相同。盘形铣刀的刀位点为刀具对称中心平面与其圆柱面上切削刃的交点；立铣刀的刀位点为刀具底平面与刀具轴线的交点；球头铣刀的刀位点为球心；在使用 CAD/CAM 软件编程时，校刀长位置选择球心，即用球心生成刀具加工轨迹，对刀时要考虑到刀具半径。因此在编程之前必须选择好铣刀的种类，并确定其刀位点，最终才确定对刀点。

2. 零件尺寸公差对编程的影响

在实际加工中，往往因零件各处的公差带不同，若用同一把铣刀、同一个刀具半径补偿值按其基本尺寸编程加工，很难保证各处尺寸在其公差范围之内。将所有非对称公差带的标注尺寸均改为中值尺寸，并以此为编程依据，就可以保证零件加工后的尺寸精度。如图 4.2 所示零件，图 4.2(a)为零件原尺寸，图 4.2(b)为改为中值尺寸后的尺寸。

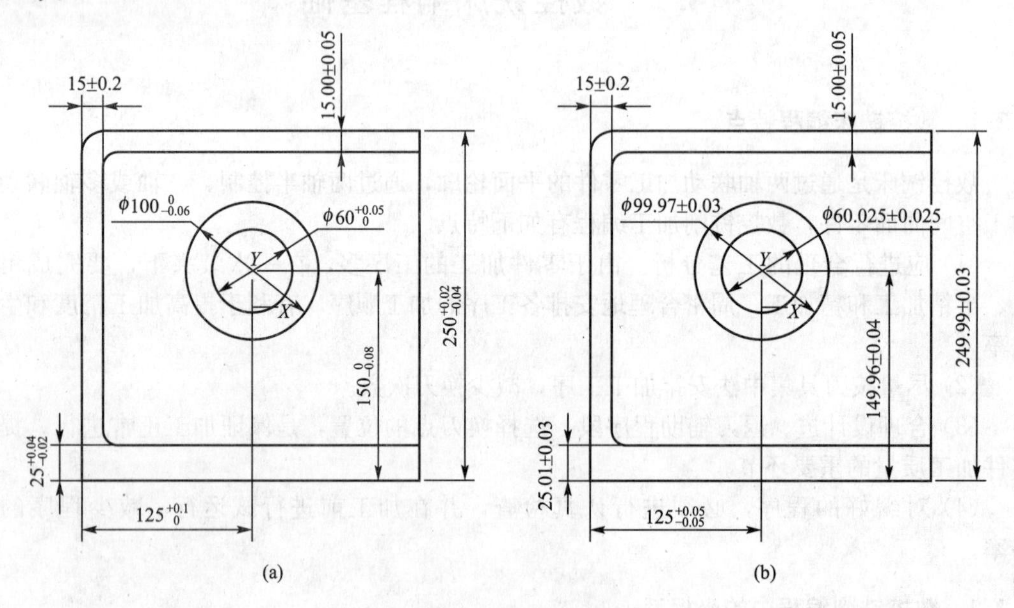

图 4.2　中值尺寸编程

3. 确定加工路线

(1) 加工路线的选择应保证满足被加工零件的精度和表面粗糙度的要求，铣削加工顺铣或逆铣对表面粗糙度产生不同的影响。

(2) 尽量使走刀路线最短，减少空刀时间。

(3) 在数控加工时，要考虑切入点和切出点处的程序处理。

4. 刀具补偿

(1) 半径补偿。编制数控铣床及加工中心程序时，在 *X*、*Y* 切削方向上按零件实际轮廓编程并使用半径补偿指令 G41 或 G42，使铣刀中心轨迹向左或向右偏离编程轨迹一个刀具半径，这样，一个程序可以多次运行，通过修改刀具补偿表中的半径数值来控制每次切削量，使加工精度得到保证。

(2) 长度补偿。刀具的长度补偿主要用来控制加工深度。通过修改刀具补偿表中的刀具长度数值来控制每次深度方向的切削量，使加工程序短小精炼。

铣床及加工中心的刀具半径补偿和长度补偿具体操作方法见第 4.5 节工件坐标系的建立与刀具补偿。

4.3　数控系统的功能

4.3.1　准备功能 G

表 4－1 所示为 FANUC Series 0i－MC 数控系统常用准备功能。

表 4－1　准备功能

G 代码	组	功能	G 代码	组	功能
G00	01	快速点定位	G49	08	刀具长度补偿取消
G01		直线插补	G54	14	选择工件坐标系 1
G02		顺时针圆弧插补	G55		选择工件坐标系 2
G03		逆时针圆弧插补	G56		选择工件坐标系 3
G04	00	停刀/准备停止	G57		选择工件坐标系 4
G17	02	选择 *XY* 平面	G58		选择工件坐标系 5
G18		选择 *ZX* 平面	G59		选择工件坐标系 6
G19		选择 *YZ* 平面	G65	00	宏程序调用
			G73	09	深孔钻循环
G28	00	返回参考点	G74		左螺纹攻螺纹循环
G29		从参考点返回	G76		精镗孔循环
G40	07	刀具半径补偿取消	G80		固定循环取消
G41		刀具半径左补偿	G81		钻孔锪镗孔循环
G42		刀具半径右补偿	G83		排屑钻孔循环
G43	08	正向刀具长度补偿	G84		攻右旋螺纹循环
G44		负向刀具长度补偿	G85		镗孔循环

（续）

G代码	组	功能	G代码	组	功能
G86	09	镗孔循环	G95	05	每转进给
G90	03	绝对坐标编程	G96	13	恒表面速度控制
G91		增量值编程	G97		恒表面速度控制取消
G92	00	设定工作坐标系	G98	10	固定循环返回初始点
G94	05	每分进给	G99		固定循环返回R点

4.3.2 辅助功能M

表4-2所示为FANUC Series 0i-MC数控系统常用辅助功能。

表4-2 辅助功能

代码	功能
M02	程序结束
M03	主轴正转
M04	主轴反转
M05	主轴停转
M06	自动换刀转换
M30	程序结束并返回程序头

4.3.3 刀具功能T

刀号用字母T后面加数字形式表示，刀具长度补偿用字母H后面加数字形式表示，刀具半径补偿用字母D后面加数字形式表示，见表4-3。

表4-3 刀具功能

序号	刀号	刀具长度补偿	刀具半径补偿
1	T1	H01	D1
2	T2	H02	D2
3	T3	H03	D3

4.3.4 进给功能F

FANUC Series 0i-MC数控系统进给功能F用指令G94定义每分钟进给，单位为mm/min；用指令G95定义每转进给，单位为mm/r。在电源接通时，设定为每分钟进给方式。

4.3.5 主轴转速功能S

FANUC Series 0i-MC数控系统主轴转速功能S用指令G96定义恒表面速度控制，用指令G97定义恒表面速度控制取消，如：

```
G96 S100;                    主轴转速 100m/min
……
G97 S500;                    主轴转速 100r/min
```

在电源接通时，设定为 r/min 方式。

当使用恒表面速度控制时，使用 G92 指令进行主轴速度钳制，如：

```
G92 S1000;                   设定主轴转速为 1000 r/min
```

高于 G92 S1000 的主轴转速被钳制在主轴最高转速 1000 r/min 上。

4.4 数控铣床的基本操作

本节结合斯沃数控仿真软件介绍南京第二机床厂生产的由 FANUC 0i－MC 系统控制的数控铣床及加工中心的基本操作。

图 4.3 为南京第二机床厂生产的 FANUC 0i－MC 铣床(加工中心)的界面。主窗口屏幕用来显示机床，数控系统屏幕用来显示加工信息和操作信息及输入信息等，编程面板用来输入数控程序和编辑程序并完成相应的操作功能，操作面板用来输入各种操作控制信息。

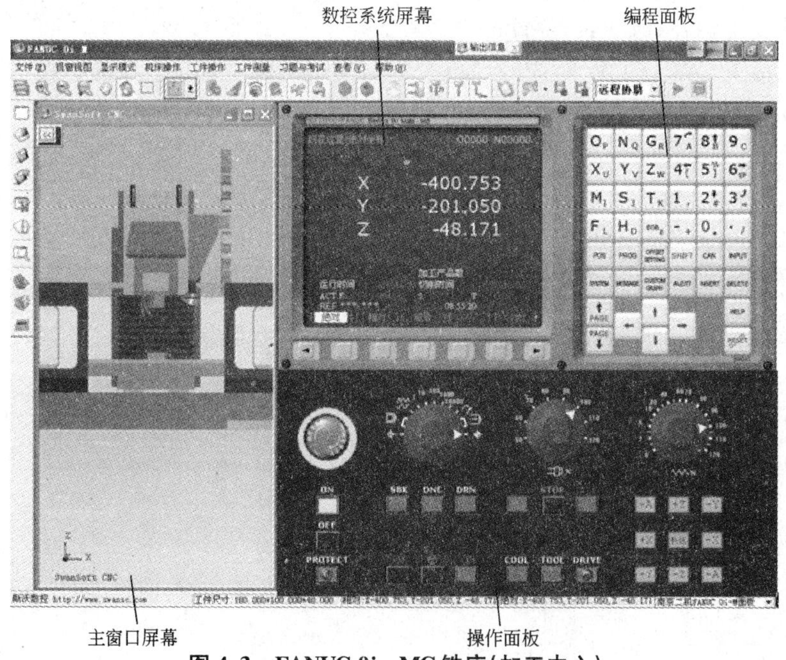

图 4.3　FANUC 0i－MC 铣床(加工中心)

FANUC 0i－MC 的编程面板与 FANUC 0i－T 的编程面板相同，不再赘述。

4.4.1 回参考点

在图 4.3 所示界面中单击操作面板上的“启动”按钮，再松开“急停”按钮，机床开机。机床开机后首先要回参考点，回参考点的操作步骤如下。

(1) 置模式旋钮在(回参考点)位置。

(2) 单击操作面板上的+X、+Y、+Z按钮，机床回参考点。

4.4.2 手动移动机床

手动移动机床的方法有两种：一种是用手动(JOG)方式，另一种是增量进给(INC)方式。

1. 手动操作方式

(1) 置模式旋钮在(JOG)模式位置。

(2) 按操作面板上的坐标方向按钮+X、-X、+Y、-Y、+Z、-Z，工作台将向相应的坐标方向移动，松开后停止移动。如果在单击坐标方向按键的同时按快速键，工作台将快速移动。

2. 增量移动方式

(1) 置模式旋钮在1(或10、100、1000)(INC)模式位置；

(2) 按操作面板上的坐标方向按键，机床各轴移动一步。1、10、100、1000对应的步进量分别为0.001、0.01、0.1、1。

4.4.3 开、关主轴

(1) 置模式旋钮在“JOG”位置。

(2) 分别按下CW、CCW对应的绿色按键，实现机床主轴正、反转；按STOP对应的红色键，主轴停转。

4.4.4 装换刀具

单击“工具”工具栏中的“刀具管理”按钮，弹出图4.4所示的“刀具库管理”对

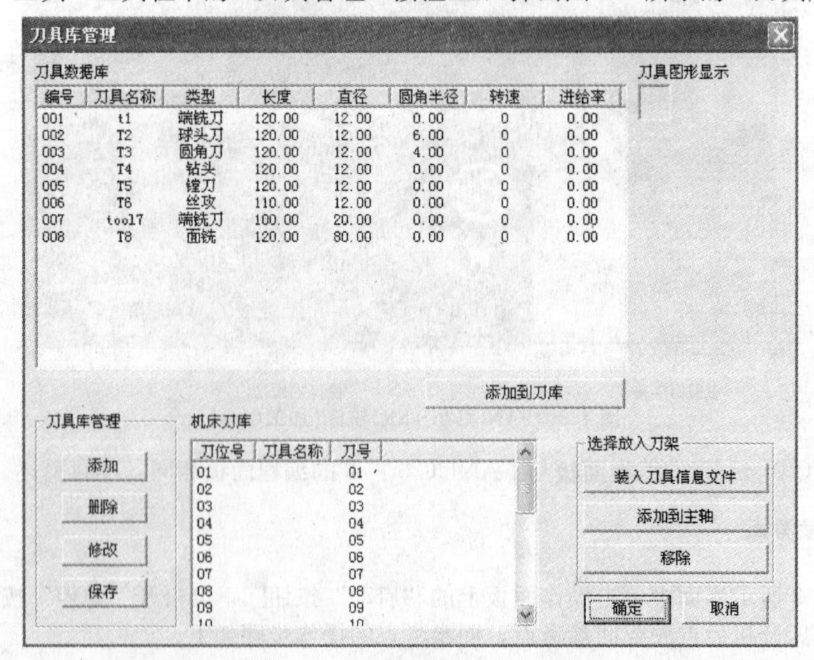

图4.4 “刀具库管理”对话框

话框，在“刀具数据库”选项组中单击选择所用刀具，单击“添加到刀库”按钮，并在随后弹出的菜单中选择刀位，然后再在“机床刀库”选项组中选择刀具，单击“添加到主轴”按钮，所选刀具就装到机床主轴上。同样利用“刀具库管理”对话框中的功能按钮可对刀具数据库进行添加、删除、修改、保存操作。

MDI模式操作、编辑输入数控加工程序、启动程序加工零件与车床操作相同，参见第3章。

4.5　工件坐标系的建立与刀具补偿

4.5.1　对刀方法

对刀的目的是通过刀具或对刀工具确定工件坐标系与机床坐标系之间的空间位置关系，并将对刀数据输入到相应的存储位置。它是数控加工中最重要的操作内容，其准确性将直接影响零件的加工精度。

X、Y方向对刀方法常采用试切对刀、寻边器对刀、心轴对刀、打表找正对刀等。其中试切对刀和心轴对刀对刀精度较低，寻边器对刀和打表找正对刀容易保证对刀精度，但打表找正对刀所需时间较长，效率较低。对刀方法一定要与零件的加工精度相适应。

1. 工件坐标系原点为两互相垂直直线交点时的对刀

工件坐标系原点为两互相垂直直线交点时的对刀方法有试切对刀、寻边器对刀和心轴对刀，如图4.5所示。

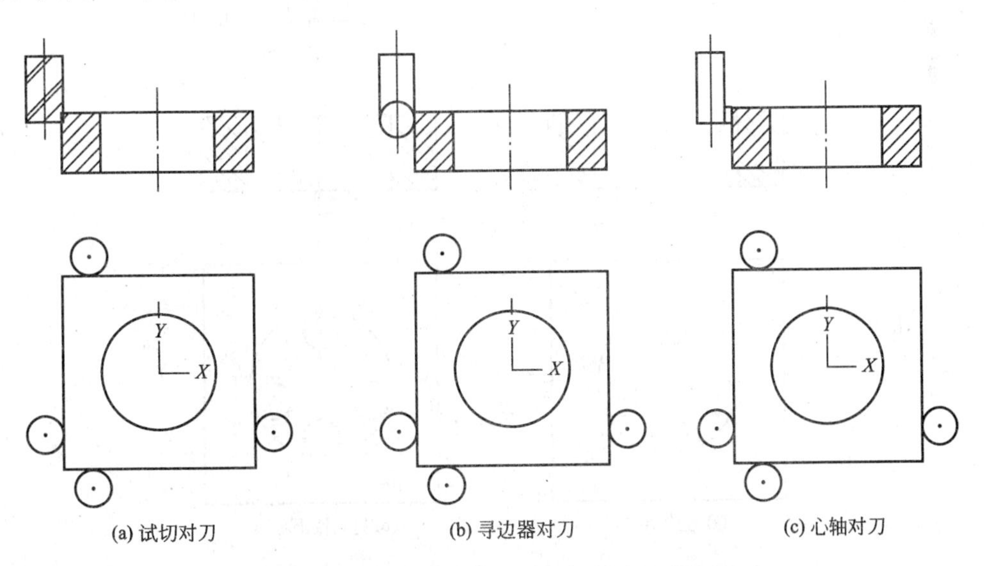

图4.5　工件坐标系原点为两互相垂直直线交点时的对刀方法

1）试切对刀

试切对刀的对刀方法的具体操作见第4.5节工件坐标系的建立部分内容。

2）寻边器对刀

寻边器对刀主要用于确定工件坐标系原点在机床坐标系中的 X、Y 值，也可以测量工件的简单尺寸。寻边器有偏心式和光电式等类型，其中以光电式较为常用。光电式寻边器的测头一般为 10mm 的钢球，用弹簧拉紧在光电式寻边器的测杆上，碰到工件时可以退让，并将电路导通，发出光信号。

如图 4.5(b)所示，寻边器对刀的操作步骤与试切的操作步骤相似，只要将刀具换成寻边器即可。但要注意，使用光电式寻边器时，主轴可以不旋转，若旋转，转速应为低速(可取 50～100r/min)；使用偏心式寻边器时，主轴必须旋转，且主轴旋转不宜过高(可取 300～400r/min)。当寻边器与工件侧面的距离较小时，手摇脉冲发生器的倍率旋钮应选择×1 或×10，且应一个脉冲一个脉冲地移动，当出现指示灯亮时应停止移动。在退出时应注意其移动方向，如果移动方向发生错误会损坏寻边器，导致寻边器歪斜而无法继续准确使用。一般可以先沿 $+Z$ 方向移动退离工件，然后再做 X、Y 方向移动。

3）心轴对刀

如图 4.5(c)所示，心轴对刀的操作步骤与试切的操作步骤相似，只要将刀具换成心轴即可。但要注意对刀时主轴不旋转，需配合量块或塞尺完成。当心轴与工件侧面的距离与量块或塞尺接近时，在心轴与工件之间放入量块或塞尺，在移动工作台和主轴的同时，来回移动量块或塞尺，当出现心轴与量块或塞尺接触时应停止移动。

2. 工件坐标系原点为圆孔(或圆柱)时的对刀

工件坐标系原点为圆孔(或圆柱)时的对刀方法有寻边器对刀和打表找正对刀，如图 4.6 所示。

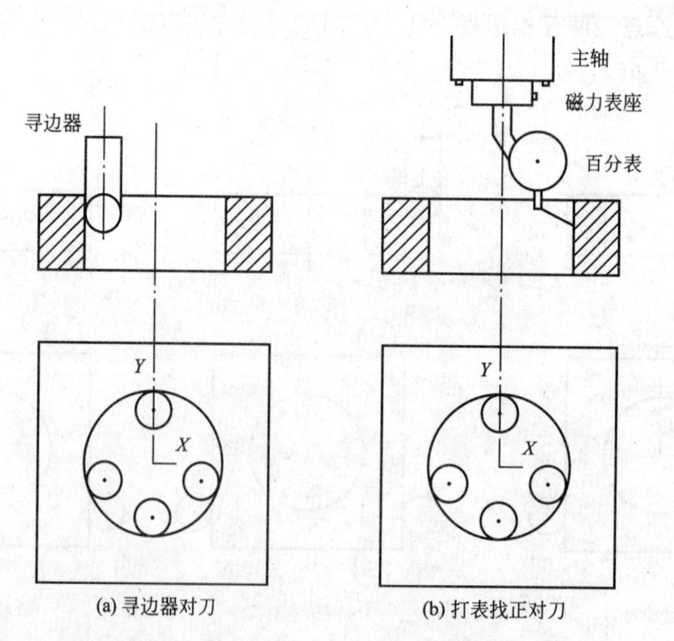

(a) 寻边器对刀　　(b) 打表找正对刀

图 4.6　工件坐标系原点为圆孔(或圆柱)时的对刀方法

1）寻边器对刀

如图 4.6(a)所示，寻边器对刀的操作步骤如下。

(1) 将所用寻边器装入主轴。

(2) 依 X、Y、Z 的顺序快速移动工作台和主轴，将寻边器靠近被测孔，其大致位置在孔中心的上方。

(3) 改用手轮操作，让寻边器下降至测头球心超过被测孔上表面的位置。

(4) 沿+X 方向缓慢移动测头，直到测头接触到孔壁，指示灯亮，反向移动直到指示灯灭。

(5) 通过手摇脉冲发生器的倍率旋钮，逐级降低手轮倍率，移动测头至指示灯亮，再反向移动直到指示灯灭，最后使指示灯稳定发亮。

(6) 将机床相对坐标 X 置零。

(7) 使用手轮操作将测头沿-X 方向移向另一孔壁，直到测头接触到孔壁，指示灯亮，反向移动直到指示灯灭。

(8) 重复第(5)步操作，记下此时机床相对坐标的 X 坐标值。

(9) 将测头沿+X 方向移动至前一步记录的 X 相对坐标的一半，此时机床机械坐标系中的，坐标值即为被测孔中心在机床坐标系中的 X 坐标值。

(10) 沿 Y 方向，同上述(4)至(9)步操作，可测得被测孔中心在机床坐标系中的 Y 坐标值。

2) 打表找正对刀

如图 4.6(b)所示，打表找正对刀的操作步骤如下。

(1) 快速移动工作台和主轴，使机床主轴轴线大致与被测孔的轴线重合(为方便调整，可在机床主轴上装入中心钻)。

(2) 调整 Z 坐标(若机床上有刀具，取下刀具)，用磁力表将杠杆百分表吸在机床主轴端面。

(3) 改用手轮操作，移动 Z 轴，使表头压住被测孔壁。

(4) 手动转动主轴，在+X 方向与-X 方向和+Y 方向与-Y 方向，分别读出表的差值，同时判断需移动的坐标方向，移动 X、Y 坐标为+X 与-X 方向和+Y 与-Y 方向各自差值的一半。

(5) 通过手摇脉冲发生器的倍率旋钮，逐级降低手轮倍率，重复第(4)步操作，使表头旋转一周时，其指针的跳动量为在允许的对刀误差内。

(6) 此时机床坐标系中的 X、Y 坐标值即为被测孔中心在机床坐标系中的 X、Y 坐标值。

3. Z 向对刀

1) 工件坐标系原点 Z 的设定方法

工件坐标系原点 Z 的设定一般采用两种方法。

(1) 工件坐标系原点 Z 设定在工件与机床 XY 面平行的平面上。采用此方法，必须选择一把刀具为基准刀具，(通常选择加工 Z 轴方向尺寸要求比较高的刀具为基准刀具)，基准刀具测量的工件坐标系原点 Z0 值输入到 G54(或 G55～G59)中的 Z 坐标，其他刀具根据与基准刀具的长度差值，通过刀具长度补偿的方法来设定编程时的工件坐标系原点 Z0，该长度补偿的方法一般称为相对长度补偿。具体操作见第 4.5 节工件坐标系的建立部分内容。

(2) 工件坐标系原点 Z 设定在机床坐标系的 $Z0$ 处(设定 G54 时，Z 后面为 0)，此方法没有基准刀具，每把刀具通过刀具长度补偿的方法来设定编程时的工件坐标系原点 Z0，该长度补偿的方法一般称为绝对长度补偿。

Z 向对刀时，通常采用 Z 轴设定器对刀、试切对刀和机外对刀仪对刀等。

2) Z 轴设定器对刀

Z 轴设定器主要用于工件坐标系原点在机床坐标系的 Z 轴坐标，或者说是确定刀具在机床坐标系中的高度。

Z 轴设定器有光电式和指针式等类型，通过光电指示或指针判断刀具与对刀器是否接触，对刀精度一般可达 0.005mm。Z 轴设定器带有磁性表座，可以牢固地附着在工件或夹具上，其高度一般为 50mm 或 100mm。

3) 试切对刀

试切对刀的具体操作见第 4.5 节工件坐标系的建立部分内容。

4) 机外对刀仪对刀

对刀仪对刀时可以测量刀具的半径值与刀具长度补偿量。当测量刀具长度补偿量时，一般需要在机床上通过 Z 轴设定器对刀方法或试切对刀方法来设定基准刀具长度量。

4. 对刀操作注意事项

在对刀操作过程中注意以下问题。

(1) 根据加工要求采用正确的对刀工具，控制对刀误差。

(2) 在对刀过程中，可以通过改变微调进给量来提高对刀精度。

(3) 对刀时需要小心谨慎操作，尤其要注意移动方向，避免发生碰撞危险。

(4) 对刀数据一定要存入与程序对应的存储地址，防止因调用错误而产生严重后果。

4.5.2 工件坐标系的建立

FANUC 0i-MC 系统提供了 G92 和 G54～G59 两种类型的指令建立工件坐标系。用 G54～G59 建立工件坐标系时对刀点和工件坐标系原点一般为同一个点；G92 指令则通过设定对刀点相对于工件坐标系原点的相对位置，建立坐标系，对刀点和工件坐标系原点为两个点。

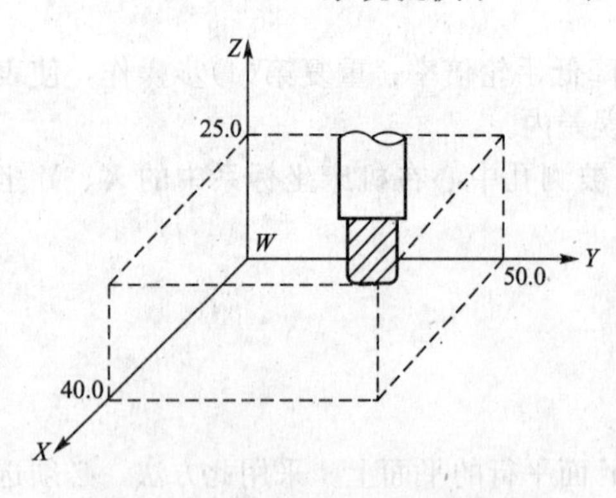

图 4.7　建立工件坐标系原理图

1. 用 G92 指令建立工件坐标系

G92 指令通过设定刀具起点(对刀点)相对于工件坐标系原点的相对位置，建立该坐标系，若刀具的起始点距工件原点的 X 向、Y 向、Z 向尺寸分别为 40、50 和 25，如图 4.7 所示，则用 G92 建立工件坐标系的程序段为

```
G92 X40 Y50 Z25
```

执行该程序段后，G92 指令把这个坐标寄存在数控系统的存储器内。该坐标系在机床

重开机时消失。用G92指令建立工件坐标系的步骤如下。

1) 返回机床参考点

选择回参考点操作方式，进行回参考点的操作，建立机床坐标系，此时显示器上显示的坐标值是刀具在机床坐标系中的坐标值。

2) 手动方式移动刀具到工件坐标系原点

以手动方式移动刀具到工件坐标系原点，并记下该点的 X、Y、Z 方向在机床坐标系下的坐标值 Xt、Yt、Zt。

3) 计算坐标增量

算出将刀位点移动到起刀点位置所需 X、Y、Z 轴的坐标增量分别为($Xt+40$)、($Yt+50$)、($Zt+25$)。

4) 对刀

根据算出的坐标增量，以手动方式移动刀具，将刀具移至使显示器上所显示的坐标值为($Xt+40$)、($Yt+50$)、($Zt+25$)为止，这样就实现了将刀具放在程序所要求的起刀点位置上。加工程序中即可使用G92建立工件坐标系。

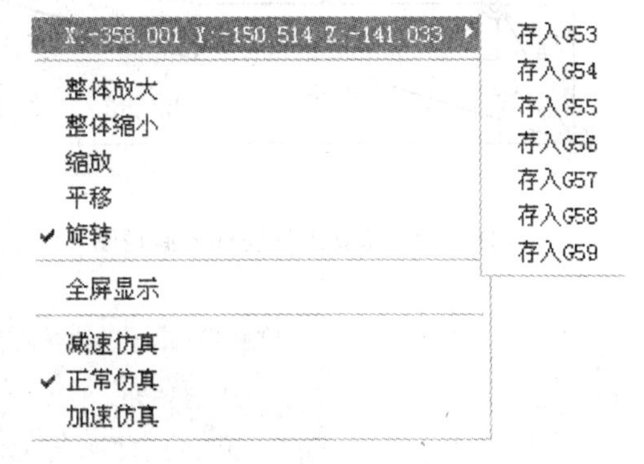

图4.8　起始点存储菜单

5) 存储起始点

将刀具移动到起刀点位置上后，将鼠标放在工作区，右击，出现图4.8所示菜单，单击选取起始点位置(本例中为 $X-358.001$ $Y-150.514$ $Z-141.033$)，在出现的菜单中选择"存入G53"～"存入G59"选项中的一项，如选存入G59，起始点被存储在G59。在加工过程中若需要返回起始点，运行程序段：

```
G59 G92 X40 Y50 Z25
```

后即可返回起始点。

2. 用G54(或G55～G59)指令建立工件坐标系

机床开机返回机床参考点后，G54(或G55～G59)指令通过设置 X、Y、Z 方向偏置值，建立工件坐标系。

如选图4.9中的工件左下角点为工件坐标系原点，即图4.10中的1点，建立工件坐标系步骤如下。

(1) 以手动方式移动刀具到图4.10中的1点 X 方向位置，轻轻碰一下工件左端面，按参数输入功能键，在出现的界面中按坐标系软键，出现图4.11坐标系参数输入页面，将光标移动到G54或G55～G59)的 X 值处，输入X-R，按测量软键，R为刀具半径。

(2) 以手动方式移动刀具到图4.10中的1点 Y 方向位置，轻轻碰一下工件后端面，在坐标系参数输入页面将光标移动到G54的 Y 值处，输入Y-R，按测量软键。

(3) 以手动方式移动刀具到图4.10中的1点 Z 方向位置，轻轻碰一下工件上端面，在坐标系参数输入页面，将光标移动到G54的 Z 值处，输入Z0，按测量软键。如图4.9所示工件坐标系建立起来。若工作坐标系原点设在工件的底平面，则输入 ZL，L 为 Z 向对刀点距底面的距离。

若选图 4.9 中的右上角点即图 4.10 中的 3 点为工件坐标系原点，在坐标系参数输入页面图 4.11 中将输入 XR、YR；若选图 4.10 中的 2 点为工件坐标系原点，在图 4.11 中将输入 XR、Y－R；若选图 4.10 中的 4 点为工件坐标系原点，将输入 X－R、YR。

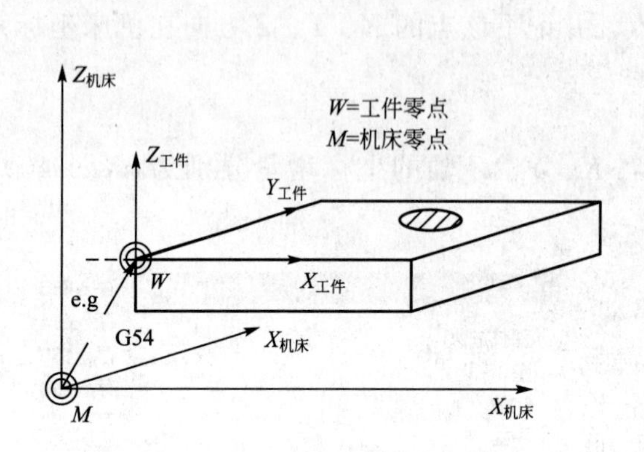

图 4.9 建立工件坐标系原理图

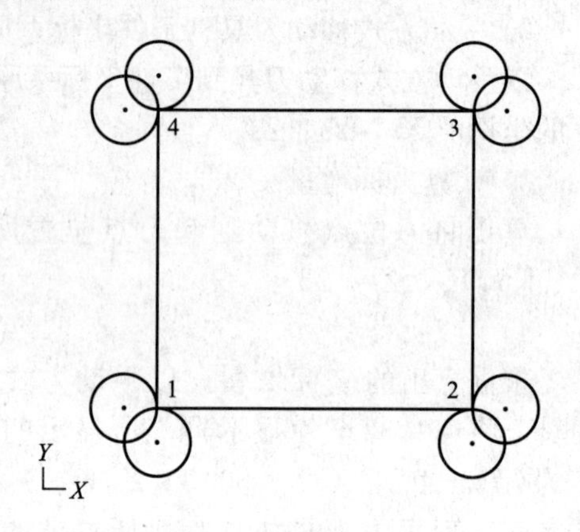

图 4.10 刀具对刀位置图

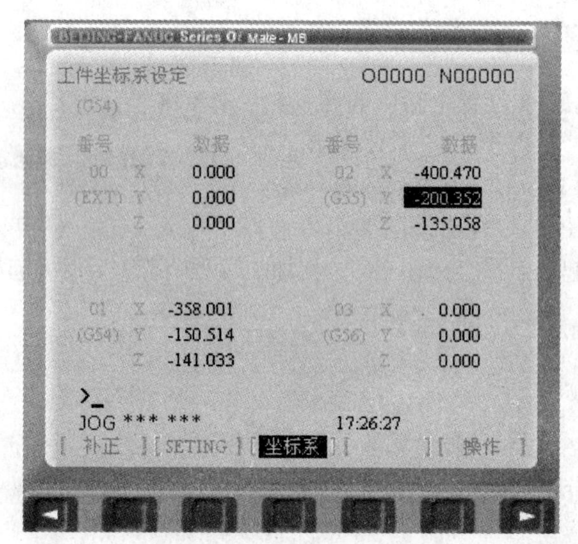

图 4.11 坐标系参数输入页面

4.5.3 刀具半径补偿

数控铣床都具有刀具半径补偿功能，补偿指令为 G41、G42、G40，如图 4.12 所示，编程时只按照工件轮廓 $A-B-C-D-E-F-G-A$ 编程即可，数控系统会根据 G41(或 G42)指令寻找到刀具中心轨迹，如点划线所示。

【例 4－1】 应用 FANUC 系统对图 4.12 所示零件外轮廓编写的精加工程序为

```
G54 G17 G90 G40;               激活工件坐标系
G00 X-30.0 Y-30.0 Z30.0;       到达 G 点工件上方 30mm 处
S600 M03;                      启动主轴
```

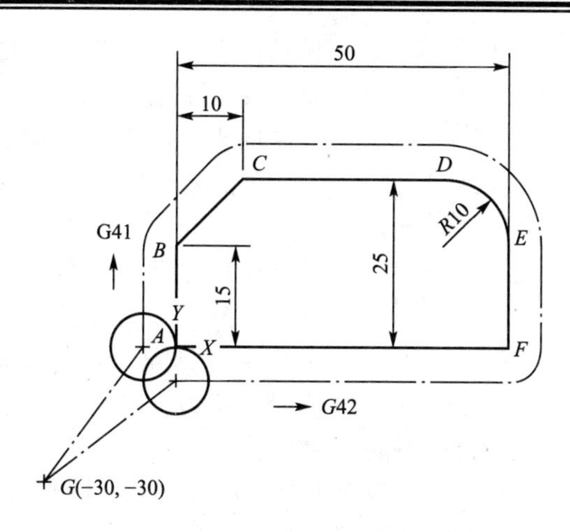

图 4.12　刀具半径补偿

```
Z5 M08;                                  到达 G 点上方 5mm 处，开冷却液
G01 Z-3.0 F50;                           慢速下刀
G41 G01 X0.0 Y0.0 F100.0 D01;            到达 A 点，建立刀补
Y15 F200;                                刀补执行开始
X10.0 Y25.0;
X40.0;
G02 X50.0 Y15.0 I0.0 J-10.0 F100.0;
G01 Y0.0 F200.0;
X0 Y0;
G40 G01 X-30.0 Y-30.0 F300.0 M09;        回到 G 点，取消刀补
Z30.0 M05;                               抬刀
M02;                                     程序结束
```

程序中 D01 为刀具 1 直径存储地址，按参数输入功能键，在出现的界面中按补正软键，出现图 4.13 所示刀具补正参数输入页面，将光标移动到刀具 001 的(形状)D 项目中输入刀具直径。

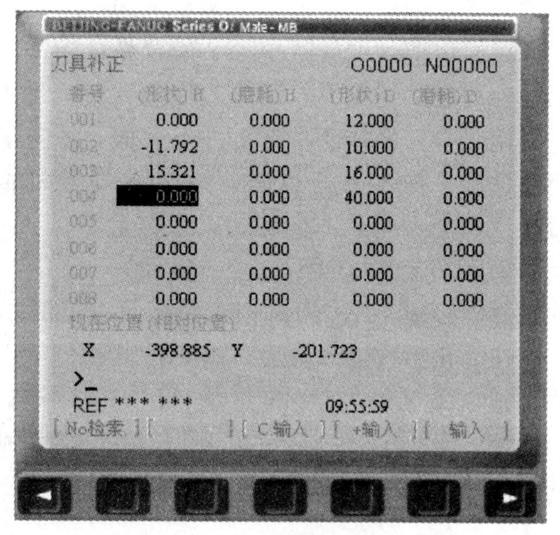

图 4.13　补正参数输入页面

G41(或 G42)、G40 指令不能单独使用，必须要和 G00 或 G01、G02(G03)指令一起使用。最好与 G01 指令一起使用，既快捷又安全。

4.5.4　刀具长度补偿指令 G43/G44、G49

现代数控系统都具有刀具长度补偿指令。指令的作用是，在编程时不必考虑刀具的实际长度及各把刀具不同的长度，当刀具在长度方向的尺寸发生变化时(刀具磨损或重新换刀)，可以在不改变程序的情况下通过改变偏置量加工出所要求的零件尺寸。

G43 为刀具正补偿(偏置)指令，用于刀具的实际位置正向偏离编程位置时的补偿(或称刀具

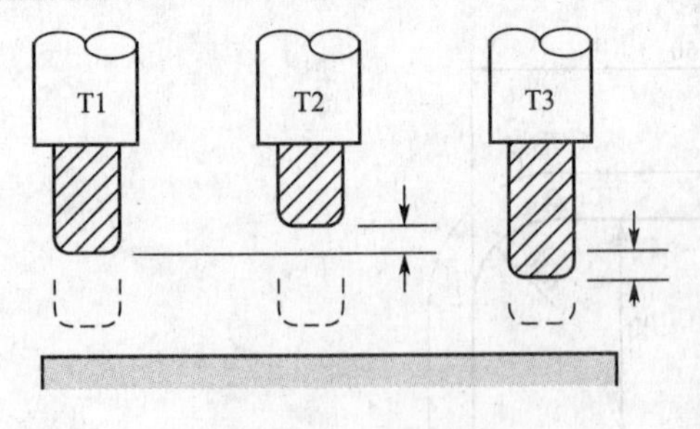

图 4.14 刀具补偿

伸长补偿)，它的作用是将编程终点坐标值减去一个刀具偏置量的运算，也就是使编程终点坐标向负方向移动一个偏移量，如图 4.14 所示的 2 号刀 T2，在该种情况下刀具的补偿值为负值。

G44 为刀具负补偿(偏置)指令，用于刀具的实际位置反向偏离编程位置时的补偿(或称刀具缩短补偿)，它的作用是将编程终点坐标值加上一个刀具偏置量的运算，也就是使编程终点坐标向正方向移动一个偏移量，如图 4.14所示的 3 号刀 T3，在该种情况下刀具的补偿值为正值。

G49 是撤销刀具长度补偿指令，指令刀具移回原来的实际位置，即进行与前面长度补偿指令相反的运算。G49、G43/G44 为模态指令。

FANUC 0i - MC 系统用 G43、G49 指令进行刀具长度补偿，即只用 G43 一个指令就可解决刀具长和短的问题，如图 4.14 所示，假设刀具 Z 方向的指令值为 80，1 号刀 T1 为标准刀，2 号刀 T2 比 T1 短，在机床长度补偿存储器 H02 中输入一个负值；3 号刀 T3 比 T1 长，在机床长度补偿存储器 H03 中输入一个正值，如图 4.13 所示，长度补偿程序如下。

```
………
N80 T02;                    换上 2 号刀
N90 G43 G01 Z80 H02;        2 号刀长度补偿
……
N40 T03;                    换上 3 号刀
N50 G43 G01 Z80 H03;        3 号刀长度补偿
……
N150 G49 G00 Z100;          取消刀具长度补偿
```

刀具长度补偿一般用于刀具轴向(Z 方向)的补偿，它使刀具在 Z 方向上的实际位移量比程序给定值增加或减少一个偏置量，这样当刀具在长度方向的尺寸发生变化时，可以在不改变程序的情况下，通过改变偏置量，加工出所要求的尺寸。补偿操作步骤如下。

用 1 号刀轻轻碰一下工件上表面，Z 向不动。按位置功能键，在出现的显示画面中按相对软键，输入 Z0，这时，画面中 Z 方向的相对值变为红色，再按 ORIGIN 软键，1 号刀在工件上表面 Z 方向的相对值被置零。

依次换上 2、3 号刀具，轻轻碰一下工件上表面，并分别记录该刀具在该点的 Z 方向的相对坐标值，2 号刀具相对坐标值为负值，3 号刀具相对坐标值为正值。

在补正参数输入页面，将光标移动到 001 处，在(形状)H 项目中输入 0，依次将光标移动到 002、003 处，在(形状)H 项目中输入记录的相对坐标值如图 4.13 所示。

【例 4-2】 图 4.15 为刀具长度补偿实例，1 号刀 T1、2 号刀 T2、3 号刀 T3 的长度补偿值分别存放在 H01、H02、H03 中，数控加工程序如下。

```
N10 G54 G17 G90 G00 Z30;
N15 M03 S500;
N16 G00 X0 Y0 Z30;
N20 G43 G90 G01 Z15 H01;    1 号刀长度补偿
```

```
N21 G28 G49 X0 Y0 Z20 M05;          1号刀长度补偿取消
N22 T2 S500 M03;
N25 G54 G29 X30 Y0 Z20;
N30 G43 G01 Z15 H02;                2号刀长度补偿
N31 G28 G49 X0 Y0 Z20 M05;          2号刀长度补偿取消
N32 T3 S500 M03;
N35 G54 G29 X60 Y0 Z20;
N40 G43 G01 Z15 H03;                3号刀长度补偿
N50 G49 G01 Z100 M05;               3号刀长度补偿取消
N60 M30;
```

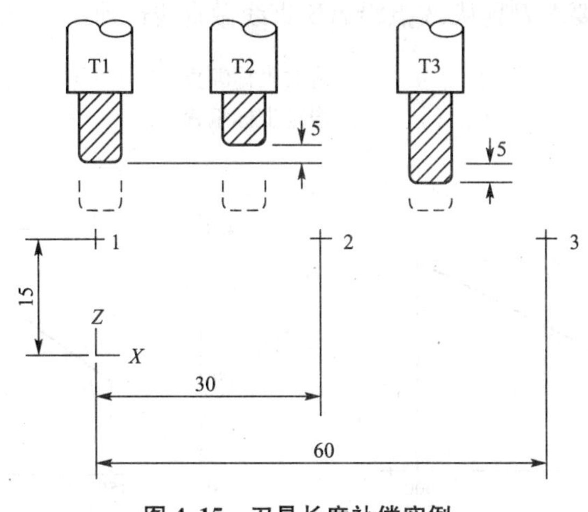

图 4.15　刀具长度补偿实例

4.6　数控铣床与加工中心基本编程方法

4.6.1　基本编程指令

1. 绝对值指令 G90 与增量值指令 G91

FANUC 0i－M 系统采用两种坐标方式进行编程，即绝对坐标编程与增量坐标编程。

绝对坐标编程指令为 G90，刀具运动过程中所有的刀具位置坐标以工件坐标系原点为基准，刀具运动的位置坐标是指刀具相对于程序原点的坐标。

增量坐标编程指令为 G91，刀具运动的位置坐标是指刀具从当前位置到下一个位置之间的增量。

若在程序段中出现 G90 指令表示该程序段中的坐标值为绝对坐标，若在程序段中出现 G91 指令表示该坐标值为相对坐标，G90、G91 指令均为模态指令。

2. 点定位指令 G00

点定位指令 G00 为刀具以快速移动速度移动到指定位置，指令格式为

```
G00 X_Y_Z_;
```

如图 4.16 所示，要求刀具从 A 点快速的定位到 B 点，其程序为

```
G00 G90 X300 Y200;                 绝对坐标编程
G00 G91 X200 Y100;                 增量坐标编程
```

3. 直线插补指令 G01

用 G01 指令指定直线进给，其作用是指令两个坐标或三个坐标以联动的方式，按指定的进给速度 F，插补加工出任意斜率的平面或空间曲线，指令格式为

```
G01 X_Y_Z_F_;
```

如图 4.17 所示，要求刀具从 A 点沿 AB 直线做直线运动，其程序为

```
G01 G90 X500 Y400;                 绝对坐标编程
G01 G91 X350 Y250;                 增量坐标编程
```

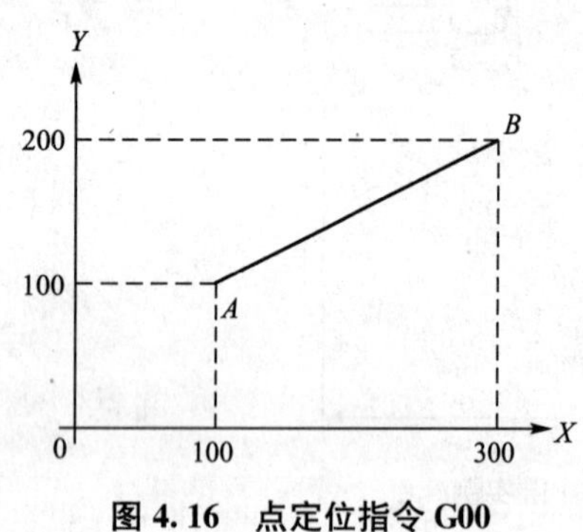

图 4.16　点定位指令 G00

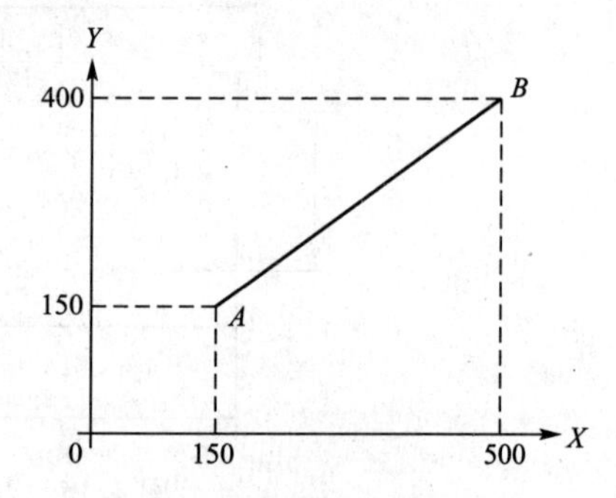

图 4.17　直线插补指令 G01

4. 平面选择指令 G17、G18、G19

平面选择指令 G17、G18、G19 分别用来指定程序段中的圆弧插补平面和刀具补偿平面。如图 4.18 所示，G17——选择 XY 平面，G18——选择 XZ 平面，G19——选择 YZ 平面。

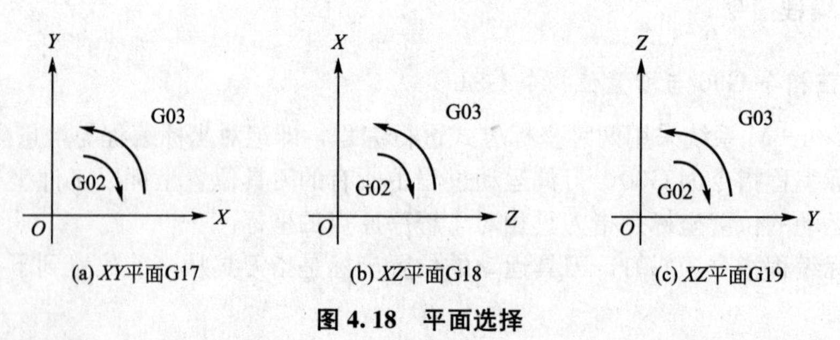

图 4.18　平面选择

5. 圆弧插补指令 G02 和 G03

G02 和 G03 分别表示顺时针、逆时针圆弧插补指令。顺圆、逆圆的判别方法是：沿着不在圆弧插补平面的坐标轴由正向向负向看去，顺时针方向为 G02，逆时针方向为 G03。指令格式为

```
G17 G02(G03)X_Y_I_J_F_;          XY 平面圆弧插补
G18 G02(G03)X_Z_I_K_F_;          XZ 平面圆弧插补
G19 G02(G03)Y_Z_J_K_F_;          YZ 平面圆弧插补
```

式中，*X*、*Y*、*Z* 为圆弧终点坐标值，可用绝对值(由 G90 指定)，也可用增量值(由 G91 指定)，*I*、*J*、*K* 为圆心相对于圆弧起点在 *X*、*Y*、*Z* 方向的坐标增量值，等于各自对应方向的圆心坐标减去圆弧起点坐标。

若采用圆弧半径方式编程，指令格式为

```
G17 G02(G03)X_Y_R_;          XY 平面圆弧插补
G18 G02(G03)X_Z_ R_;         XZ 平面圆弧插补
G19 G02(G03)Y_Z_ R_;         YZ 平面圆弧插补
```

式中，*X*、*Y*、*Z* 仍为圆弧终点坐标值，*R* 为圆弧半径。当圆弧所对应的圆心角为 0°～180°时，*R* 取正值；当圆心角为 180°～360°时，*R* 取负值。应当注意的是整圆只能用 I、J、K 方式编程。

采用 I、J、K 方式编程时，图 4.19 所示圆弧数控加工程序为

```
G00 G90 X200 Y40;                到 A 点
G03 X140 Y100 I-60 J0 F300;      加工 AB 弧
G02 X120 Y60 I-50 J0;            加工 BC 弧
```

若采用圆弧半径方式编程，图 4.19 所示数控加工程序为

```
G00 G90 X200 Y40;                到 A 点
G03 X140 Y100 R60 F300;          加工 AB 弧
G02 X120 Y60 R50;                加工 BC 弧
```

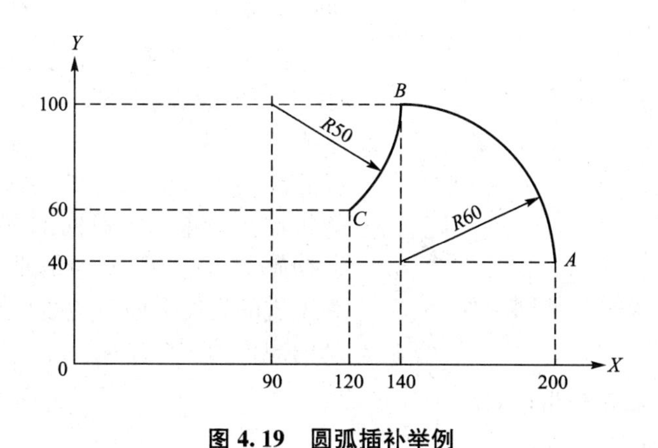

图 4.19　圆弧插补举例

6. 暂停指令 G04

G04 指令可使刀具做短暂的无进给光整加工，一般用于平面、锪孔加工等场合。指令格式为

```
G04 X_(P);
```

式中，X 后可用带小数点的数，单位为 s，如暂停 1s 可写成 G04 X1.0；地址 P 不允许用小数点输入，只能用整数，单位为 ms，如暂停 1s 可写成 G04 P1000。

7. 返回机床参考点指令 G28、G29

G28 为自动返回机床参考点指令，一般用于自动换刀，指令格式为

```
G28 X_Y_Z_;
```

执行该程序段后，各轴先以 G00 速度快移到中间点位置，然后自动返回机床参考点，式中 X、Y、Z 为中间点位置坐标。

G29 为从机床参考点返回指令，指令格式为

```
G29 X_Y_Z_;
```

执行该程序段后，刀具从参考点到达指令位置点，式中 X、Y、Z 为指令位置点坐标。例：

```
G54 G17 G40 G90 G49;
S500 M03;
G00 G43 X0 Y0 Z20 H01;
G28 G49 X0 Y0 Z30 M05;          经过中间点(0,0,30)返回机床参考点
T2;                             换刀
S400 M03;
G29 G43 G54 X0 Y0 Z20 H02;      从机床参考点返回到(0,0,30)点
```

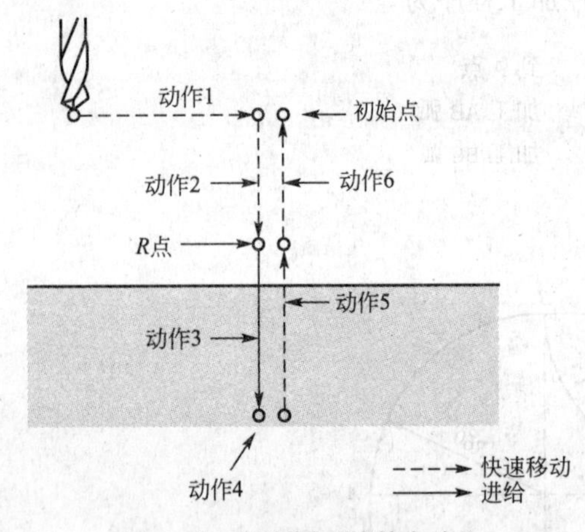

图 4.20　固定循环的基本动作

4.6.2　固定循环指令

使用固定循环功能可以简化程序编制，FANUC 0i-M 系统所设置的固定循环主要用于孔加工，这些指令主要配备于加工中心所用数控系统。

图 4.20 表示了固定循环的基本动作。动作 1 为到达孔的位置，动作 2 为快速下降到 R 平面(参考平面)，动作 3 为孔加工，动作 4 为孔底的动作，包括暂停、主轴准停、刀具移位等操作，动作 5 为返回 R 平面，动作 6 为返回初始平面。参考平面是刀具切削时由快进转为工进的高度平面；初始平面是为安全进刀切削而规定的一个平面。

1. 高速深孔钻孔循环指令 G73

G73 指令格式为

```
G99(G98)G73 X_Y_Z_R_Q_F_K_;
```

式中，X、Y 为孔的位置，Z 为孔底位置，R 为参考平面位置，Q 为每次加工的深度，F 为进给速度，K 为重复次数，G99 为返回 R 平面，G98 为返回初始平面。

图 4.21 为高速深孔钻孔循环指令 G73 钻孔动作，d 为退刀量，G73 指令格式中无此数值，则每次钻孔进刀 Q 值后退刀到 R 平面。G73 指令程序为

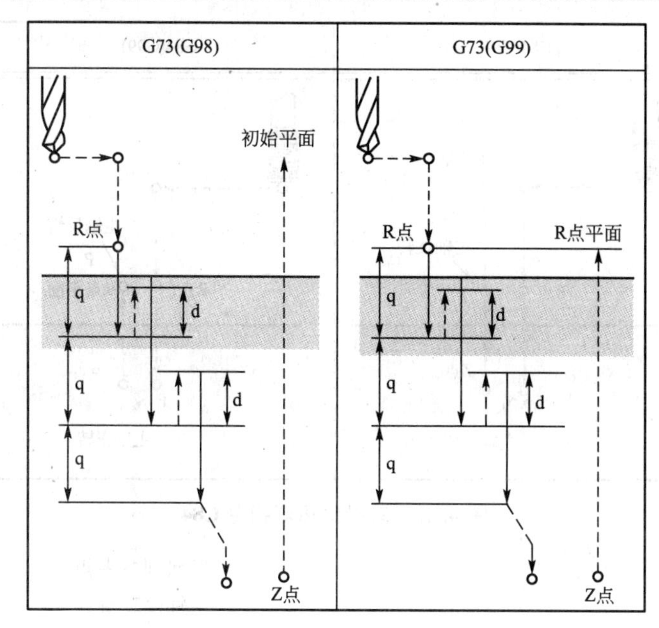

图 4.21　高速深孔钻孔循环指令 G73

```
S2000 M03;                                    主轴开始旋转
G90 G99 G73 X300 Y-250 Z-150 R-100 Q15 F120;  定位,钻 1 孔,然后返回到 R 点
Y-550;                                        定位,钻 2 孔,然后返回到 R 点
Y-750;                                        定位,钻 3 孔,然后返回到 R 点
X1000;                                        定位,钻 4 孔,然后返回到 R 点
Y-550;                                        定位,钻 5 孔,然后返回到 R 点
G98 Y-750;                                    定位,钻 6 孔,然后返回初始平面
G80 G28 G91 X0Y0 Z0;                          返回到参考点
M05;                                          主轴停止旋转
```

2. 攻螺纹循环指令 G74(左)、G84(右)

G74(G84)指令格式为

```
G74(G84) X_Y_Z_R_P_F_K_;
```

式中，*X*、*Y*、*Z*、*R*、*F*、*K* 与 G73 相同，*P* 为在孔底停留的时间(ms)。图 4.22 为攻右螺纹指令 G84 的动作图，进给时主轴为正转，当到达孔底时主轴反转，返回 R 点平面时主轴停止；攻左螺纹指令 G74 的动作与此相反，进给时主轴为反转，当到达孔底时主轴正转。G84 指令程序为

```
M03 S100;                                         主轴开始旋转
G90 G99 G84 X300.Y-250.Z-150.R-120.P300 F120;     定位,攻螺纹 1 孔,然后返回到 R 点
Y-550;                                            定位,攻螺纹 2 孔,然后返回到 R 点
Y-750;                                            定位,攻螺纹 3 孔,然后返回到 R 点
X1000;                                            定位,攻螺纹 4 孔,然后返回到 R 点
Y-550;                                            定位,攻螺纹 5 孔,然后返回到 R 点
G98 Y-750;                                        定位,攻螺纹 6 孔,然后返回初始平面
```

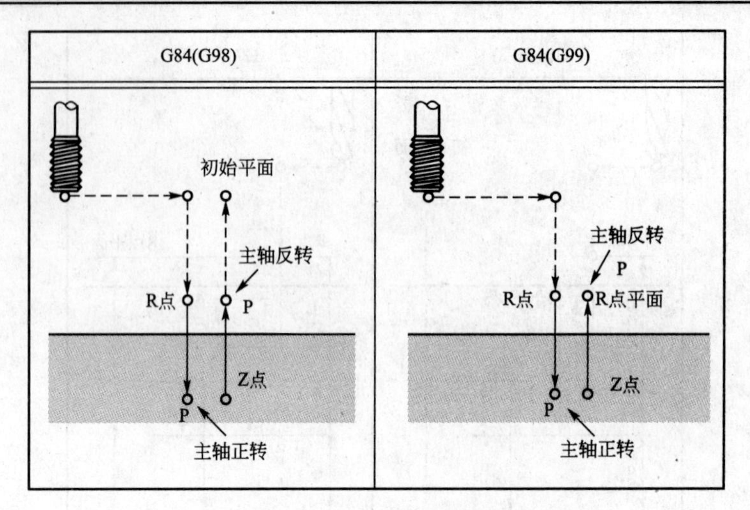

图 4.22 攻螺纹循环指令 G84

```
G80 G28 G91 X0 Y0 Z0;                              返回到参考点
M05;                                               主轴停止旋转
```

3. 精镗循环指令 G76

精镗循环指令 G76 指令格式为

G76 X_Y_Z_R_Q_P_F_K_;

式中，*X*、*Y*、*Z*、*R*、*F*、*K* 与 G73 相同，*Q* 为孔底的偏移量，*P* 为在孔底停留的时间(ms)。图 4.23 为精镗循环指令 G76 的动作图，当到达孔底时，主轴停止，刀具偏移被加工表面并返回。G76 指令程序为

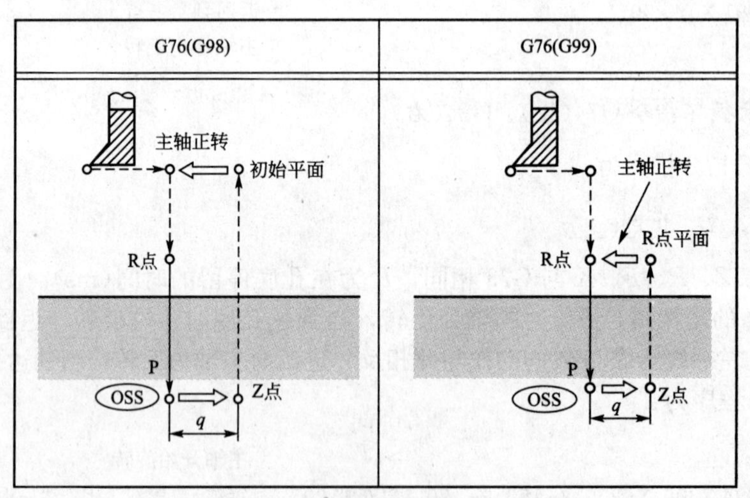

图 4.23 精镗循环指令 G76 动作图

```
M03 S100;
G90 G99 G76 X300.Y-250.Z-150.R-100.Q5;     定位,镗 1 孔,然后返回到 R 点
P1000 F120;                                在孔底停止 1s
```

```
Y-550;                              定位,镗 2 孔,然后返回到 R 点
Y-750;                              定位,镗 3 孔,然后返回到 R 点
X1000;                              定位,镗 4 孔,然后返回到 R 点
Y-550;                              定位,镗 5 孔,然后返回到 R 点
G98 Y-750;                          定位,镗 6 孔,然后返回初始平面
G80 G28 G91 X0 Y0 Z0;               返回到参考点
M05;                                主轴停止旋转
```

4. 钻孔(钻中心孔)循环指令 G81

G81 指令格式为

```
G81 X_Y_Z_R_F_K_;
```

式中，X、Y、Z、R、F、K 与 G73 相同。图 4.24 为钻孔循环指令 G81 的动作图。G81 指令程序为

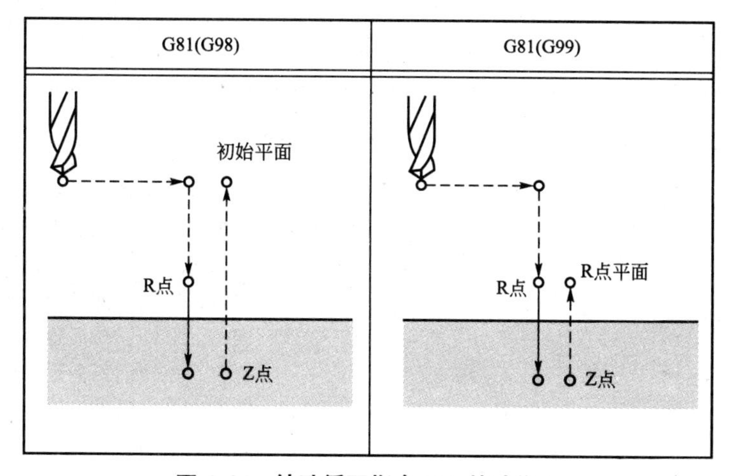

图 4.24 钻孔循环指令 G81 的动作图

```
M03 S2000;                                 主轴开始旋转
G90 G99 G81 X300.Y-250.Z-150.R-100.F120;   定位,钻 1 孔,然后返回到 R 点
P1000 F120;                                在孔底停止 1s
Y-550;                                     定位,钻 2 孔,然后返回到 R 点
Y-750;                                     定位,钻 3 孔,然后返回到 R 点
X1000;                                     定位,钻 4 孔,然后返回到 R 点
Y-550;                                     定位,钻 5 孔,然后返回到 R 点
G98 Y-750;                                 定位,钻 6 孔,然后返回初始平面
G80 G28 G91 X0 Y0 Z0;                      返回到参考点
M05;                                       主轴停止旋转
```

5. 排屑钻孔循环 G83

该循环执行深孔钻。执行间歇切削进给到孔的底部，钻孔过程中从孔中排除切削，G83 指令格式为

G83 X_Y_Z_R_Q_F_K_;

式中，X、Y、Z、R、F、K 与 G73 相同，Q 为每次切削进给的切削深度，必须用增量值指定，该值为正值。图 4.25 为钻深孔循环指令 G83 的动作图。G83 指令程序为

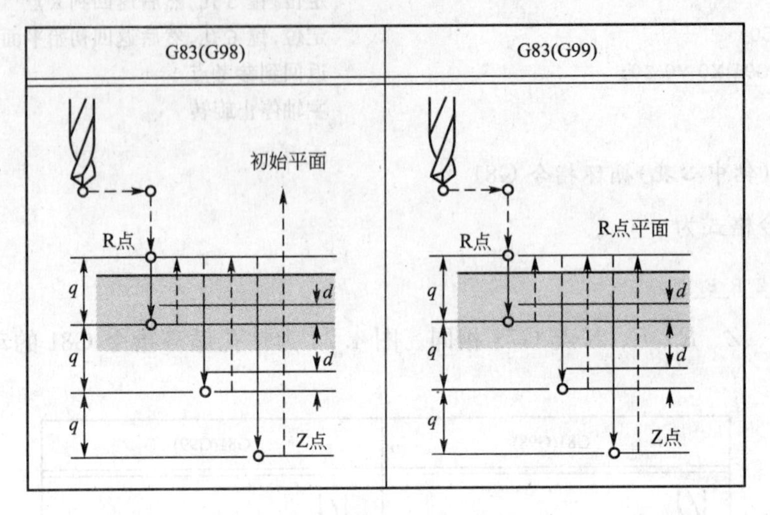

图 4.25　钻孔循环指令 G83 动作图

```
M03 S2000;                                       主轴开始旋转
G90 G99 G83 X300.Y-250.Z-150.R-100.Q15 F120;     定位,钻 1 孔,然后返回到 R 点
Y-550;                                           定位,钻 2 孔,然后返回到 R 点
Y-750;                                           定位,钻 3 孔,然后返回到 R 点
X1000;                                           定位,钻 4 孔,然后返回到 R 点
Y-550;                                           定位,钻 5 孔,然后返回到 R 点
G98 Y-750;                                       定位,钻 6 孔,然后返回初始平面
G80 G28 G91 X0 Y0 Z0;                            返回到参考点
M05;                                             主轴停止旋转
```

6. 镗孔循环指令 G85、G86

镗孔循环指令 G85、G86 指令格式为

G85(G86)X_Y_Z_R_F_K_;

式中，X、Y、Z、R、F、K 与 G73 相同。图 4.26、图 4.27 分别为镗孔循环指令 G85、G86 的动作图，两者的区别是使用 G85 指令时，当刀具到达孔底后即返回；而使用 G86 指令时，当刀具到达孔底时，主轴停止后返回。G86 指令程序为

```
M03 S2000;                                   主轴开始旋转
G90 G99 G86 X300.Y-250.Z-150.R-100.F120;     定位,镗 1 孔,然后返回到 R 点
P1000 F120;                                  在孔底停止 1s
Y-550;                                       定位,镗 2 孔,然后返回到 R 点
Y-750;                                       定位,镗 3 孔,然后返回到 R 点
X1000;                                       定位,镗 4 孔,然后返回到 R 点
Y-550;                                       定位,镗 5 孔,然后返回到 R 点
```

```
G98 Y-750;                    定位,镗 6 孔,然后返回初始平面
G80 G28 G91 X0 Y0 Z0;         返回到参考点
M05;                          主轴停止旋转
```

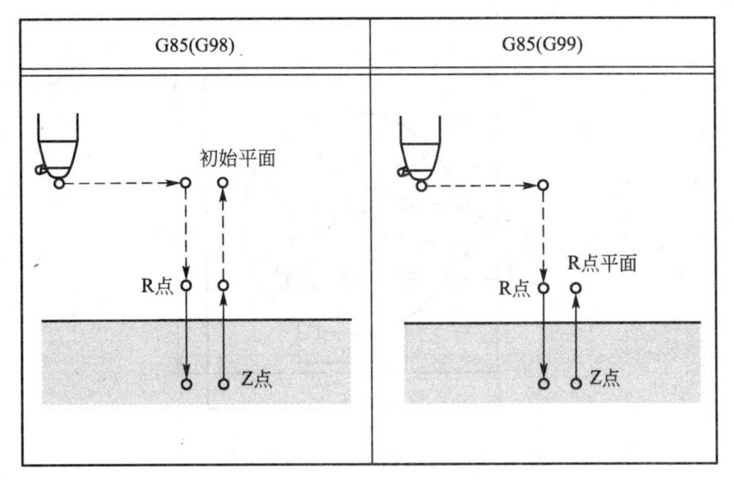

图 4.26　镗孔循环指令 G85

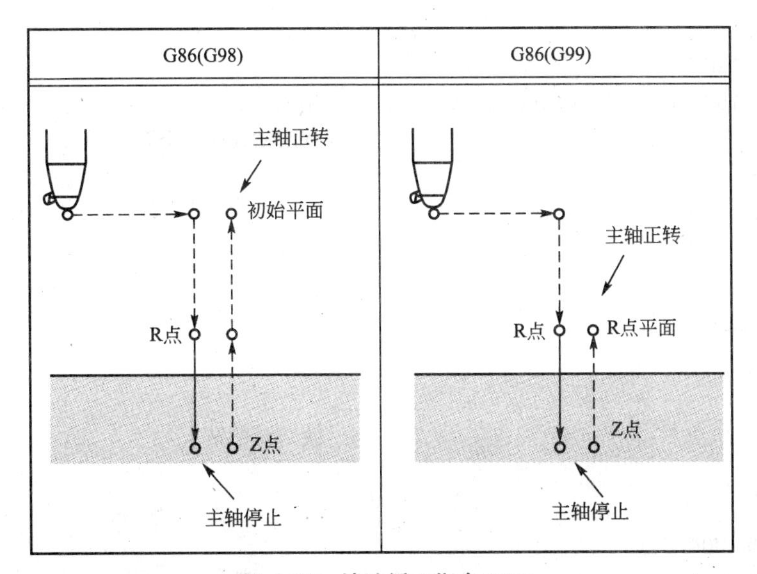

图 4.27　镗孔循环指令 G86

7. 取消固定循环指令 G80

取消所有的固定循环，执行正常的操作。

8. 固定循环指令应用实例

【例 4－3】 用孔加工循环加工图 4.28 所示零件凸台上的孔。加工程序为

```
G54 G40 G49 G80;
G28;
T03;                          换 5mm 的钻头
```

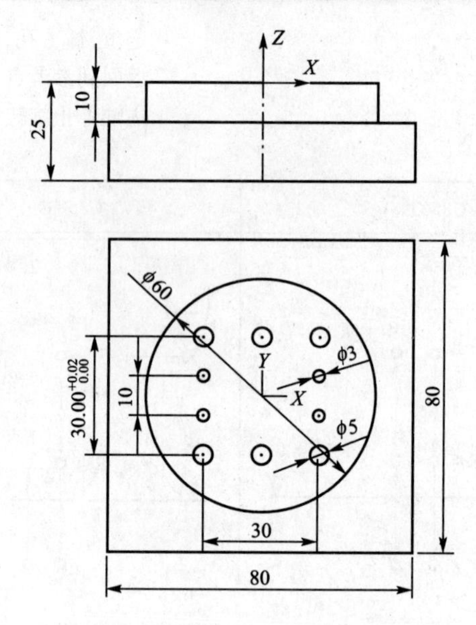

图 4.28　固定循环指令应用实例 1

```
M03 S400;
G00 X0 Y0;
G43 G00 Z50 H03;
G99 G82 X-15 Y-15 Z-6 R5 P1000 F30;     钻 5mm 孔
X0 Y-15;                                依次钻其他 5 个孔
X15 Y-15;
X-15 Y15;
X0 Y15;
X15 Y15;                                孔 6
G49 G00 Z150;
M05;
G28;
T04;                                    换 3mm 的钻头
M03 S300;
G00 X0 Y0;
G43 G00 Z50 H04;
G99 G82 X-15 Y-5 Z-4 R5 P1000 F30;      钻 3mm 孔
X15 Y-5;                                依次钻其他 3 个孔
X-15 Y5;
X15 Y5;
G49 G00 Z150;
M05;
M30;
```

【例 4-4】 图 4.29 所示零件需要加工 1～12 个孔。T01 为钻头，直径为 6、长为 150，钻1～6孔；T02 为扩孔钻，直径为 10，长为 140，扩 7～10 孔；T03 为镗刀，直径为 40，长为 100，镗 11～12孔。加工程序如下。

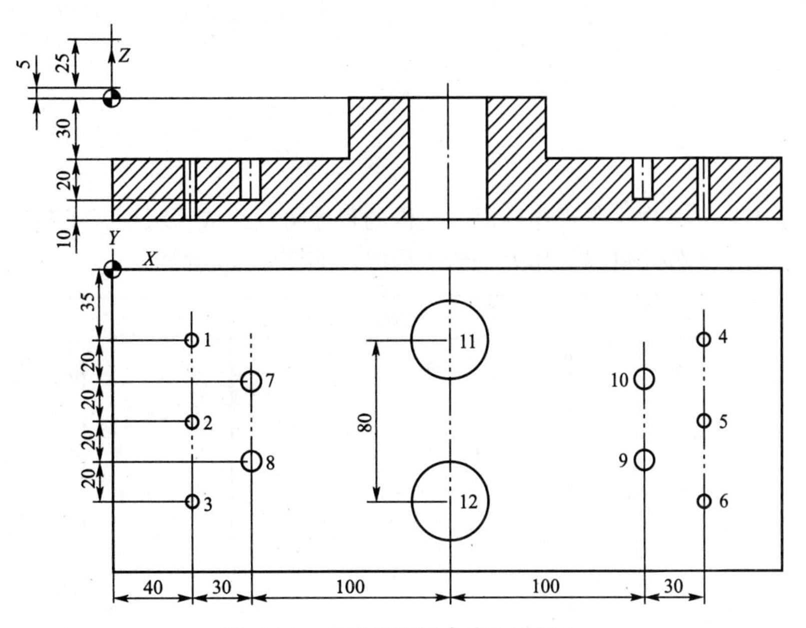

图 4.29　固定循环指令应用实例 2

```
N10 G54 G17 G90 G00 X0 Y0 Z30;
N20 G43 G00 Z5 H01;
N30 S600 M03;
N40 G99 G81 X40 Y-35 Z-63 R-27 F120;          加工孔 1
N50 Y-75;                                      加工孔 2
N60 Y-115;                                     加工孔 3
N65 G00 Z5;
N70 G81 G99 X300 Y-35 Z-63 F120;               加工孔 4
N80 Y-75;                                      加工孔 5
N90 Y-115;                                     加工孔 6
N95 G00 Z5;
N100 G49 G28 X0 Y0 Z30 M05;
N105 T2;
N120 G43 G54 G00 X0 Y0 Z5 H02;
N130 S600 M03;
N140 G99 G81 X70 Y-55 Z-50 R-27 F120 ;        加工孔 7
N150 Y-95;                                     加工孔 8
N155 G00 Z5;
N160 G99 G81 X270 Y-95 Z-50 R-27;              加工孔 9
N170 Y-55;                                     加工孔 10
N175 G00 Z5;
N180 G49 G28 X0 Y0 Z30 M05;
N185 T3;
N200 G43 G54 G00 X0 Y0 Z5 H03;
N210 S600 M03;
N220 G99 G76 X170 Y-35 Z-65 R3 F50;            加工孔 11
```

```
N230 Y-115;                                    加工孔 12
N240 G49 G00 Z30 M05;
N250 M30;
```

4.6.3　子程序

如果程序中包含多次重复程序的话，这样的程序可以编成子程序。子程序可以由主程序调用，被调用的子程序可以调用另一个子程序，如图 4.30 所示。

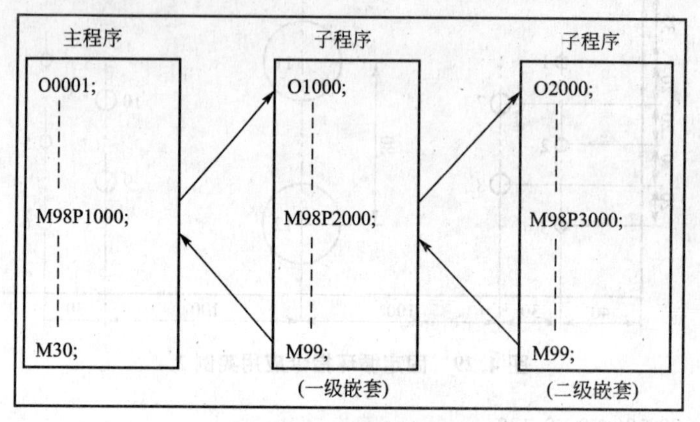

图 4.30　子程序调用

1. 子程序的格式

```
O××××;                                         子程序名
……;                                            子程序内容
……;
M99;                                           返回主程序
```

在存储器中主程序与子程序分别存放，子程序返回指令不一定单独使用一个程序段，如 G00X _ Y _ M99 也是允许的。

2. 子程序的调用

调用子程序格式为

```
M98　P△△△ ××××;
```

式中，△△△为调用子程序的次数，最多为 999 次；××××为调用的子程序名。如 M98 P32100，表示程序号为 2100 的子程序被连续调用 3 次。

3. 子程序的执行

```
主程序：                                        子程序：
O0001;                                         O2100;
N10 ……;                                        N10 ……;
N20 M98 P32100;                                N20;
N30……;                                         N30……;
N40 M98 P2100;                                 N40
```

```
N50…;                                             N50 M99;
```

把主程序和子程序分别存入数控机床存储器中，执行主程序，子程序被自动调用。

【例 4-5】 加工图 4.31 所示零件，要求三个相同凸台外形轮廓(突出高度为 5mm)，用子程序编程。

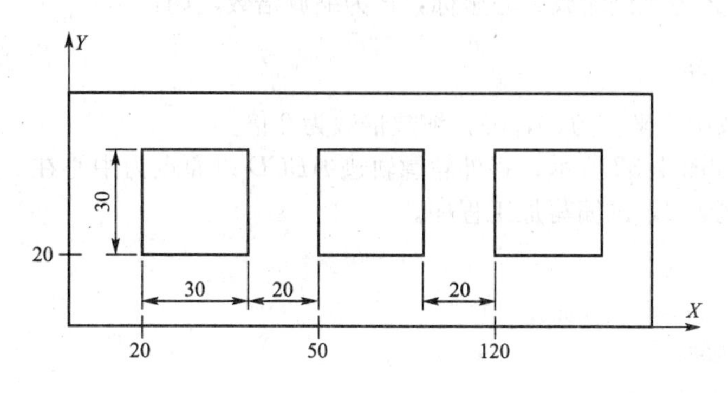

图 4.31　子程序应用例

```
O0003;                                            主程序
G90 G54;
M03 S1000;
G00 X0 Y0;
Z5;
G01 Z-5.0 F100;
M98 P30100;                                       调子程序 O0100 三次
G90 G00 X0 Y0;
Z100;
G91 G28 Z0;
O0100;                                            子程序
G91 G41 G01 X20 Y20 D01;
Y30;
X30;
Y-30;
X-30;
G40 G00 X-20 Y-20;
X50;
M99;                                              子程序返回
```

4.6.4　坐标变换

在数控铣床和加工中心的编程中，为了实现简化编程的目的，除常用固定循环指令外，还采用一些特殊的功能指令。这些指令的特点大多是对工件的坐标系进行变换以达到简化编程的目的。如比例缩放、可编程镜像、坐标旋转等这些特殊功能指令。

1. 比例缩放

在数控编程中，有时在对应坐标轴上的值是按固定的比例进行放大或缩小的，这时，为了编程方便，可采用比例缩放指令 G51、G50 进行编程，G50 为取消比例缩放指令，在 FANUC 0i - M 系统中 G51 的指令格式为：

```
G51 X_ Y_ Z_ P_;
```

式中 X、Y、Z 为比例缩放中心坐标，P 为缩放倍数，如：

```
G51 X0 Y0  P2.0;
```

表示比例缩放中心坐标为(0，0)，缩放倍数为 2 倍。

【例 4 - 6】 如图 4.32 所示，将外轮廓轨迹 $ABCD$ 以原点为中心在 XY 平面内进行比例缩放，缩放比例为 2，试编写加工程序。

```
O0005;
N10 G54 G90 G40 G49 G00 X50.0;
N30 M03 S800 M08;
N40 X-50.0 Y50.0;
N50 G01 Z-5.0 F100;
N60 G51 X0.0 Y0.0 P2.0;
N70 G41 G01 X-20.0 Y20.0 D01;
N80 X20.0;
N90 Y-20.0;
N100 X-20.0;
N110 Y20.0;
N120 G40 X-50.0 Y50.0;
N130 G50;
N140 G00 Z50.0 M05 M08;
N150 M30;
```

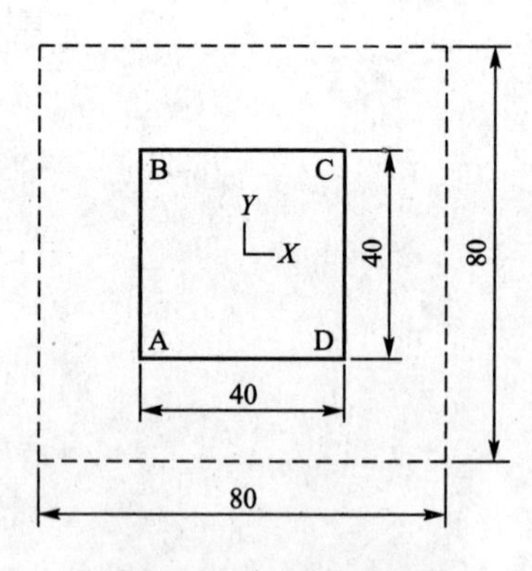

图 4.32　比例缩放例图

图中实线为编程轨迹，虚线为缩放后轨迹。

2. 可编程镜像

使用编程的镜像指令可以实现沿某一坐标轴或某一坐标点的对称加工。使用镜像指令 G51.1、G50.1 进行编程，G50.1 为取消比例缩放指令，在 FANUC 0i - M 系统中 G51.1

的指令格式为

```
G51.1 X_ Y_ ;
```

式中，X、Y 为镜像对称点，当 G51.1 后只有一个坐标字时，该镜像是以某一坐标轴为镜像轴。如：

```
G51.1 X10;
```

指令表示以某一轴线为对称轴，该轴线与 Y 轴平行，在 $X=10$ 处与 X 轴相交。

【例 4-7】 用镜像指令编写图 4.33 所示轨迹程序。

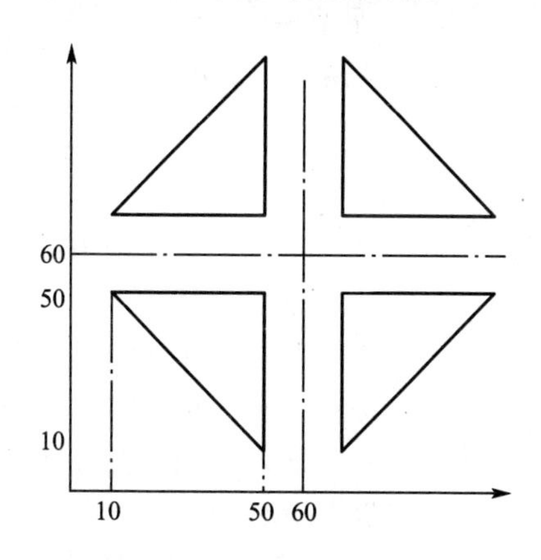

图 4.33　可编程镜像例图

```
O1236;                          主程序
N10 G54 G40 G49 G00 Z50;
N20 M03 S500;
N30 X60 Y60;
N40 Z5 M08;
N50 Z-3;
N60 M98 P10700;                 加工右上角图形
N70 G51.1 X60 Y60;              加工左下角图形
N80 M98 P10700;
N85 G50.1;                      取消镜像
N90 G51.1 X60;                  加工右下角图形
N100 M98 P10700;
N105 G50.1;                     取消镜像
N110 G51.1 Y60;                 加工左上角图形
N120 M98 P10700;
N130 G50.1;                     取消镜像
N140 G00 Z50 M05 M09;
N150 M30;
O0700;                          子程序
```

```
N10 G41 G01 X70.0 Y60.0 D01 F100.0;
N20 Y100;
N30 X111.0 Y70.0;
N40 X60;
N50 G40 G01 X60.0 Y60.0;
N60 M99;
```

3. 坐标旋转

对于围绕中心旋转得到的特殊轮廓加工，如果根据旋转后的实际加工轨迹进行编程，就可能使坐标计算的工作量大大增加；而通过图形旋转功能，则可以大大简化编程的工作量。指令格式为

```
G17 G68 X_Y_R_;
G69;
```

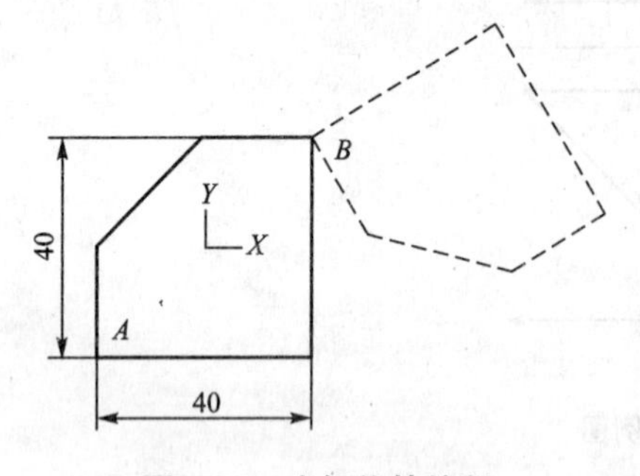

图 4.34　坐标旋转编程

G68 表示旋转图形生效，G69 表示旋转图形取消。格式中的 X、Y 值用于指定图形旋转的中心，R 表示图形旋转的角度，该角度一般取 0°～360°的正值，旋转角度的零度方向为第一坐标轴的正方向，逆时针方向为角度方向的正向。不足 1°的角度以小数点表示。

【例 4-8】　图 4.34 中的图形 A，围绕坐标点(20，20)进行旋转，旋转角度为 120°，旋转后得图形 B，试编写图形 B 的加工程序。

```
O0010;
……
G68 X20.0 Y20.0 R120;
G41 X-20.0 Y20.0 D01 F100;
X20;
Y-20;
X-20;
Y0.0;
X0.0 Y20.0;
G40 X20.0 Y40.0;
G69;
……
```

坐标系旋转编程说明：

(1) 坐标系旋转取消指令 G69 以后的第一个移动指令必须用绝对值指定。如果用增量值指令，则不执行正确的移动。

(2) CNC 数据处理的顺序是：程序镜像－比例缩放－坐标系旋转－刀具补偿，所以在指定这些指令时，应按顺序指定，取消时，按相反顺序。如果坐标系旋转指令前有比例缩放指令，则在比例缩放过程中不缩放旋转角度。

(3) 在坐标系旋转方式中，返回参考点指令(G27，G28，G29，G30)和改变坐标系指令(G54～G59)不能指定。如果指定其中的某一个，则必须在取消坐标系旋转指令后指定。

4.6.5　加工中心换刀程序

加工中心与数控铣床不同的地方在于其具有自动换刀的功能，因此换刀程序是加工中心特有的程序，FANUC 0i－M 系统换刀程序如下。

```
N10 G54 G17 G90 G00 X0 Y0 Z30;
………
N100 G49 G28 X0 Y0 Z30 M05;              返回参考点
N110 T2;                                 换刀
N120 G43 G54 G29 X0 Y0 Z5 H02;           从参考点返回
……
N180 G49 G28 X0 Y0 Z30 M05;              返回参考点
N185 T3;                                 换刀
N200 G43 G54 G29 X0 Y0 Z5 H03;           从参考点返回
```

4.6.6　编程实例

1. 平面加工

【例 4－9】 如图 4.35 所示某模板，其材料为 45 钢，表面基本平整。需要做上表面的平面加工，加工表面有一定的精度和表面粗糙度要求。

该模板的平面加工选用可转位硬质合金面铣刀，刀具直径为 120mm，刀具镶有 8 片八角形刀片，使用该刀具可以获得较高的切削效率和表面加工质量。

铣削深度为 0.5mm，进给速度为 400mm/min，主轴转速为 800r/min，工件坐标系在工件左下角。编写的加工程序如下。

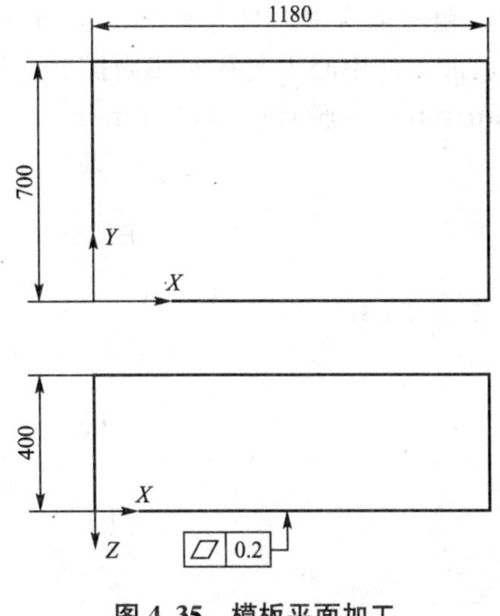

图 4.35　模板平面加工

```
N10 G0 G90 G54 X-60.0 Y0.0 S800 M03;
N20 Z50.0;
N30 Z5.0 M08;
N40 G01 Z-0.5 F50.0;                    下刀
N50 X1180.0F400;
N60 Y87.5;
N70 X0.0;
N80 Y175.0;
N90 X1180.0;
N100 Y262.5;
N120 X0.0;
N130 Y350.0;
N140 X1180.0;
N150 Y437.5;
N160 X0.0;
N170 Y525.0;
N180 X1180.0;
N190 Y612.5;
N200 X0.0;
N210 Y700.0;
N220 X1240.0;
N230 Z10.0 F0.0;
N240 G0 Z50.0 M09;
N250 M05;
N260 M30;
```

模板平面平面度误差可用百分表检测，具体方法为：平面加工完成后，用百分表移动检测被测平面的两条对角线，百分表的最大、最小读数之差即为平面度误差。

2. 型腔加工

【例 4-10】 图 4.36 为某内轮廓型腔零件图，要求对该型腔进行粗、精加工。工件采用机用平口台虎钳装夹定位。粗加工所用刀具为 ϕ20mm 的平底铣刀，进给速度为 20mm/min，主轴转速为 300r/min，加工从中心工艺孔向四周扩展。精加工所用刀具为 ϕ5mm 的键槽铣刀，进给速度为 20mm/min，主轴转速为 500r/min。

粗加工程序如下。

```
O1234;                                  主程序
N104 T1;
N106 G0 G90 G54 X0.0 Y0.0 S300 M3;
N108 G43 H01 Z50.0;
N110 Z40.0;
N112 G1 Z25.0 F25;
N113 X-14.5 Y-4.5;
N114 M98 P11001;
N116 G90 X-14.5 Y-4.5;
N118 Z20.0 F25;
N120 M98 P11001;
```

```
N122 G90 X-14.5 Y-4.5;
N124 Z15.0 F25;
N126 M98 P11001;
N128 G90 X-14.5 Y-4.5;
N130 Z10.5 F25;
N132 M98 P11001;
N134 G90 Z20.5 F300;
N136 G0 Z50;
N138 M5;
N140 G91 G28 Z0;
N142 G28 X0.Y0.A0;
N144 M30;
O1001;                                    子程序
N100 G91;
N102 X29.F60;
N104 Y9;
N106 X-29;
N108 Y-9;
N110 X-15.Y-15;
N112 X59;
N114 Y39;
N116 X-59;
N118 Y-39;
N120 M99;
```

精加工程序如下。

```
O2222;
N104 T2;
N106 G00 G90 G54 X-35.Y-25.S500 M03;
N108 G43 H02 Z50;
N110 Z40;
N112 G1 Z25.F20;
N114 X35.F100;
N116 Y25;
N118 X-35;
N120 Y-25;
N122 Z20.F20;
N124 X35.F100;
N126 Y25;
N128 X-35;
N130 Y-25;
N132 Z15.F20;
N134 X35.F100;
N136 Y25;
N138 X-35;
N140 Y-25;
```

```
N142 Z10.F20;
N144 X35.F100;
N146 Y25;
N148 X-35;
N150 Y-25;
N152 Z20.F300;
N154 G0 Z50;
N156 M05;
N158 G91 G28 Z0;
N160 G28 X0.Y0;
N162 M30;
```

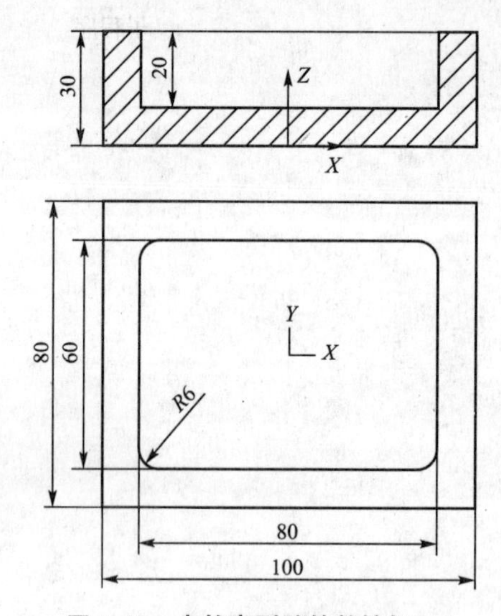

图 4.36　内轮廓型腔的数控加工

3. 轮廓加工

【例 4-11】 图 4.37 为某零件外轮廓零件图，要求对该零件外形进行加工。工件采用两个 ϕ60mm 的孔装夹工件。所用刀具为 ϕ20mm 的平底铣刀，进给速度为 300mm/min，主轴转速为 800r/min。

```
O1234;                          主程序
N10 G54;
N20 M06;
N30 M03 S800;
N40 G00 Z5;
N50 X-50 Y-50;
N60 G01 Z-20 F300;
N70 M98 P10032;
N80 G01 Z-43;
N90 M98 P10032;
N100 G00 Z300;
```

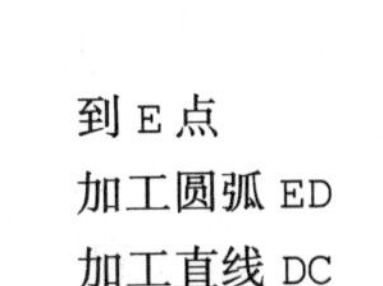

```
N120 M30;
O0032;                                子程序
N10 G42 G01 X-30 Y0 F300 D02 M08;
N20 X100;                             到 E 点
N30 G02 X300 I100 J0;                 加工圆弧 ED
N40 G01 X400;                         加工直线 DC
N50 Y300;                             加工直线 CB
N60 G03 X0 Y300 I-200 J0;             加工圆弧 BA
N70 G01 Y-30;                         加工直线 AO
N80 G40 X-50 Y-50;
N90 M09;
N100 M99;
```

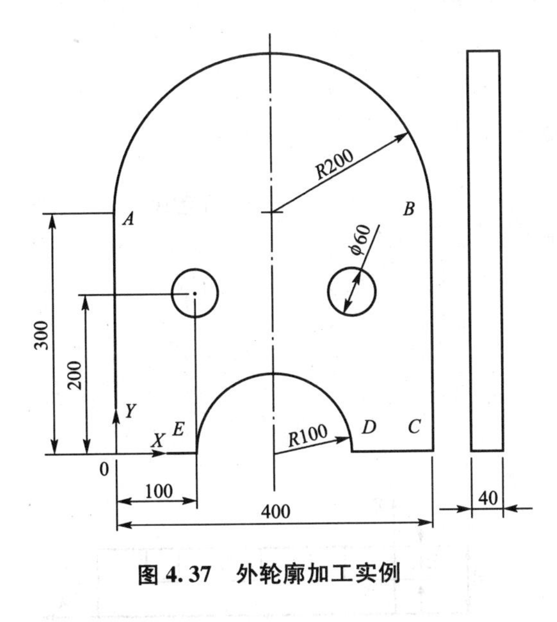

图 4.37　外轮廓加工实例

4.7　数控铣床与加工中心的编程与操作实例

加工中心与数控铣床的编程方法、操作方法基本相同，加工坐标系的设置方法也一样。本节用几个实例来说明加工中心和数控铣床的编程方法与操作方法。

4.7.1　实例一

如图 4.38 所示槽加工工件。试利用子程序编写加工程序，刀具为 φ10mm 的键槽铣刀，使用刀具半径的左补偿功能(刀具已安装好)。

1. 编写加工程序

图 4.38 所示为槽加工工件数控加工程序如下。

```
O1111;                                    主程序
N010 G54 G17 G40 G90;
N020 G97 S800 M03;
N030 G00 X0 Y0 Z40;
N040 X20 Y-10 M08;
N050 Z17.5;
N060 M98 P1002;
N070 G90 G00 X20 Y-10 Z40;
N080 Z15;
N090 M98 P1002;
N100 G90 G00 X20 Y-10 Z40;
N110 Z12.5;
N120 M98 P1002;
N130 G90 G00 X20 Y-10 Z40;
N140 Z10;
N150 M98 P1002;
N160 G00 Z40;
N170 G00 X0 Y0 M09 M05;
N180 M02;
O1002;                                    子程序
N10 G91 G01 Y80 F100;
N20 X25;
N30 Y-80;
N40 X25;
N50 Y80;
N60 G90 Z25;
N70 M99;
```

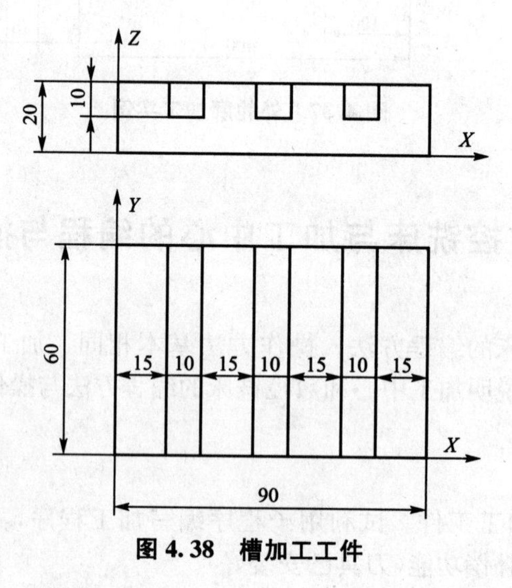

图 4.38　槽加工工件

2. 用 G54 指令建立工件坐标系

如图 4.38 所示工件的左下角点为工件坐标系原点，建立工件坐标系操作步骤如下。

（1）回参考点。

（2）选择 JOG 模式，单击主轴正转旋转按钮，让主轴旋转。

（3）以手动方式移动刀具到图 4.38 中左端面位置，轻轻碰一下工件左端面，按参数输入功能键，在出现的界面中按坐标系软键，出现图 4.11 坐标系参数输入页面，将光标移动到 G54 的 X 值处，输入 X－5，按测量软键。

（4）以手动方式移动刀具到图 4.38 中的后端面 Y 方向位置，轻轻碰一下工件后端面，在坐标系参数输入页面将光标移动到 G54 的 Y 值处，输入 Y－5，按测量软键。

（5）移动刀具到图 4.38 中的左上角点位置，碰一下工件上端面，在坐标系参数输入页面，将光标移动到 G54 的 Z 值处，输入 Z20，按测量软键。如图 4.38 所示工件坐标系建立起来。

3. 仿真加工

分别复制主程序和子程序建立两个文本文件，把该文件分别写入机床，执行主程序，其步骤如下。

（1）置机床操作面板上的模式旋钮在“EDIT”编辑模式位置。

（2）按程序功能键，再按 DIR 软键进入程序页面，输入主程序号 O1111，按 INPUT 键，选择“文件”|“打开”命令，弹出“有文件已被修改，是否保存当前文件”对话框，单击“确定”按钮，弹出“打开”对话框，在其对话框中文件类型选项中选择“数控代码文件(＊.cnc. ＊.nc. ＊.txt)”，选择文件，单击“打开”按钮，子程序 O1002 被写入到数控机床中。按此方法再把主程序 O1111 写入到数控机床中。

（3）置机床操作面板上的模式旋钮在“MEM”自动加工模式位置。

（4）单击“循环启动”按钮。

图 4.39 为仿真加工后的零件及加工轨迹。

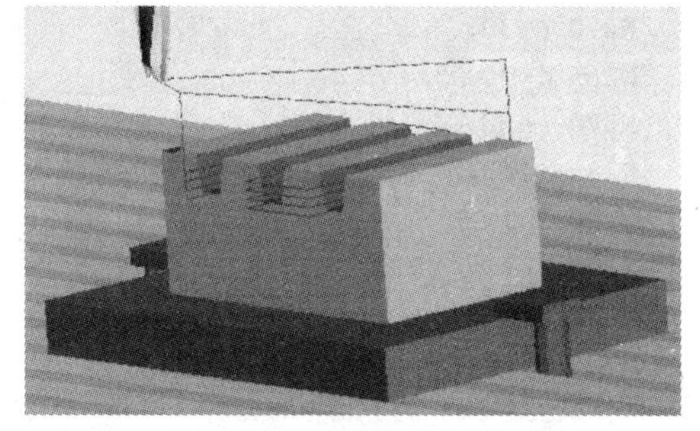

图 4.39 仿真加工后的槽加工工件及加工轨迹

4.7.2 实例二

编写加工如图 4.40 所示工件的程序。板料厚度为 12mm，图中各孔为 ϕ8mm，使用刀具为 T1——ϕ16mm，刀杆长为 120mm 的立铣刀；T2——中心钻，刀杆长为 100mm；T3——ϕ8mm，刀杆长为 110mm 的钻头。用立铣刀铣削工件外轮廓，工件上表面为工件坐标系 Z 的零点。各刀具长度和刀具直径分别设定在 H01～H03、D1～D3 之间。

1. 编写加工程序

图 4.40 所示板料工件加工顺序为：先用 ϕ16mm 的立铣刀 T1 铣削工件外轮廓，然后用中心钻 T2 钻中心孔，再用钻头 T3 钻孔，其数控加工程序如下。

```
O0311;
N010 G54 G90 G40 G49;
N020 G97 S1000 M03;
N030 G00 X0 Y-73;
N050 Z5;
```

```
N060 G01 Z-14 F150;
N070 G41 X28 D1;                           建立1号刀具半径补偿
N080 G03 X0 Y-45 I-28 J0;                  切入
N090 G01 X-70 F200;
N100 G02 X-80 Y-35 I0 J10 F150;
N110 G01 Y35 F200;
N120 G02 X-70 Y45 I10 J0 F150;
N130 G01 X70 F200;
N140 G02 X80 Y35 I0 J-10 F150;
N150 G01 Y-35 F200;
N160 G02 X70 Y-45 I-10 J0 F150;
N170 G01 X0 F200;
N180 G03 X-28 Y-73 I0 J-28 F150;           切出
N190 G40 G00 X0;                           取消刀具半径补偿
N195 Z50;
N200 G28 G49 X0 Y0 Z50 M05;                回参考点
N210 T2;                                   换第二把刀
N220 S1000 M03;
N230 G29 G54 G90 X0 Y0 Z50;                从参考点返回
N235 G43 X-60 Y30 Z20 H02;                 建立2号刀具长度补偿
N240 G99 G90 G81 Z-8 R5 F40;               钻左上角第一个中心孔
N245 G91 X40 L3;                           钻第一排其他中心孔
N250 Y-30;                                 钻第二排右边第一个中心孔
N265 X-40 L3;                              钻第二排其他中心孔
N270 Y-30;                                 钻第三排左边第一个中心孔
N285 X40 L3;                               钻第三排其他中心孔
N290 G00 G90 G49 Z50 G80;
N300 G28 X0 Y0 Z50 M05;                    回参考点
N310 T3;                                   换第三把刀
N320 S800 M03;
N330 G29 G54 G90 X0 Y0 Z50;                从参考点返回
N350 G43 G00 X-60 Y30 Z20 H03;             建立3号刀具长度补偿
N340 G99 G81 Z-19 R5 F60;                  钻左上角第一个孔
N345 G91 X40 L3;                           钻第一排其他孔
N350 Y-30;                                 钻第二排右边第一个孔
N365 X-40 L3;                              钻第二排其他孔
N370 Y-30;                                 钻第三排左边第一个孔
N385 X40 L3;                               钻第三排其他孔
N290 G00 G90 G49 Z50 G80;
N390 G28 X0 Y0 Z50 M05;                    回参考点
N400 M02;                                  程序结束
```

2. 用G54指令建立工件坐标系

如图4.40所示工件的上表面的中心点为工件坐标系原点，建立工件坐标系操作步骤如下。

(1) 回参考点。

(2) 选择JOG模式，把170×100×50的毛坯安装到工作台上，分别把T1、T2、T3

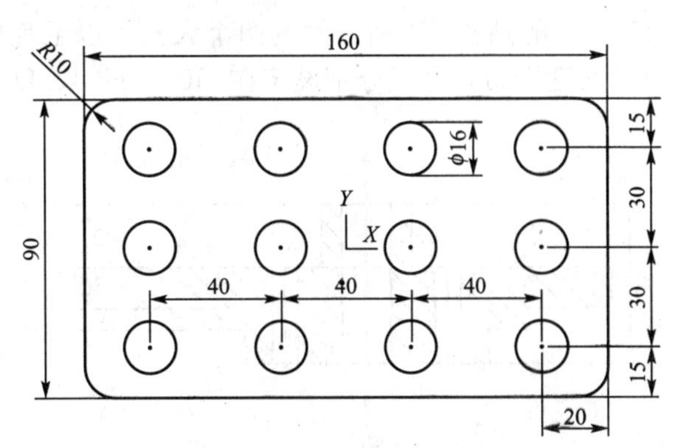

图 4.40　板料加工零件

安装到刀库上，再把立铣刀 T1 安装到主轴上，单击主轴正转旋转按钮，让主轴旋转。

(3) 以手动方式移动刀具到图 4.40 中左端面位置，轻轻碰一下工件左端面，按参数输入功能键，在出现的界面中按坐标系软键，出现图 4.11 坐标系参数输入页面，将光标移动到 G54 的 X 值处，输入 X-(8+85)，按测量软键。

(4) 以手动方式移动刀具到图 4.40 中的后端面 Y 方向位置，轻轻碰一下工件后端面，在坐标系参数输入页面将光标移动到 G54 的 Y 值处，输入 Y-(5+50)，按测量软键。

(5) 移动刀具到图 4.40 中上表面中心点位置，碰一下工件上端面，在坐标系参数输入页面，将光标移动到 G54 的 Z 值处，输入 Z0，按测量软键。如图 4.40 所示工件坐标系建立起来。

3. 刀具补偿

(1) 工件坐标系建立起来后，按 POS 功能键，在出现的显示画面中按相对软键，输入 Z0，这时，画面中 Z 方向的相对值变为红色，再按 ORIGIN 软键，1 号刀在工件上表面 Z 方向的相对值被置零。

(2) 依次换上 2、3 号刀具，轻轻碰一下工件上表面中心点位置，并分别记录该刀具在该点的 Z 方向的相对坐标值，2 号刀具相对坐标值为 −19.610，3 号刀具相对坐标值为 −9.615。

(3) 在补正参数输入页面，依次将光标移动到 001、002、003 处，在(形状)H 项目中分别输入 0、−19.610、−9.615；在(形状)D 项目中分别输入 16、4、8。

4. 仿真加工

分别复制数控加工程序建立文本文件，把该文件写入机床，执行该程序，图 4.41 为仿真加工后的零件。

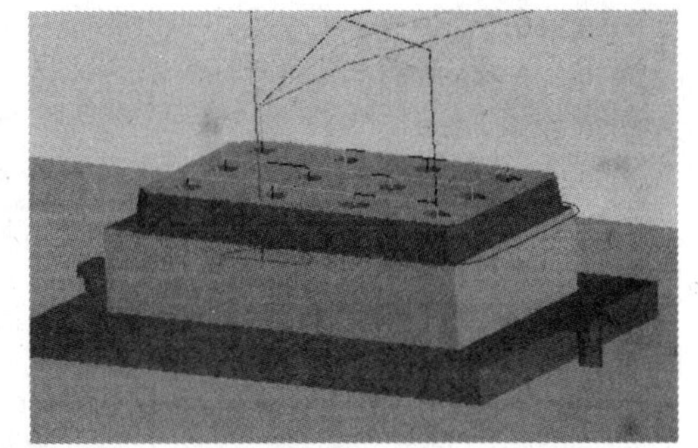

图 4.41　仿真加工后的板料加工工件

4.7.3　实例三

图 4.42 所示零件，用 ϕ40mm，长为 130mm 的端面铣刀 T1 铣上表面；用 ϕ20mm，长为 120mm 的立铣刀 T2 铣四侧面和 A、B 面；用 ϕ6mm，长为 100mm 的钻头 T3 钻 6 个小

孔；用ϕ12mm、长为115mm的钻头T4钻中间的两个大孔。以毛坯中心离上表面15mm处为G54的原点，各刀具长度和刀具直径分别设定在H01～H04、D1～D4之间。

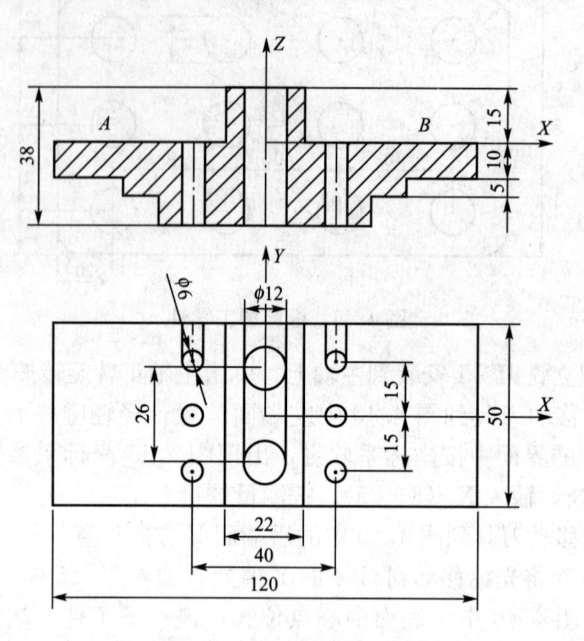

图4.42　实例三加工零件

1. 编写加工程序

```
O0311;
N010 G90 G54 G90 G00 X60 Y15 S1000 M03;
N020 G43 Z20 H01 M08;
N030 G01 Z15 F100;                          下刀
N040 X-60;                                  铣上表面
N050 Y-15;
N060 X60;                                   上表面铣完
N070 Z20 M09 M05;                           抬刀
N080 G28 G49;                               回参考点
N090 T2;                                    换第二把刀
N100 S800 M03;
N110 G90 G54 G00 X80 Y40 Z20;               从参考点返回
N115 S1200 M03;
N120 G43 Z-12 H02 M08;                      下刀
N130 G01 G42 X60 Y25 F80 D2;
N140 X-60;                                  铣后侧面
N150 Y-25;                                  铣左侧面
N160 X60;                                   铣前侧面
N170 Y30;                                   铣右侧面
N180 G00 G40 X80 Y40;                       取消刀补
N185 X60;
```

```
N190 Z0;                                   抬刀到A、B面高度
N200 G01 Y-40 F80;                         铣B面
N210 X45;
N220 Y40;
N230 X30;
N240 Y-40;
N250 X21;
N260 Y40;                                  B面铣完
N270 G00 X-21;                             铣A面
N280 G01 Y-40;
N290 X-30;
N300 Y40;
N310 X-45;
N320 Y-40;
N330 X-60;
N340 Y40;                                  A面铣完
N350 G00 Z20 M09 M05;                      抬刀
N360 G28 G49;                              回参考点
N370 T3;                                   换第三把刀
N380 S2500 M03;
N390 G90 G54 G00 X20 Y15 Z50;              从参考点返回
N400 G43 Z25 H03 M08;
N410 G99 G83 Z-25 R3 Q3 F100;              钻孔1返回参考高度
N420 Y0;                                   钻孔2返回参考高度
N430 G98 Y-15;                             钻孔3返回初始高度
N440 G99 X-20 Y-15;                        钻孔4返回参考高度
N450 Y0;                                   钻孔5返回参考高度
N460 G98 Y15;                              钻孔6返回初始高度
N470 M09 M05;
N480 G28 G49;                              回参考点
N490 T4;                                   换第三把刀
N500 S800 M03;
N510 G90 G54 G00 X0 Y8 Z50;                从参考点返回
N520 G43 Z25 H04 M08;
N530 G99 G83 Z-28 R18 Q10 F80;             钻孔7返回参考高度
N540 Y-8;                                  钻孔8返回参考高度
N550 M05 M09;
N560 G28 G49;
N570 M30;
```

2. 用G54指令建立工件坐标系

如图4.42所示工件的毛坯尺寸为130×60×100，距毛坯上表面20mm处的中心点为工件坐标系原点，建立工件坐标系操作步骤如下。

(1) 回参考点。

(2) 选择JOG模式，把130×60×100的毛坯安装到工作台上，分别把T1、T2、T3、T4刀具安装到刀库上，再把立铣刀T1安装到主轴上，单击主轴正转旋转按钮，让主轴

旋转。

(3) 以手动方式移动刀具到图 4.42 中左端面位置，轻轻碰一下工件左端面，按参数输入功能键，在出现的界面中按坐标系软键，出现图 4.11 坐标系参数输入页面，将光标移动到 G54 的 X 值处，输入 X-(20+65)，按测量软键。

(4) 以手动方式移动刀具到图 4.42 中的后端面 Y 方向位置，轻轻碰一下工件后端面，在坐标系参数输入页面将光标移动到 G54 的 Y 值处，输入 Y-(20+30)，按测量软键。

(5) 移动刀具到图 4.42 中上表面中心点位置，碰一下工件上端面，在坐标系参数输入页面，将光标移动到 G54 的 Z 值处，输入 Z20，按测量软键。如图 4.42 所示工件坐标系建立起来。

3. *刀具补偿*

(1) 工件坐标系建立起来后，按 POS 功能键，在出现的显示画面中按相对软键，输入 Z0，这时，画面中 *Z* 方向的相对值变为红色，再按 ORIGIN 软键，1 号刀在工件上表面 *Z* 方向的相对值被置零。

图 4.43 仿真加工后的工件

(2) 依次换上 2、3、4 号刀具，轻轻碰一下工件上表面中心点位置，并分别记录该刀具在该点的 *Z* 方向的相对坐标值。

(3) 在补正参数输入页面，依次将光标移动到 001、002、003、004 处，在(形状)H 项目中分别输入记录的 *Z* 方向的相对坐标值；在(形状)D 项目中分别输入 40、20、6、12。

4. *仿真加工*

分别复制数控加工程序建立文本文件，把该文件写入机床，执行该程序，图 4.43 为仿真加工后的零件。

练习与思考题

4-1 数控铣床的基本操作有哪些？

4-2 数控铣床(加工中心)工件坐标系的建立方法有哪些？

4-3 刀具半径补偿的作用有哪些？如何进行操作？

4-4 刀具长度补偿的作用有哪些？如何进行操作？

4-5 在图 4.44 所示零件上钻削 5 个 ϕ10mm 的孔，试编制数控加工程序，并在数控仿真软件上加工出该零件。

4-6 编制图 4.45 所示零件的数控加工程序，并在数控仿真软件上加工出该零件。

4-7 编制图 4.46 所示零件铣槽数控加工程序，并在数控仿真软件上加工出该零件。

4-8 编制图 4.47 所示零件铣槽数控加工程序，并在数控仿真软件上加工出该零件。

4-9　编制图4.48所示零件铣槽数控加工程序，并在数控仿真软件上加工出该零件。

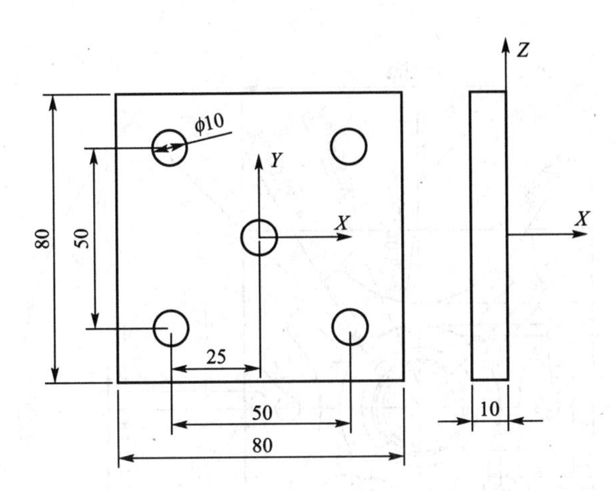

图4.44　题4-5图

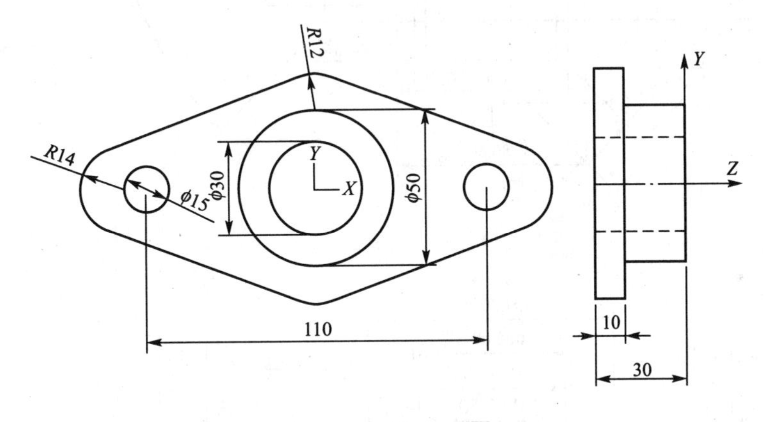

图4.45　题4-6图

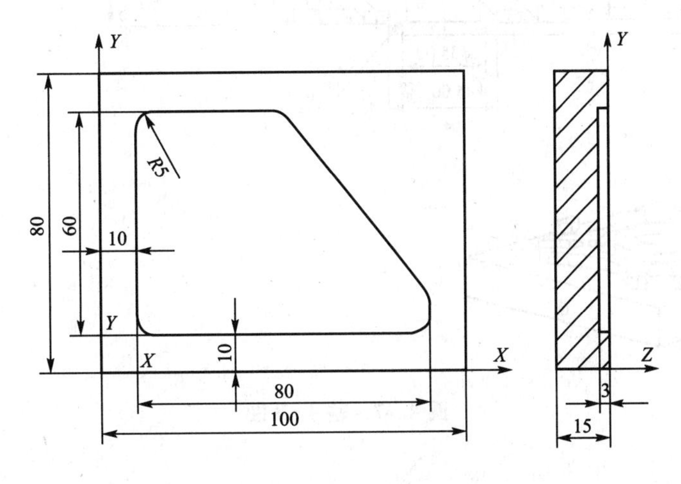

图4.46　题4-7图

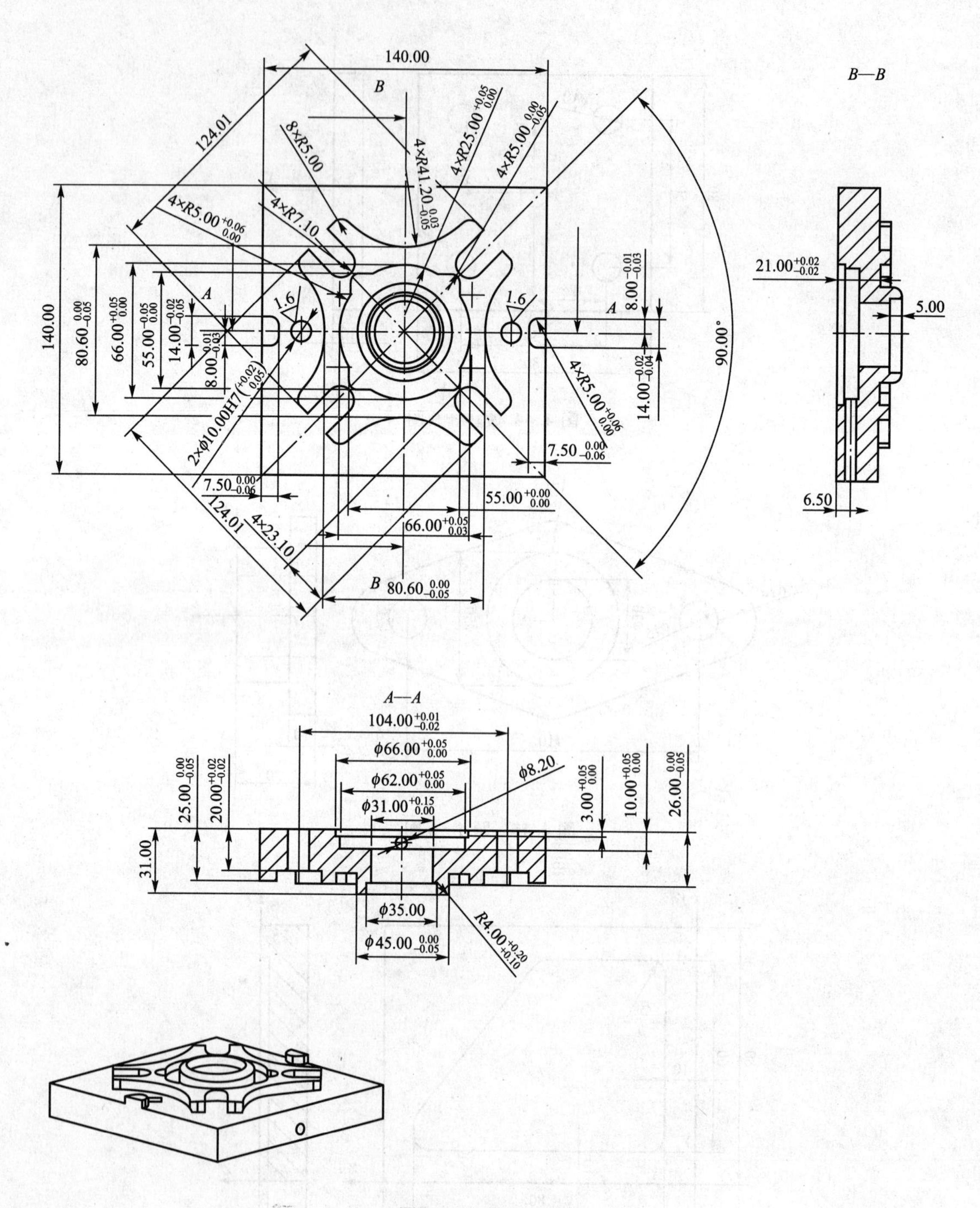

图 4.47　题 4-8 图

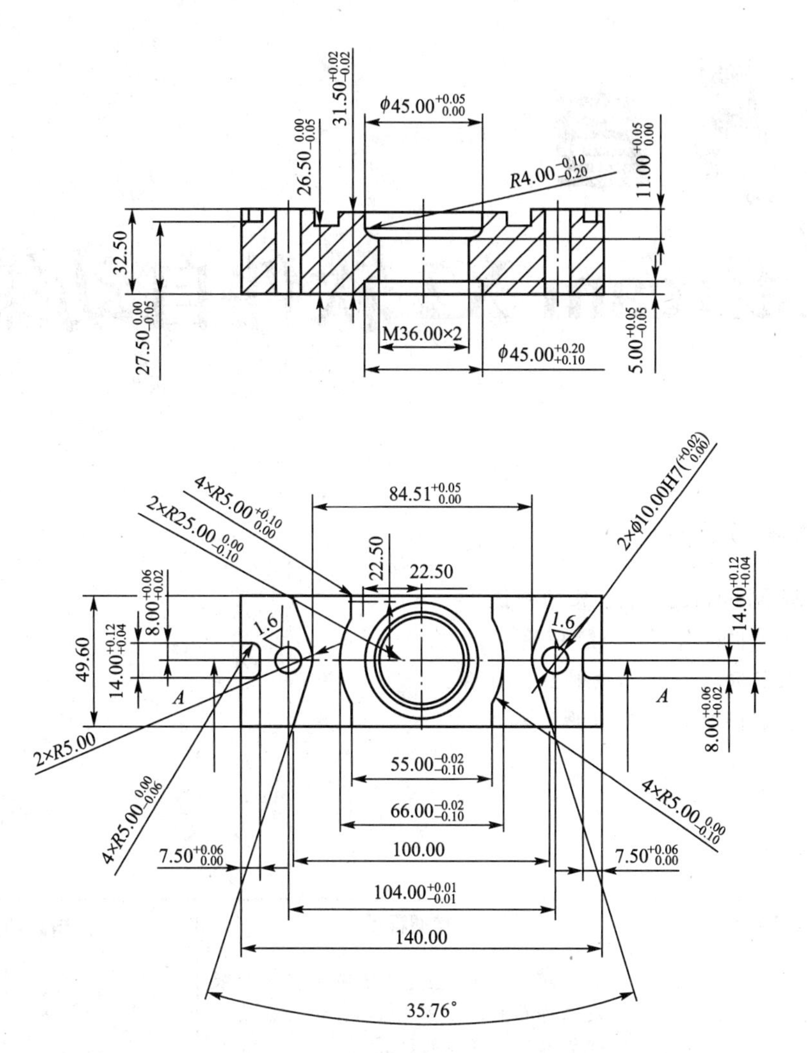

31.50+0.02 -0.02
φ45.00+0.05 0.00
26.50 0.00 -0.05
R4.00-0.10 -0.20
11.00+0.05 0.00
32.50
27.50 0.00 -0.05
M36.00×2
φ45.00+0.20 +0.10
5.00+0.05 -0.05
84.51+0.05 0.00
4×R5.00+0.10 0.00
2×R25.00 0.00 -0.10
2×φ10.00H7(+0.02 0.00)
22.50
22.50
8.00+0.06 +0.02
14.00+0.12 +0.04
49.60
14.00+0.12 +0.04
1.6
1.6
A
A
8.00+0.06 +0.02
2×R5.00
55.00-0.02 -0.10
66.00-0.02 -0.10
4×R5.00 0.00 -0.06
4×R5.00 0.00 -0.10
7.50+0.06 0.00
100.00
7.50+0.06 0.00
104.00+0.01 -0.01
140.00
35.76°

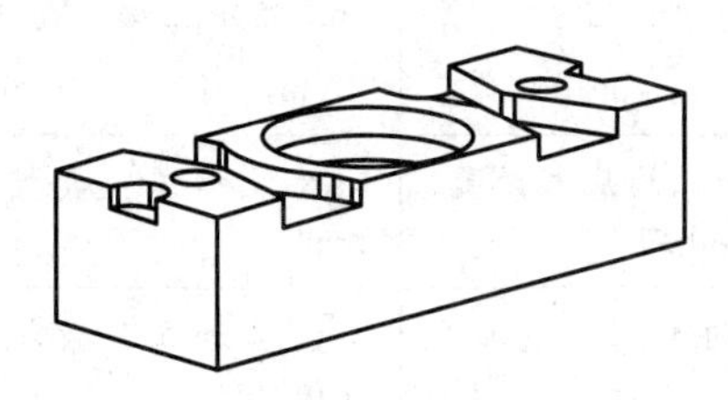

图 4.48　题 4－9 图

第5章

Mastercam X2 软件自动编程

本章学习目标

★ 了解 Mastercam X2 基础知识

★ 初步掌握软件的 CAD 模块

★ 初步掌握软件的二维铣床加工系统

★ 初步掌握软件的三维曲面加工

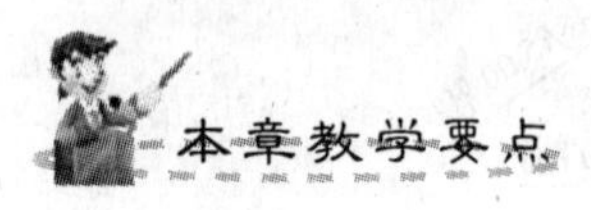

本章教学要点

知识要点	掌握程度	相关知识
Mastercam X2 基础知识	了解 Mastercam X2 使用方法和步骤及工作界面；了解 Mastercam X2 系统配置与运行环境的设置	CAD 软件基础
软件的 CAD 模块	初步掌握软件二维图形的绘制、三维线架造型与曲面造型、三维实体造型	二维及三维 CAD 造型基础
软件的二维铣床加工系统	初步掌握二维铣床加工的基本设置、加工方法的使用及后置处理	数控加工、数控编程基本知识
软件的三维曲面加工	初步掌握三维曲面粗加工、精加工方法及后置处理	数控加工、数控编程基本知识

导入案例

使用 Mastercam X2 软件，对图 1 所示实体进行数控加工，步骤如下：①绘制如图 1(a)所示的 CAD 模型；②设置毛坯，如图 1(a)中虚框所示；③根据工件形状选择加工方法生成刀具轨迹，如图 1(b)所示；④对生成的刀具轨迹进行刀具路径模拟或加工模拟，以检查刀具轨迹是否正确和加工效果，图 1(c))为仿真加工结果；⑤后置处理，使生成的加工程序能直接为用户所用；⑥生成数控加工程序 NC 文件。

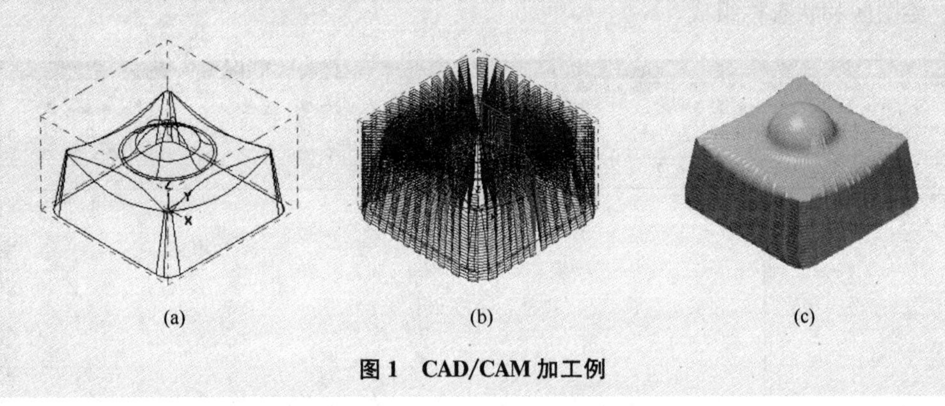

(a) (b) (c)

图 1 CAD/CAM 加工例

Mastercam 软件是美国 CNC Software 公司所研制开发的基于 PC 平台的 CAD/CAM 一体化软件，自 1984 年诞生以来，以其卓越的设计及加工功能，在世界上拥有众多的忠实用户，被广泛应用于机械、电子、航空等领域。Mastercam 软件在我国的普及应用已有十几年的时间，拥有相当广泛的用户群体，成为业界及教育界备受推崇的 CAD/CAM 软件之一。本章从应用的角度出发，结合实例，对该软件作了简单的讲解。

2007 年 7 月，CNC Software 公司在中国隆重推出 Mastercam X 版。该版本以全新的 Windows 界面风格展现，更适合广大用户的操作习惯。更为重要的是：X 版软件的设计结构和内核使 Mastercam 有了质的飞跃，计算速度大幅提高，产品功能进一步大幅提升。其后不久，CNC Software 公司又推出了更新的 X2 版，本章将要介绍的就是 Mastercam 较新版本 Mastercam X2。

5.1 Mastercam X2 基础知识

5.1.1 Mastercam X2 使用方法和步骤

Mastercam X2 的使用方法和步骤如下。

(1) 绘制 CAD 模型。首先要应用 CAD 模块绘制要加工工件的理想形状，对于二维加工只需要绘制二维图形，对于三维加工需要绘制三维模型。

(2) 素材设置，即设置毛坯。

(3) 生成刀具轨迹。根据工件形状选择加工方法生成刀具轨迹。

(4) 刀径路径模拟/加工模拟。对生成的刀具轨迹进行刀径路径模拟或加工模拟，以检查刀具轨迹是否正确和加工效果。

(5) 后置处理。后置处理的目的是选择不同的后置处理程序，使生成的加工程序能直接为用户所用。

(6) 生成数控加工程序 NC 文件。

5.1.2 Mastercam X2 的工作界面

图 5.1 所示为 Mastercam X2 的工作界面，主要由标题栏、菜单栏、工具栏、操作管理器、绘图区和状态栏组成。

Mastercam 铣削系统 X2
文件(F) 编辑(E) 视图(V) 分析(A) C 绘图 实体(S) X 转换 机床类型(M) T 刀具路径 R 屏幕 A 浮雕 I 设置 H 帮助
状态栏
刀具路径 实体 A 浮雕
重新计算 选择
Gview:TOP WCS:TOP T/Cplane:TOP
24.24242
Metric

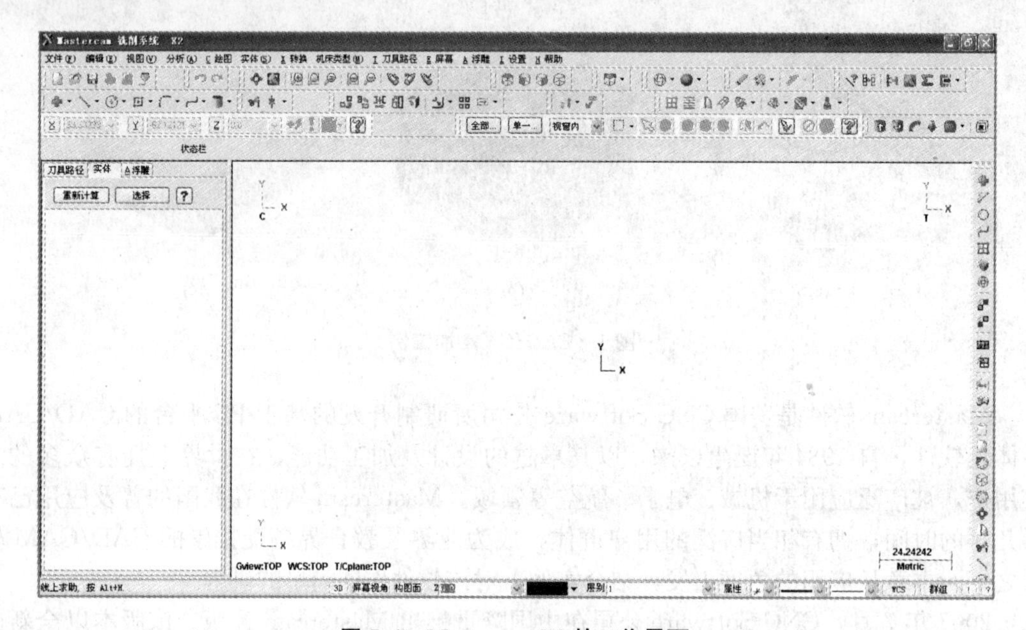

图 5.1 Mastercam X2 的工作界面

1. 标题栏

机床类型(M)
铣削系统(M)
车削系统(L)
线切割系统
雕铣系统
设计模块

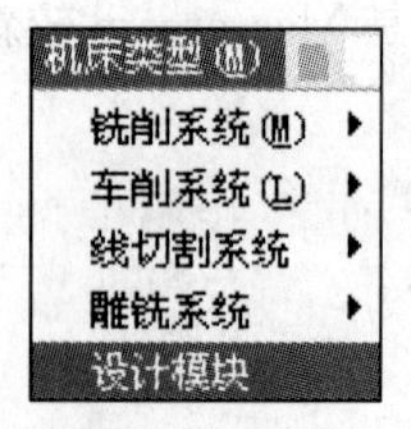

图 5.2 机床类型菜单

Mastercam X2 的标题栏在工作界面的最上方。标题栏不仅显示 Mastercam 图标和 Mastercam 名称，还显示了当前所使用的功能模块。例如，当用户使用铣削模块时，标题栏将显示 Mastercam 铣削系统 X2。

用户可通过选择如图 5.2 所示的机床类型菜单命令进行功能模块的切换。选择铣削系统、车削系统、线切割系统、雕铣系统后，可选择对应的机床，而选择设计模块，即可切换到设计模块。

2. 菜单栏

在图 5.1 所示工作界面中，在标题栏下方的就是菜单栏，菜单栏所设项目如图 5.3 所示，每一项目都有下拉菜单，下拉菜单中包含了所有 Mastercam 命令。

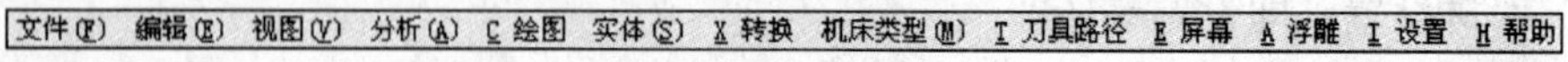

文件(F) 编辑(E) 视图(V) 分析(A) C 绘图 实体(S) X 转换 机床类型(M) T 刀具路径 R 屏幕 A 浮雕 I 设置 H 帮助

图 5.3 菜单栏

3. 工具栏

在图 5.1 所示工作界面中，位于菜单栏下方的就是 Mastercam 所提供的众多工具栏。工具栏可以根据需要打开和关闭。把鼠标放在工具栏的空白处，右击，即可打开或关闭相应的工具栏。

4. 带状工具栏

带状工具栏用于显示各种绘图状态，只有在被激活时才能显现。图 5.4 所示为绘制直线时的带状工具栏。

图 5.4　绘制直线时的带状工具栏

5. 绘图区

工作界面中最大的区域就是 Mastercam 的绘图区。所有的图形都被绘制并显示在绘图区，Mastercam 的绘图区是无限大的，可以对它进行缩放、平移等操作。

绘图区有四个坐标系。绘图区中央的坐标系是工件坐标系(WCS)；处于绘图区左下角的坐标系是视角坐标系(Gview)；处于左上角的坐标系是构图坐标系(Cplane)；处于右上角的是刀具坐标系(Tplane)；一般情况下四个坐标系应一致。在绘图区右下角，显示绘图的单位和一个标尺，标尺所代表的长度随视图的缩放而变化，在开始绘图之前，应根据几何图形的大致尺寸，适当对屏幕进行缩放，以便及时观察所绘的图形。

另外，在执行命令时，系统给出的提示也将显示在绘图区中。

6. 状态栏设置

状态栏位于 Mastercam X2 视窗的底部，如图 5.5 所示，状态栏用于显示当前绘图时的状态信息，同时还可利用其上的相应按钮进行图素属性等的快速修改。

图 5.5　状态栏

5.1.3　系统配置与运行环境的设置

按下菜单栏中的设置项目，在随后出现的下拉菜单中选择系统规划，出现系统配置对话框，选择其中的某个项目，就会出现新的对话框，就可对该项目进行系统配置。

一般情况下可选用默认配置。

5.2　二维图形的绘制与编辑

5.2.1　二维图形的绘制

Mastercam X2 提供了各种二维绘图命令，使用这些命令不仅可以绘制点、直线、圆弧和圆，还可以绘制各种变换矩形、螺旋线等复杂图素，综合应用这些绘图命令可以绘制各种二维图形。单击主菜单中绘图命令，弹出相应的下拉菜单，选择相应的功能，可进行相应图素的绘制。

用图 5.6 所示的“Sketcher”（草图模式)工具栏的按钮可绘制各种点、各种直线、圆弧和圆，还可以绘制各种变换矩形、螺旋线等复杂图素。

图 5.6 “Sketcher” 工具栏

1. 绘制点

在主菜单中选择“绘图”|“选择点”命令或者单击“Sketcher”工具栏中的点下拉按钮，弹出相应的下拉菜单，选择相应的内容，即可绘制相应的点。

2. 绘制直线

在主菜单中选择“绘图”|“任意直线”命令或者单击“Sketcher”工具栏中的直线下拉按钮，弹出相应的下拉菜单，如选择“绘制任意线(E)”后，出现相应的带状工具栏，在带状工具栏中可定义直线的长度和角度，可编辑直线端点位置，还可指定绘制的是水平线还是垂直线等。

3. 绘制圆弧

在主菜单中选择“绘图”|“圆弧(A)”命令或者单击“Sketcher”工具栏中的圆弧下拉按钮，弹出相应的下拉菜单，选择相应的命令后，会出现相应的带状工具栏，在带状工具栏中即可对圆或圆弧的参数进行定义，绘制出相应的圆或圆弧。

4. 绘制其他形状

单击“Sketcher”工具栏中的“矩形(R)”下拉按钮，弹出相应的下拉菜单，选择相应的命令后，会出现相应的带状工具栏，在带状工具栏中即可对相应图形的参数进行定义，即可绘制出相应的多边形、椭圆等。

5. 绘制样条曲线

单击“Sketcher”工具栏中的样条曲线下拉按钮，弹出相应的下拉菜单。若选择“手动…”命令，则在绘图区内指定或选择存在的点，按 Enter 键，样条曲线生成；若选择“自动输入(A)…”命令，然后依次选择已存在的第 1 个节点、第 2 个节点和最后一个节点，按 Enter 键，即可生成一条通过所有节点的样条曲线。

5.2.2 二维图形的编辑

1. 删除图素

用图 5.7 所示的“Delete/Undelete”（删除/恢复删除)工具栏可删除图素和删除重叠图素，并可恢复被删除图素。

2. 编辑图素

单击“Sketcher”工具栏中的“倒圆角(E)”下拉按钮，弹出相应的倒圆角下拉菜单，利用其功能可对图形倒圆角和倒角。

图 5.7 “Delete/Undelete” 工具栏

单击图 5.8 所示的“Trim/Break”（修剪/打断）工具栏中的“修剪/打断(T)”按钮，会出现图 5.9 所示的“修剪/打断”带状工具栏，单击其中的“分割物体”按钮，可以修剪图素；单击“修剪至点”按钮，可以将图素修剪到指定点。

图 5.8　“Trim/Break”工具栏

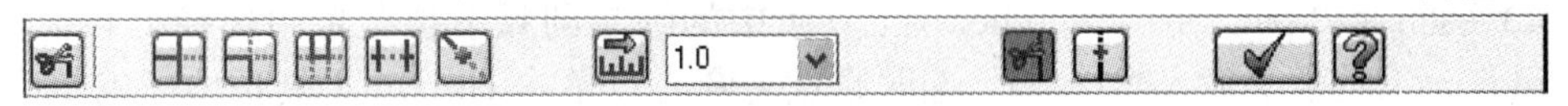

图 5.9　“修剪/打断”带状工具栏

单击图 5.8 所示“Trim/Break”工具栏中的“两点打断”下拉按钮，弹出相应的下拉菜单，利用其相应功能可对图素进行编辑修改。

3. 转换图素

用图 5.10 所示的“Xform”（转换)工具栏可对图形进行平移、旋转、镜像、缩放、偏置、投影、矩阵等操作。

5.2.3　二维图形的标注

图 5.11 所示为“Drafting”（尺寸注解)工具栏。单击“快速标注”按钮，可对二维图形的尺寸进行标注；单击“快速标注”下拉按钮，弹出相应的下拉菜单，利用其相应功能可对图形进行相应的标注、多重编辑等；单击“注角文字(N)”按钮，可标注文字。

图 5.10　“Xform”工具栏

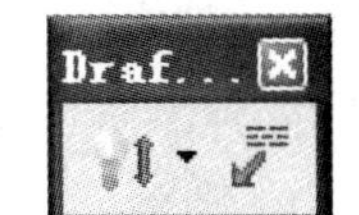

图 5.11　“Drafting”工具栏

5.2.4　二维图形绘制举例

【例 5-1】　绘制并标注图 5.12 所示图形。

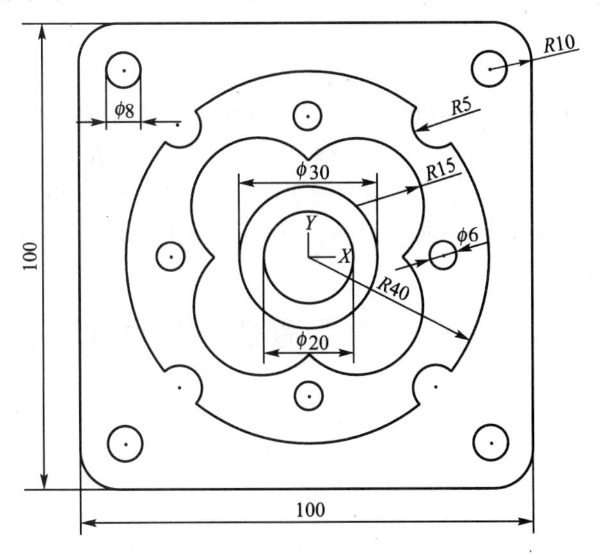

图 5.12　二维图形例

(1) 绘制外轮廓。在“Sketcher”工具条中矩形下拉菜单中选择 E矩形形状设置 选项，弹出相应的对话框，在对话框中对矩形长宽及圆角半径进行设置，在固定的位置选项中选择矩形定位点，在绘图区选取原点为定位点，单击对话框中的“确定”按钮✓，图 5.12 所示图形的外轮廓生成。

(2) 绘制 $R40$ 圆。在“Sketcher”工具条中的圆与圆弧下拉菜单中选择 圆心+点(C)，在弹出 ribbon 工具条中输入半径 40，选取原点为圆心，单击 ribbon 工具条中“确定”按钮✓，$R40$ 圆生成。

(3) 绘制辅助线。在状态栏图层项目中输入 2，在“Sketcher”工具条中的直线下拉菜单中选择 绘制任意线(E)，在弹出 ribbon 工具条中输入直线长度 45，角度 45，选取原点为端点，单击“确定”按钮✓，直线生成。

(4) 绘制 $R5$ 圆弧。在状态栏层别项目中输入 1，在“Sketcher”工具条中的圆与圆弧下拉菜单中选择 圆心+点(C) 选项，在 ribbon 工具条中输入半径 5，选取辅助线与 $R40$ 圆弧交点为圆心，$R5$ 圆生成；单击状态栏层别项目，弹出层别管理器，点击层别 2 凸显项目，✓符号消失，单击管理器中的“确定”按钮，辅助线被隐藏；单击修剪/打断工具条中的修剪/打断按钮，在弹出 ribbon 工具条中单击分割物体按钮，按图 5.12 形状修剪 $R40$ 与 $R5$ 圆，单击“确定”按钮✓；单击转换工具条中的旋转按钮，弹出相应的对话框，在对话框中填入旋转角度 90、次数 3，选取复制选项，再选择旋转选项，单击“确定”按钮✓，$R40$ 大圆外形生成，如图 5.12 所示。

(5) 绘制 4 段 $R15$ 圆弧组成的图形。首先以原点为圆心绘制 $R15$ 圆；单击 Xform 工具条中的平移按钮，弹出相应的对话框，选择移动选项，选择极坐标方法定义平移的角度 45 与移动距离 15，单击“确定”按钮✓，$R15$ 圆被移动；选取 $R15$ 圆，单击 Xform 工具条中的旋转按钮，弹出相应的对话框，在其上填写旋转角度 90、次数 3，单击“确定”按钮✓，生成 4 个 $R15$ 圆组成的图形；单击修剪/打断按钮，选择分割物体选项，按图 5.12 修剪生成的图形。

(6) 绘制 $\phi20$、$\phi30$ 圆。在草图模式工具条中选择圆心+点选项，在 ribbon 工具条中分别输入直径 20、30，选取原点为圆心，绘制 $\phi20$、$\phi30$ 圆。

(7) 绘制 $\phi6$ 圆。在草图模式工具条中选择圆心+点选项，在 ribbon 工具条中输入直径 6，在自动抓点工具条中输入点坐标(30，0，0)，$\phi6$ 圆生成；单击旋转按钮，在对话框上填写旋转角度 90、次数 3，4 个 $\phi6$ 圆生成。

(8) 绘制 $\phi8$ 圆。选择圆心+点选项，在 ribbon 工具条中输入直径 8，分别选取图 5.12 图形四角处的 $R10$ 过渡半径圆心点，单击“确定”按钮✓，4 个 $\phi8$ 圆生成。

(9) 尺寸标注。选取 Drafting 工具条中的快速标注选项，拾取要标注的图素进行标注。用鼠标左键选取已标注的图素，选取尺寸注解工具条中的选项，就可对该图素进行编辑。

5.3　三维线架造型与曲面造型

5.3.1　三维线架造型

1. 设置构图平面

构图平面就是用来构建工件断面轮廓的平面。构图平面包括前视构图面、侧视构图面、俯视构图面和实体面等七种。使用 Mastercam X2 界面上方的“Planes”（平面）工具栏中的下拉菜单如图 5.13 所示的选项可设置构图平面。

2. 设置构图视角

视角就是观察三维模型的角度，在“Graphics View”（屏幕视角）工具栏中单击相应的视角按钮可以设置当前视角。绘图时构图视角或者与构图表面一致，或者选等角视图选项。图 5.14 为“Graphics View”工具栏。

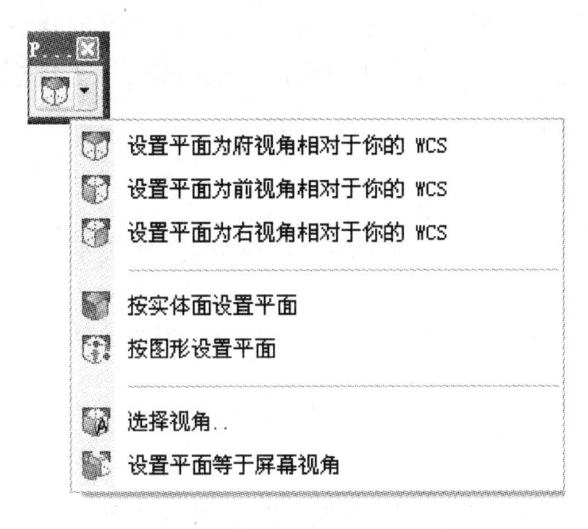

图 5.13　“Planes”工具栏

图 5.14　“Graphics View”工具栏

3. 设置构图深度

用不同的深度来定义构图面，就能准确地构建出模型的立体轮廓。在状态栏中的“Z”文本框中直接输入构图深度，也可以在绘图区内选择一点作为当前的构图深度。设置构图深度时，须单击状态栏中“3D/2D”按钮，将 3D 切换为 2D，否则构图深度设置无效。

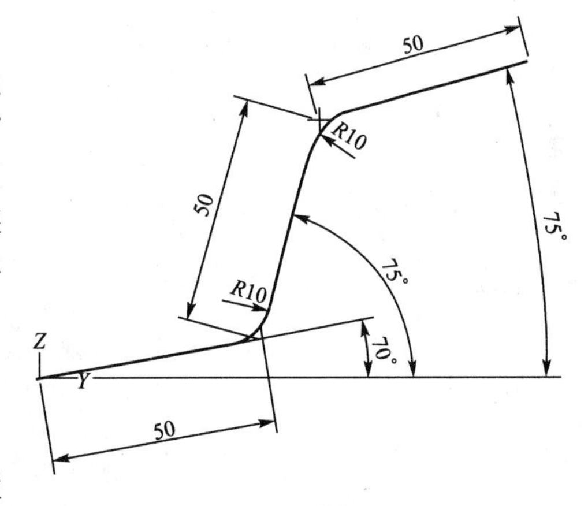

图 5.15　三维线架造型举例

4. 三维线架造型举例

【例 5－2】 绘制如图 5.15 所示图形。

(1) 设置构图平面。从“Planes”工具栏中的下拉菜单中选择设置平面为右视图。

(2) 设置构图视角。在“Graphics View”工具栏中单击“右视图”按钮。

(3) 设置构图深度。单击状态栏中的 3D/2D 项目，将 3D 切换为 2D，“Z”文本框中输入 0。

(4) 绘制直线。在“Sketcher”工具条中的直线下拉菜单中选择绘制任意直线，在带状工具条中输入直线长度 50，角度 10，选取原点为端点，单击“确定”按钮✓，第一条直线生成；选取第一条直线的末端为端点，在 ribbon 工具条中输入直线长度 50、角度 75，第二条直线生成；选取第二条直线的末端为端点，输入长度 50、角度 15，单击“确定”按钮✓，第三条直线生成。

(5) 圆角过渡。在“sketcher”工具栏中选择“倒圆角”命令，在带状工具栏中输入圆角半径 10，分别拾取第一条直线和第二条直线、拾取第二条直线和第三条直线，圆角过渡完成，生成图 5.15 所示图形。

5.3.2　曲面造型

1. 创建基本三维曲面

基本三维曲面是指具有规则的和固定形状的面。在 Mastercam X2 中可以创建圆柱曲面、圆锥曲面、长方体曲面、球面和圆环曲面。选择图 5.16 所示“sketcher”工具栏中的基本曲面绘制命令就可以绘制相应的基本曲面。

2. 创建其他曲面

在 Mastercam 中曲面都是由基本图素构成的一个个封闭的或开放的二维图形，然后由这些图形经过旋转、拉伸、举升等操作而形成曲面。

选择“绘图”|“绘制曲面”命令，出现相应的各种曲面绘制命令，选择相应的命令，可绘制相应的曲面。

3. 曲面造型举例

【例 5-3】 利用图 5.15 三维线架，绘制图 5.17 所示曲面，曲面宽为 100。

选择“绘图|绘制曲面|牵引曲面”命令，弹出“转换参数”对话框，单击对话框中串连选项按钮，选取图 5.15 所示曲线，单击“确定”按钮✓，弹出牵引曲面对话框，填入长度 100 和角度 90，生成图 5.17 所示牵引曲面。

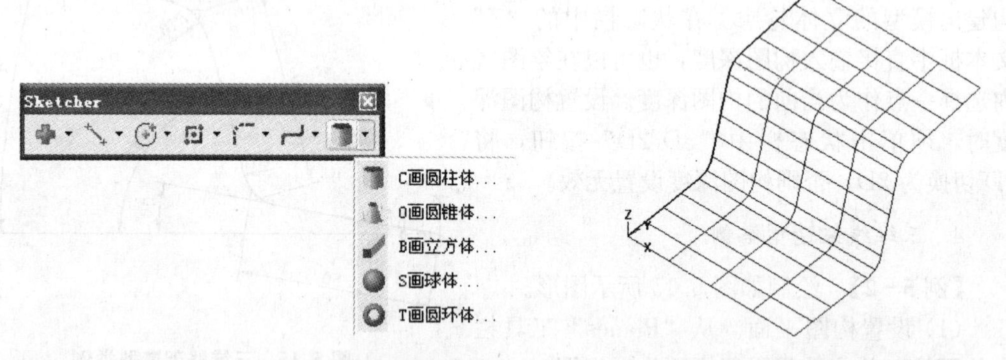

图 5.16　“sketcher”工具栏中的基本曲面绘制命令　　**图 5.17　曲面造型举例**

5.4　三维实体造型

在 Mastercam X2 中，实体造型和编辑的操作命令主要包含实体菜单命令和图 5.18 所示的“Solids”(实体)工具栏命令，通过选择这些命令，按照对应提示进行操作，就能完成实体的造型和编辑操作。

图 5.18　“Solids”工具栏

5.4.1　创建基本实体

与基本曲面一样，基本实体也是指具有规则的和固定形状的三维实体，它们是可以由 Mastercam X2 绘图命令直接绘制而得到的最基本的几何实体，包括圆柱体、圆锥体、长方体、球体和圆环体。

基本实体的创建命令与基本曲面相同，选择图 5.16 所示“sketcher”工具栏中的基本实体绘制命令，在随后弹出的对话框中选取实体功能，就可以绘制相应的基本实体。

5.4.2　由二维图形创建基本实体

在 Mastercam X2 中，除了基本实体外，最常用的创建实体模型的方法就是由二维图形转换成三维实体。由二维图形到三维实体转换的方法主要有：拉伸、旋转、扫描和举升。使用这种方法创建三维实体时，首先要绘制出二维图形。

通过拉伸的方法创建三维实体时需要一个封闭的二维图形，如图 5.19 所示；通过旋转的方法创建三维实体时需要一个二维图形和一个旋转轴，旋转轴可以是单独的也可以是二维图形的一个图素，如图 5.20 所示；通过扫描的方法创建三维实体时需要一个二维图形和一个路径，路径与二维图形要在两个互相垂直的平面内，如图 5.21所示；通过举升的方法创建三维实体时需要两个以上的二维图形，如图 5.22 所示。

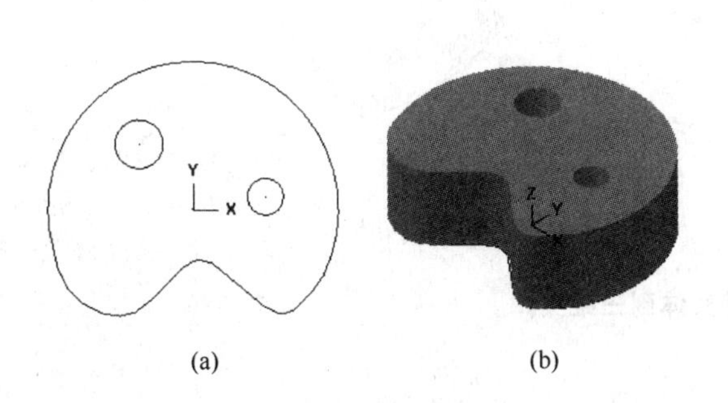

图 5.19　拉伸二维图形到三维实体

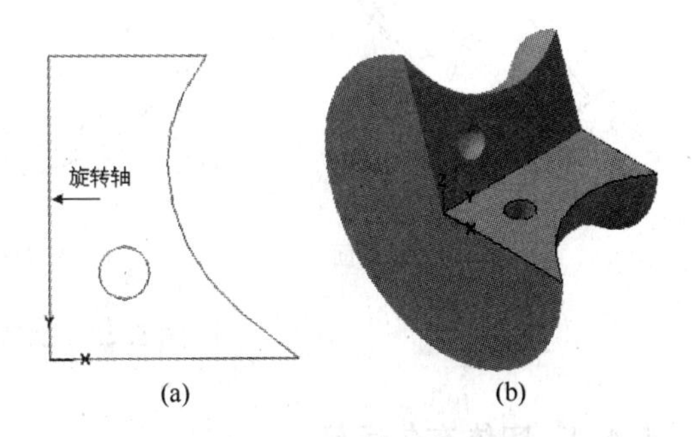

图 5.20　旋转二维图形到三维实体

5.4.3　由曲面生成实体

在 Mastercam X2 中，可以将三维曲面转化成三维实体，转化后的实体没有“厚度”，看起来与原曲面“完全”相同，可以使用加厚薄壁实体命令给该实体加厚，如图 5.23 所示。

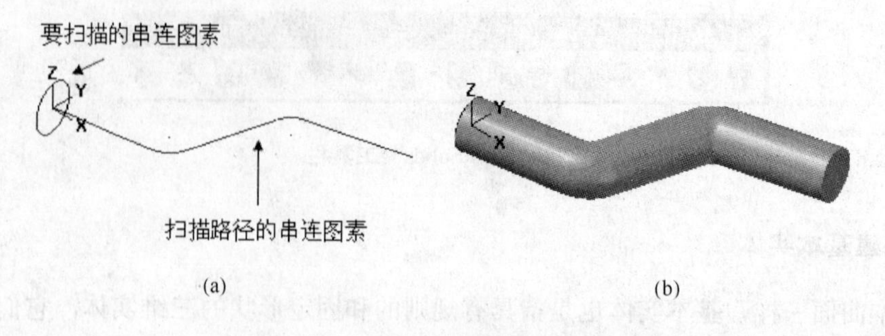

图 5.21　扫描二维图形到三维实体

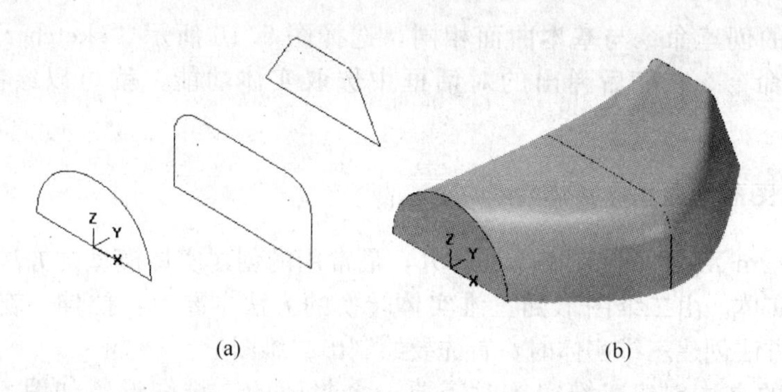

图 5.22　举升二维图形到三维实体

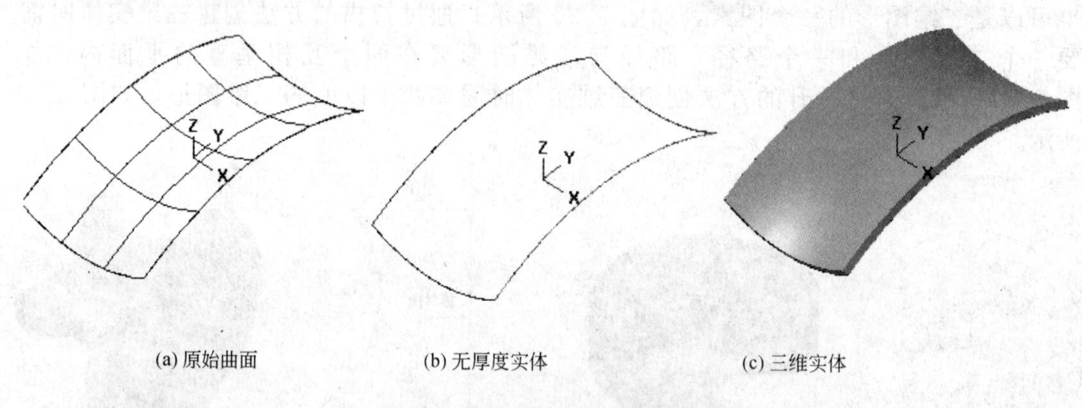

图 5.23　加厚薄壁实体到三维实体

5.4.4　实体布尔运算

通过选择图 5.18 所示的“Solids”工具栏中的布尔运算命令可对两个或两个以上实体作实体布尔运算。

图 5.24 为实体布尔运算功能实例。通过结合、切割、交集运算结果可以使两个或两个以上实体组合成一个实体。布尔运算中要选择一个实体为目标实体(如图 5.24 中的实体 A)，其他实体为工具实体(如图 5.24 中的实体 B)。

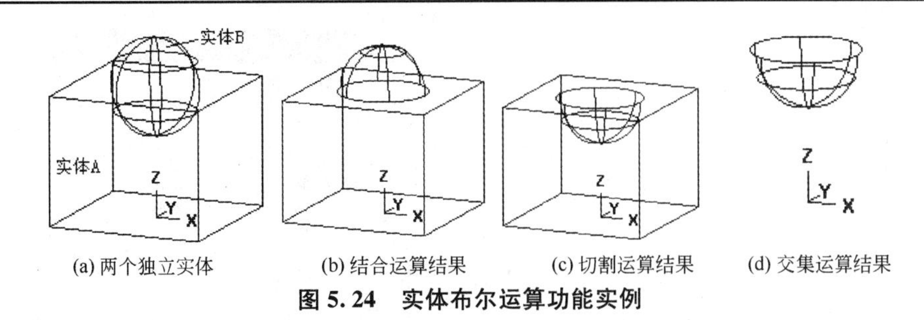

图 5.24　实体布尔运算功能实例

5.4.5　实体编辑

Mastercam X2 的实体操作管理器对一个实体的创建过程自始至终都有详细的记录，记录中包括实体创建时的相关参数，如图 5.25 所示。可通过实体操作管理器对实体参数进行编辑。另外 Mastercam X2 提供了许多对单个实体进行编辑的命令，主要包括对实体进行倒角、实体抽壳、牵引面、修剪等操作。

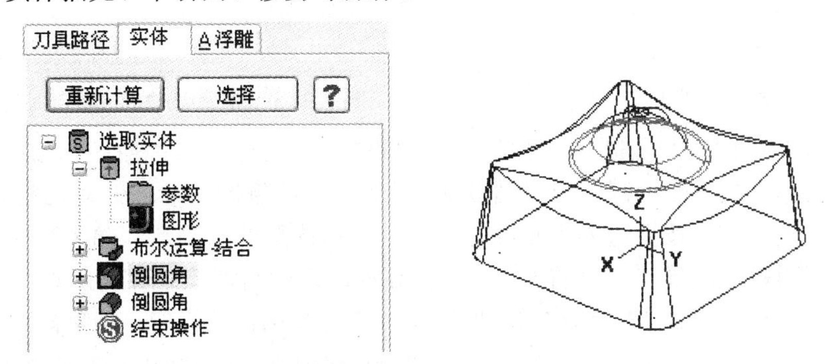

图 5.25　实体操作管理器例

5.4.6　实体造型举例

【例 5-4】 绘制图 5.26 所示三维图形。其中立方体上表面 4 条边最小、最大圆角半径分别为 $R0$、$R10$ 的变半径倒圆角，立方体上方球的半径为 $R20$，球与立方体的过渡圆角半径为 $R10$。

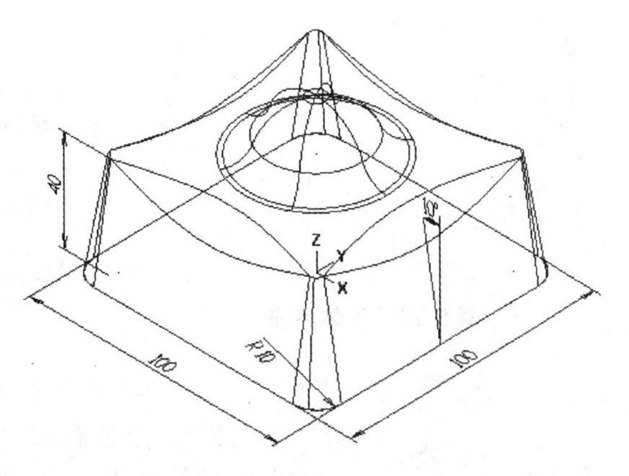

图 5.26　实体造型例 1

(1) 绘制草图。选择“Sketcher”工具条中“E 矩形形状设置”选项，在弹出的对话框中对矩形参数进行设置，选择矩形中心为定位点，在绘图区选取原点为定位点，单击“确定”按钮后，100×100、圆角半径为 $R10$ 的草图生成，如图 5.27 所示。

(2) 生成 100×100×40 立方体。单击“Solid”工具条中的拉伸按钮，弹出“转换参数”对话框，单击其中的串连按钮，在绘图区选取图 5.27 所示图形，单击对话框中的“确定”按钮，弹出图 5.28 所示的“实体拉伸的设置”对话框，拉伸距离为 40、拔模角度为 10^{0}，单击“确定”按钮，形成的实体如图 5.29 所示。

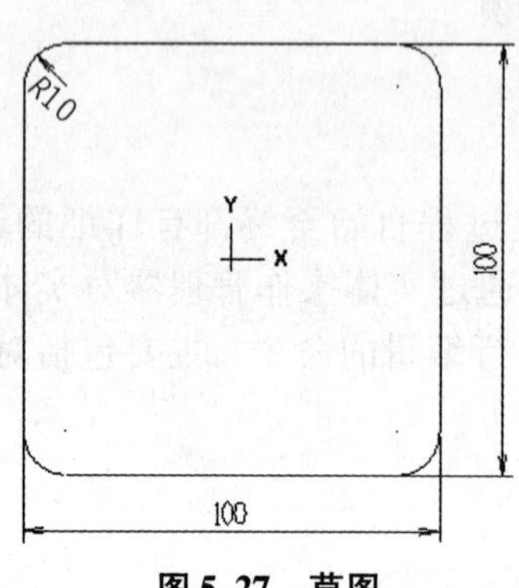

图 5.27　草图

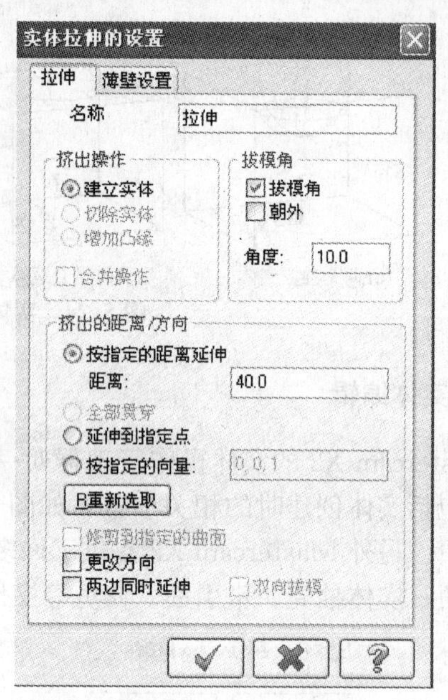

图 5.28　“实体拉伸的设置”对话框

(3) 导圆角。单击“Solid”工具条中的“倒圆角”按钮，选取图 5.29 所示实体上表面的四个棱边，按 Enter 键，弹出图 5.30 所示“实体倒圆角参数”对话框，选择变化半径、线性过渡，首先按下边界 1 左边的＋号，分别选择两个顶点，输入半径 0，再按下对话框中的编辑键，选择“中点插入”命令，在绘图区中拾取该边界的中点，在随后弹出的半径输入框中输入半径 10，依次对其它三个边界进行同样的操作，结果如图 5.31 所示。

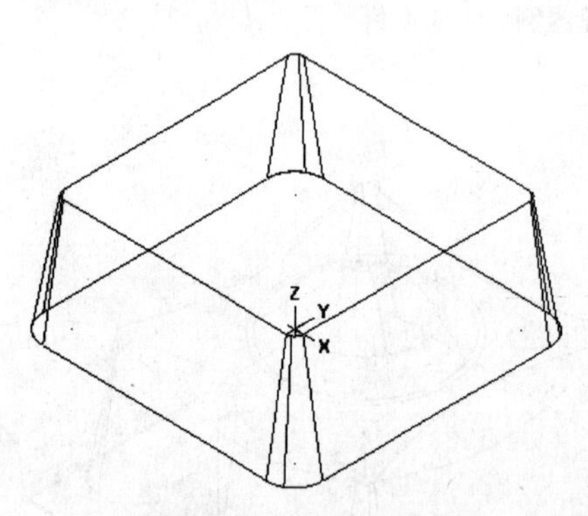

图 5.29　实体底座

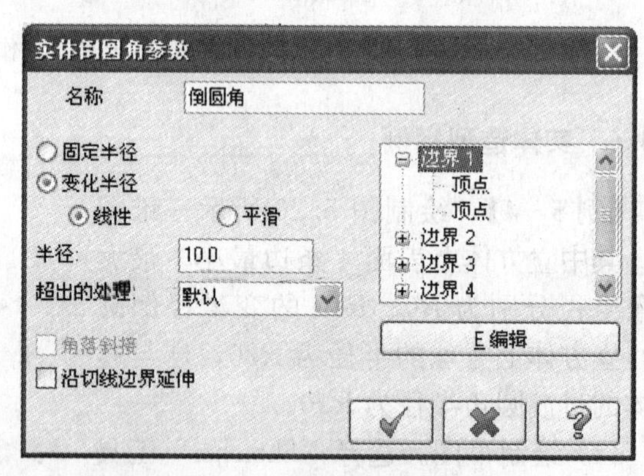

图 5.30　“实体倒圆角参数”对话框

(4) 生成 $R20$ 半圆。首先单击状态栏中的 3D 使其变为 2D、在 Z 右侧的文本框中输入 40；选择构图平面和视角平面均为 XY 面，选择“Sketcher”工具条中“圆心＋点”按钮，拾取原点，在其状态栏中输入半径 20，$R20$ 圆绘制完成；选择“Sketcher”工具条中绘“制任意线”命令，选取圆的两端点绘制直线；单击“Trim/Break”工具条中的“修剪/打断”按钮，单击其带状工具栏中的分割物体按

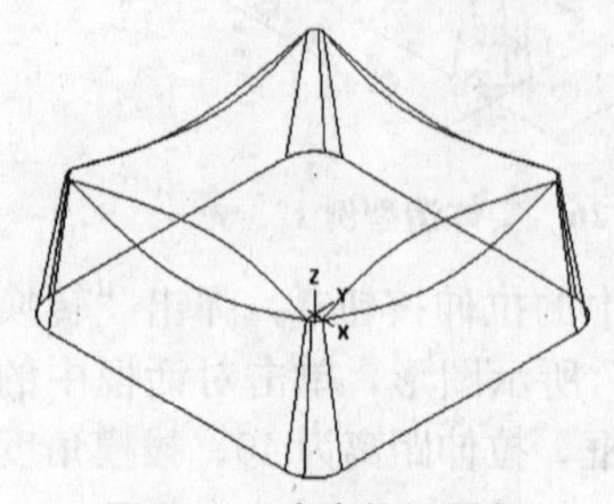

图 5.31　变半径倒圆角

钮⊞，剪去半个圆，草图生成，如图 5.32 所示。

(5) 生成 $R20$ 半球体并倒圆角。单击“Solid”工具条的“旋转”按钮，弹出“转换参数”对话框，单击其中的“串连”按钮，在绘图区选取半圆图形，单击对话框中的“确定”按钮✓，屏幕提示选取旋转轴，选取半圆中的直线，弹出“旋转实体的设置”对话框，选择增加凸缘，旋转角度为 180 度，单击“确定”按钮✓，形成的实体如图 5.33 所示。选择半球体与实体底座的交线，单击“Solid”工具条的“倒圆角”按钮，选择固定半径、半径为 10，单击“确定”按钮✓，形成的实体如图 5.26 所示。

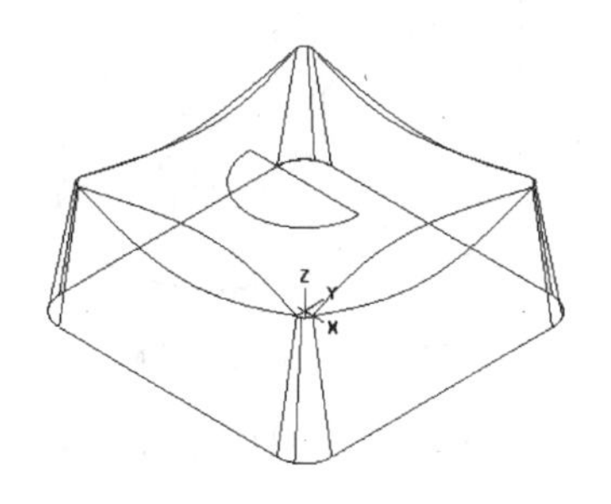

图 5.32 半个球体圆草图

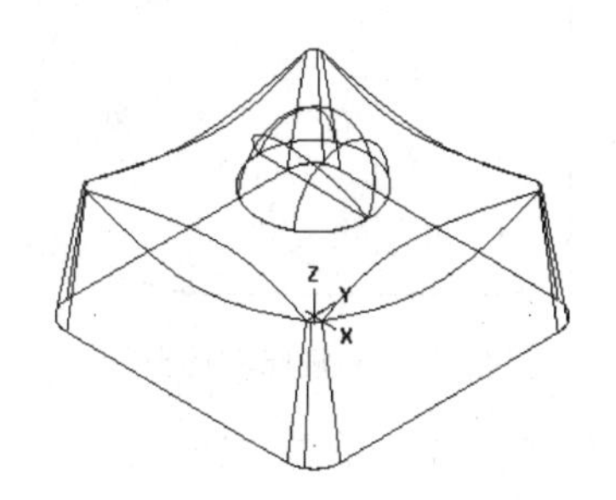

图 5.33 生成的半个球体

【例 5-5】 绘制图 5.34 所示鼠标三维图形。其中样条型值点为(−70，0，20)，(−40，0，25)，(−20，0，30)，(30，0，15)。圆弧在平行于 YOZ 平面内，圆心坐标为(30，0，−95)，半径 $R=110$，要求圆弧沿样条平行导动。

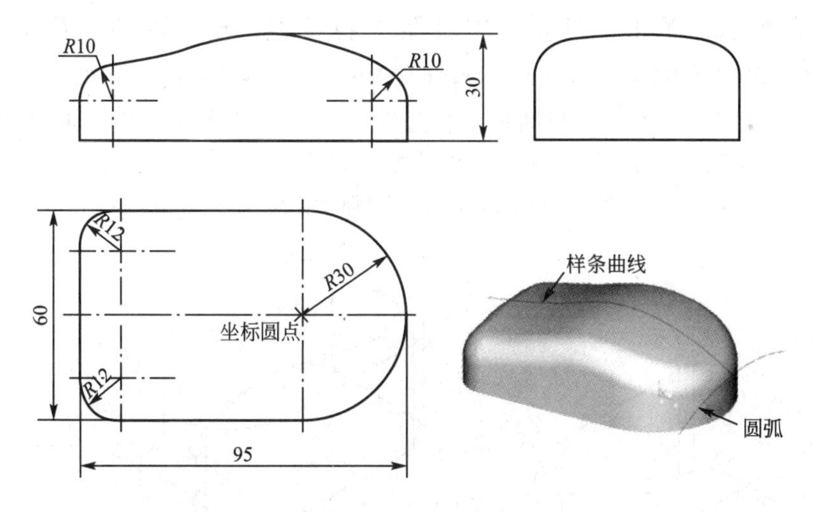

图 5.34 鼠标三维图形

(1) 绘制草图。选择“Sketcher”工具条中“E 矩形形状设置”命令，在弹出的对话框中对矩形参数进行设置，选择矩形右侧边中点为定位点，在绘图区选取原点为定位点，单击“确定”按钮✓后，65×60 矩形生成。单击“Sketcher”工具条中“圆心＋点”按钮，以原点为圆心、拾取矩形右侧边端点绘出 $R30$ 的圆。单击修剪打断/按钮、再单击状态栏中的“分割物体”按钮⊞，剪掉半个圆。选择矩形右侧直角边，单击删除按钮，直角边被删除。单击“Sketcher”工具条中“倒圆角”按钮，在状态栏中输入半径 12，分别拾取左上角和左下角两直角边使其倒 $R12$ 圆角，绘制的草图如图 5.35 所示。

(2) 生成实体。单击“Solid”工具条中的拉伸按钮，弹出“转换参数”对话框，单击其中的串连按钮，在绘图区选取图 5.35 所示图形，单击对话框中的“确定”按钮✓，弹出“实体拉伸的设置”对话框，拉伸距离为 40，单击“确定”按钮✓，形成的鼠标实体如图 5.36 所示。

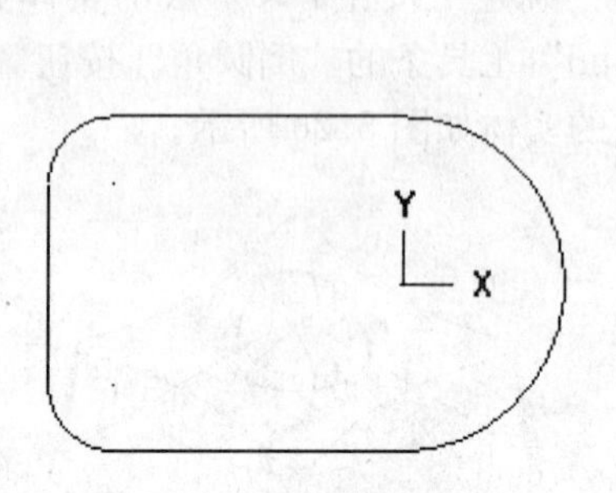

图 5.35　鼠标零件草图

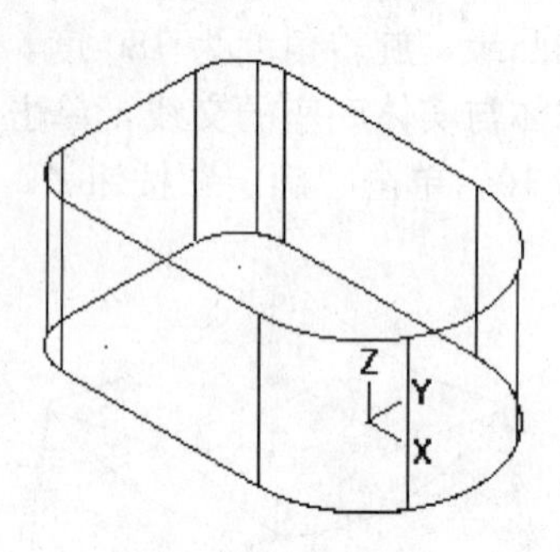

图 5.36　鼠标实体

(3) 绘制样条曲线。单击“Plane”工具条下拉按钮，在弹出的下拉菜单中选择“设置平面为前视角为你的 WCS”，单击“Graphcs View”工具条中的“前视图”按钮，单击状态栏中的“3D/2D”按钮使之变为 2D，单击“Sketcher”工具条中手动绘制样条曲线按钮，在光标抓点工具条中分别输入(−70，20，0)，(−40，25，0)，(−20，30，0)，(30，15，0)，每输入一个点按一下 Enter 键，四个点输入完毕后按 Enter 键，样条曲线形成，如图 5.37 所示。

(4) 绘制圆弧。单击“Plane”工具条下拉按钮，在弹现的下拉菜单中选择 设置平面为右视角相对于你的 WCS，单击“Graphcs View”工具栏中的“右视图”按钮，单击“Sketcher”工具条中绘制圆与圆弧下拉按钮，在弹出的下拉菜单中选择“极坐标圆弧”命令，在带状工具栏中输入半径 110、圆弧起始角度分别为 50 和 130，在光标自动抓点工具条中输入(0，−95，30)，按 Enter 键，圆弧形成，如图 5.38 所示。

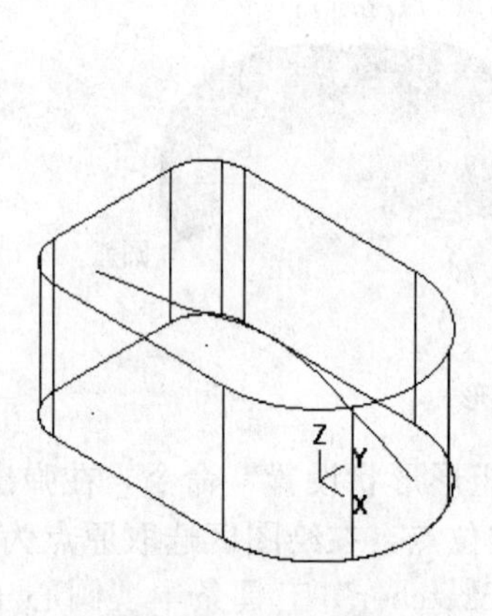

图 5.37　样条曲线

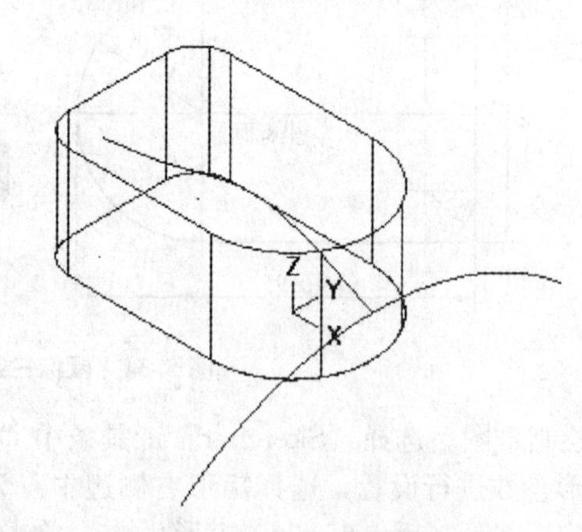

图 5.38　R110 圆弧形成

(5) 生成曲面。单击“surface”工具条中“扫描曲面”按钮，弹出“转换参数”对话框，单击其中的“串连”按钮，在绘图区弹出 扫描曲面: 定义 截面方向外形 提示，选取圆弧为截面外形方向，按 Enter 键，在绘图区弹出 扫描曲面: 定义 引导方向外形 提示，选取样条曲线为引导方向外形，单击“转换参数”对话框中的“确定”按钮✓，在状态栏中单击平行导动按钮，生成的曲面如图 5.39 所示。

(6) 修剪实体。单击“Solid”工具条中的“修剪”按钮，弹出“修剪实体”对话框，在修剪到选项中选择曲面选项，绘图区弹出[选取曲面]提示，选取曲面，在曲面上弹出箭头，箭头所指方向为实体保留的部分，可单击修剪实体对话框中的[修剪另一侧]按钮可改变其方向，本例中箭头应向下，单击对话框中的“确定”按钮✓，生成的实体如图 5.40 所示。

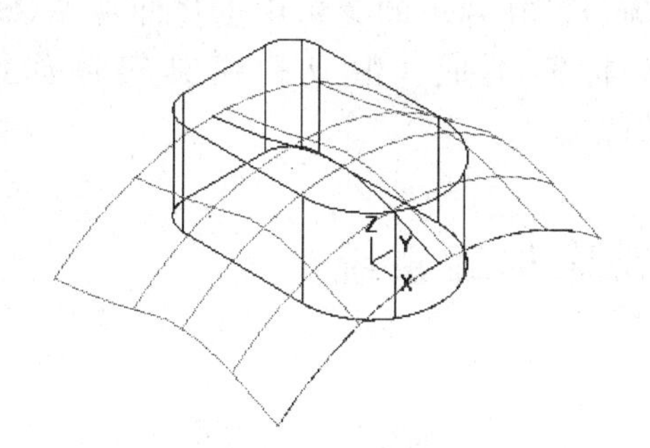

图 5.39 生成的曲面

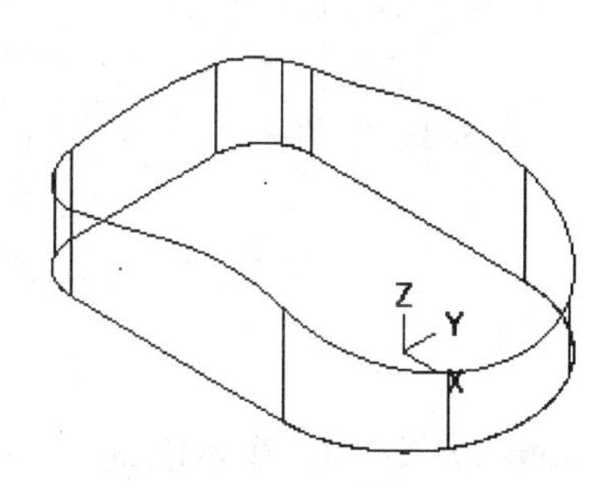

图 5.40 修剪后的实体

(7) 倒圆角。单击“Solid”工具条的“倒圆角”按钮，选择实体的上表面，弹出“实体倒圆角参数”对话框，选择固定半径、半径为 10，单击“确定”按钮✓，形成的实体如图 5.34 所示。

【例 5-6】 绘制图 5.41 所示鼠标模具实体。该模具在图 5.34 所示鼠标实体生成后的界面内绘制。

(1) 绘制草图。选择“Sketcher”工具条中“矩形”命令，在光标自动抓点工具条中分别输入(−75，40，0)，(40，−40，0)，绘制的矩形如图 5.42 所示。

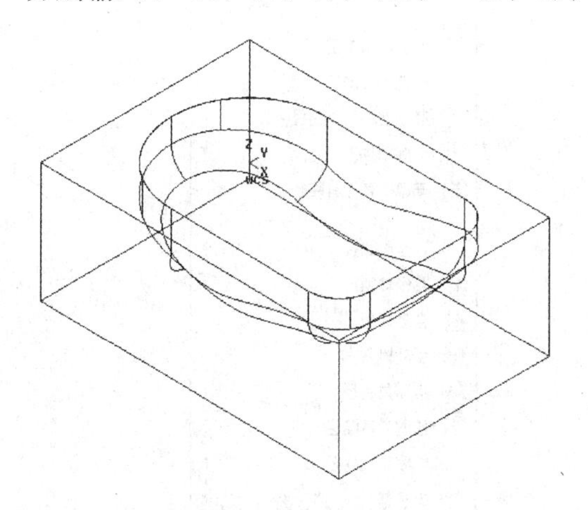

图 5.41 鼠标模具实体

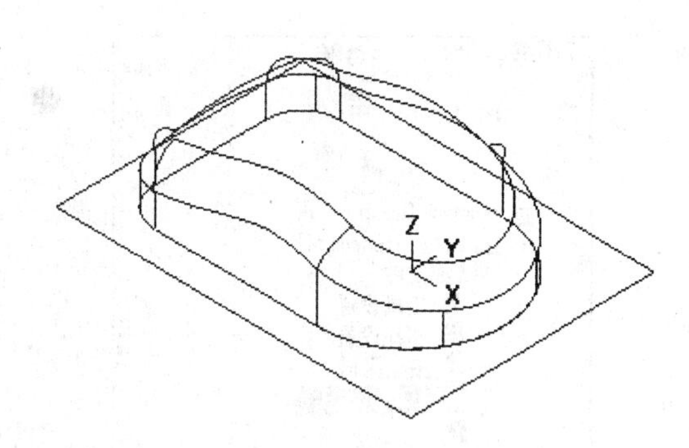

图 5.42 矩形草图

(2) 生成实体。单击“Solid”工具条中的“拉伸”按钮，弹出“转换参数”对话框，单击其中的串连按钮，在绘图区选取图 5.42 所示矩形，单击对话框中的“确定”按钮✓，弹出“实体拉伸的设置”对话框，在挤出操作项目中选择建立实体，拉伸距离为 40，单击“确定”按钮✓，形成的立方体如图 5.43 所示。绘图区现在存在两个实体。

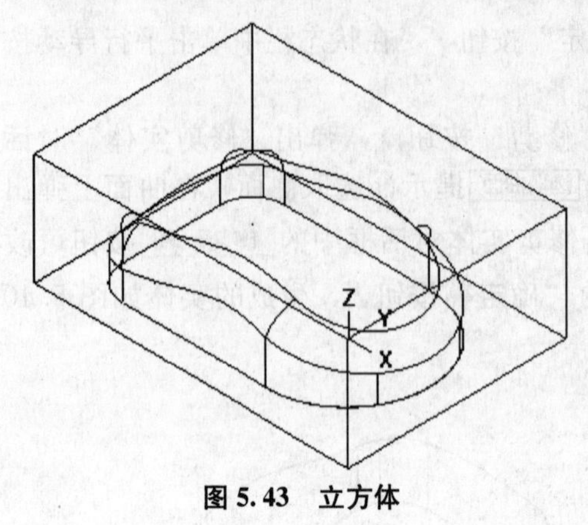

图 5.43　立方体

（3）生成模具实体。在“Solid”工具条中选择“布尔运算-切割(V)”命令，绘图区弹出 请选取要布林运算的目标主体. 提示，选取立方体，弹出 请选取要布林运算的工件主体. 提示，选取鼠标实体，按 Enter 键，鼠标模具实体生成，绘图区现在只有一个实体。

（4）变换坐标系。单击状态栏中的 WCS 项目，在弹出的菜单中选择仰视 WCS，新的坐标系生成，生成的模具实体如图 5.41 所示。

5.5　二维铣床加工系统

5.5.1　Mastercam X2 加工基本设置

选择 Mastercam X2 主菜单上“机床类型(M)”|“铣削系统(M)”|“默认(D)”命令，在绘图区左侧会出现刀具路径管理器，如图 5.44 所示，单击刀具路径管理器中的“材料设置”选项可对工件毛坯进行设置。选择主菜单上的“刀具路径”命令，弹出图 5.45 所示

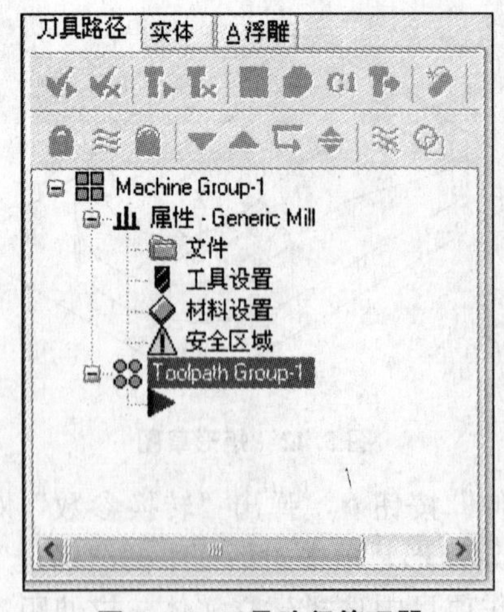

图 5.44　刀具路径管理器

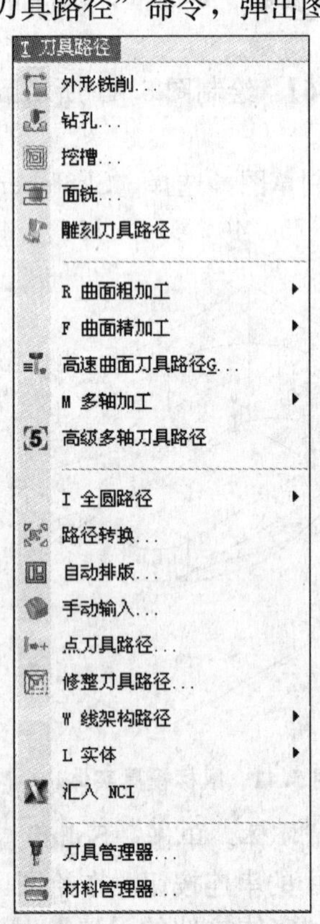

图 5.45　二维铣削加工方法

二维铣削加工方法，包括面铣、外形铣削、钻孔、挖槽等，图 5.46 所示为“2D Toolpaths”(二维铣削加工)工具栏。本节将以图 5.12 所示二维图形为例介绍二维铣床加工系统的主要加工方法。

图 5.12 所示零件外形尺寸如图 5.47 所示。在工件上表面预留 2mm 的加工余量，在侧面各预留 2.5mm 的加工余量，所以整个工件的毛坯尺寸为 105×105×17。单击刀具路径管理器中的“材料设置”，弹出图 5.48 所示“机器群组属性”对话框，按其进行设置，零件毛坯尺寸如图 5.49 所示，工件坐标系的原点在底平面。

图 5.46　“2D Toolpaths”工具栏

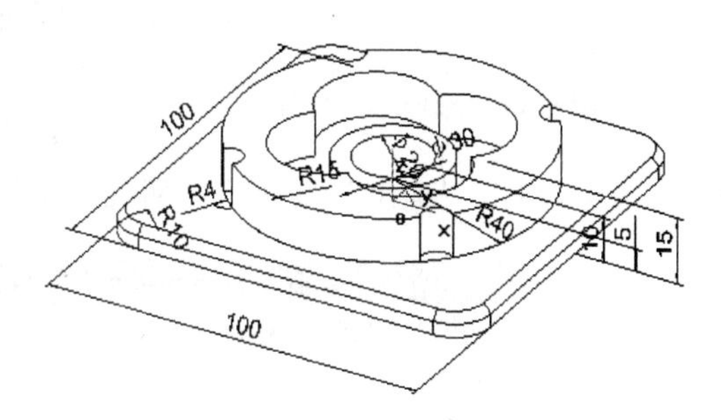

图 5.47　零件外形尺寸

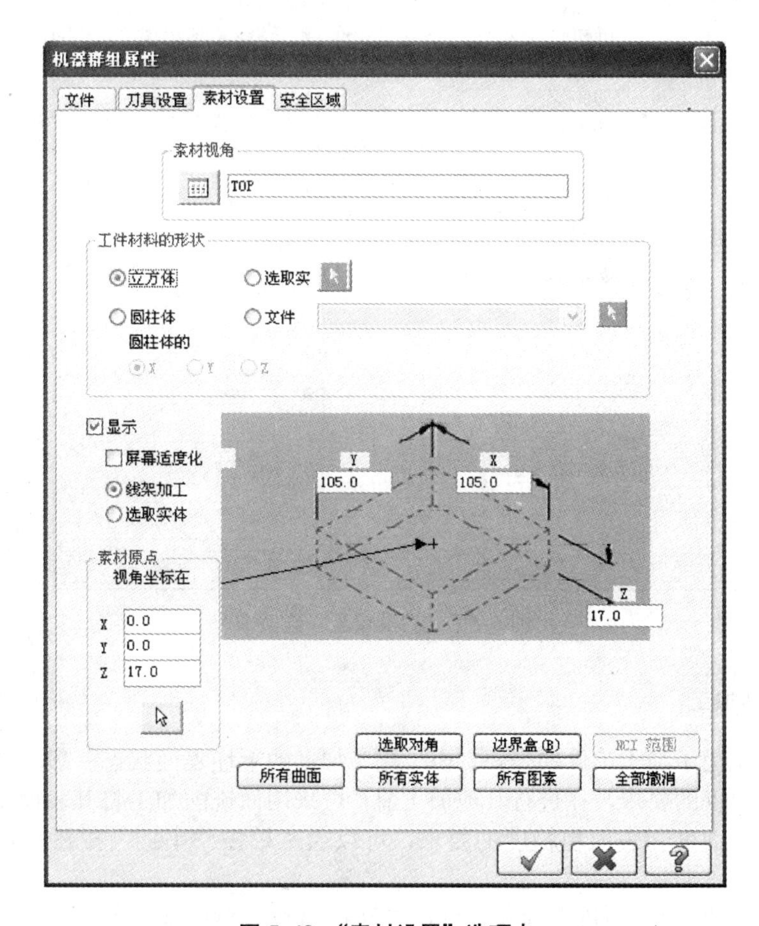

图 5.48　“素材设置”选项卡

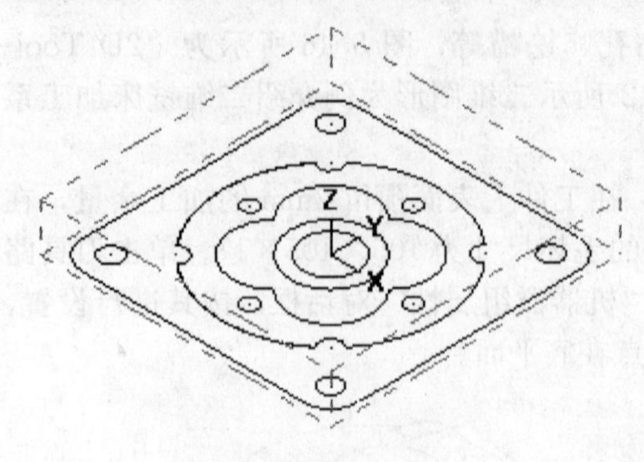

图 5.49 零件毛坯尺寸

单击刀具路径管理器中的“工具设置”，弹出图 5.50 所示“机器群组属性”对话框，在“刀具设置”选项卡中勾选“按顺序指定刀具号码”和“刀具号重复时，显示警告讯息”两个复选框，这样保证在加工中所选择的刀具按出现的先后顺序编号并以该编号出现在程序中，否则所选刀具均以 T0 形式出现。

图 5.47 所示零件的材料为铝 5050，单击图 5.50 所示对话框中的“编辑”按钮，弹出“材料定义”对话框，在其中选择 ALUMINUM－5050，单击“确定”按钮后，所加工工件材质将变为 ALUMINUM－5050。

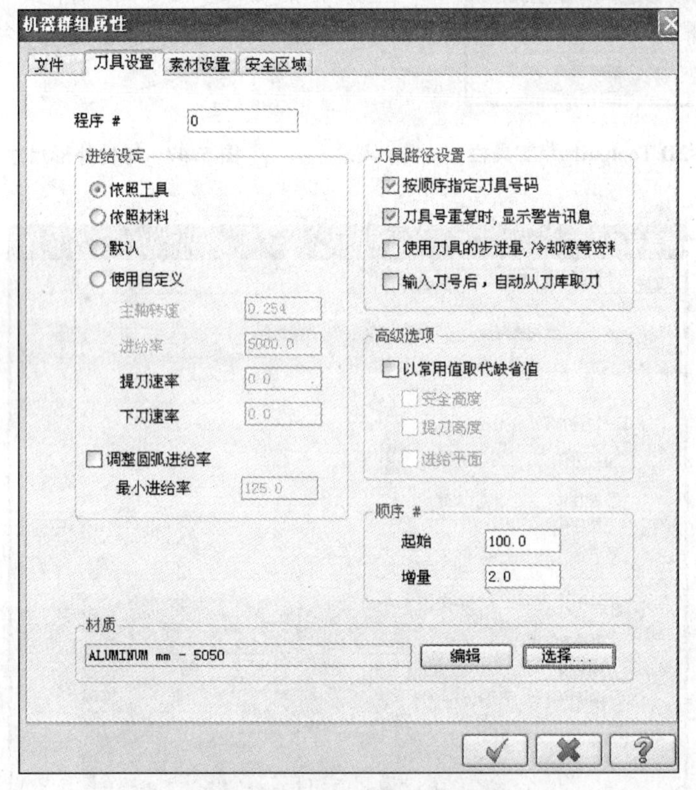

图 5.50 “刀具设置”选项卡

5.5.2 面铣削加工

面铣削加工用于加工工件的表面。由于用于加工的毛坯表面状态一般不能满足表面平面度和表面粗糙度的要求，在进行其他加工前，可采用面铣削加工将其表面铣削一定厚度后以达到表面平面度和表面粗糙度的要求，可以通过单击“串连”按钮来定义面铣削的区域。

选择“刀具路径”|“面铣”命令，弹出“转换参数”对话框，单击“串连”按钮，在绘图区选取图 5.49 所示图形矩形轮廓，单击“转换参数”对话框“确定”按钮✔后弹出

“面铣削参数”对话框，在其“刀具参数”选项卡中，把鼠标放在空白处，右击，在弹出的快捷菜单中选择“创建新刀具”命令，弹出“定义刀具”对话框，在“刀具类型”选项卡中选择刀具直径 ϕ20 的平底铣刀，然后选择“参数”选项卡，填入直径补偿号码、刀长补偿号码、进给率、下刀速率、提刀速率、主轴转速，所选刀具出现在面铣刀“刀具参数”选项卡中。

选择“面铣刀”对话框中的“平面加工参数”选项卡，如图 5.51 所示。图中“参考高度”为开始下一个刀具路径前刀具回缩的位置，本例设为 50mm；“进给下刀位置”是指刀具开始慢速下刀的位置，一般设为 5～10mm，本例设为 10mm；“工件表面”是指工件上表面的高度，本例为 17mm；“深度”指要铣削到的高度，本例应为 15mm，即要铣去 2mm 余量。单击图中“Z 轴分层铣深”按钮，弹出图 5.52 所示的“深度分层切削设置”对话框，按其进行设置，即第一次粗铣铣去 1.5mm，第二次精铣铣去 0.5mm，单击“确定”按钮✓，再单击“面铣刀”对话框“确定”按钮✓，生成的刀具轨迹如图 5.53 所示。

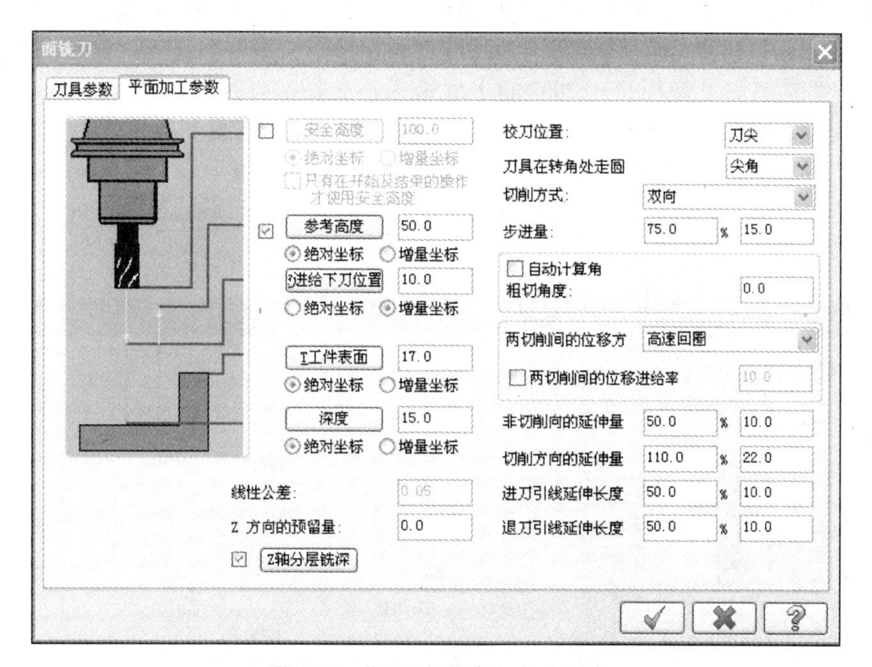

图 5.51 “平面加工参数”选项卡

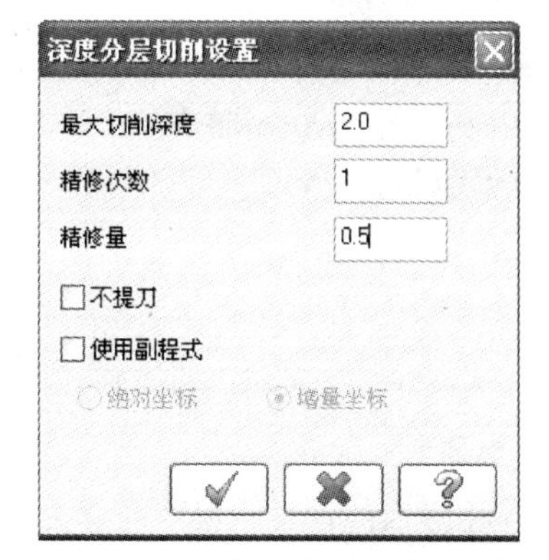

图 5.52 “深度分层切削设置”对话框

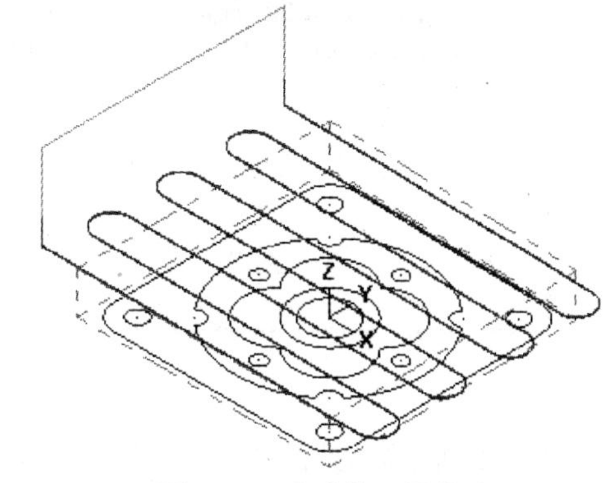

图 5.53 生成的刀具轨迹

5.5.3 外形铣削加工

外形铣削加工用于加工二维或三维工件的外形，二维铣削刀具路径的切削深度固定不变，而三维铣削刀具路径的切削深度随外形的位置可以变化。在外形铣削加工中刀具参数的设置方法与面铣削设置方法相同。

图 5.12 所示零件需铣削出两个外形，带倒圆角的矩形和带凹槽的大圆。对于带倒圆角的矩形可以采用大直径的刀具一次加工完成。对于带凹槽的大圆外形，需先采用大直径的刀具进行粗铣削，再采用小直径的刀具进行残料外形铣削。同时，出于提高加工速度的考虑，先安排带凹槽大圆的外形铣削，再进行矩形外形的铣削。在所有外形铣削完成后再进行带倒圆角矩形的倒角。

1. 铣削带凹槽的大圆

选择“刀具路径”|“外形铣削”命令，弹出“转换参数”对话框，单击“串连”按钮，在绘图区选取图 5.12 所示图形带凹槽大圆的轮廓，单击“确定”按钮后弹出“外形(2D)”对话框，外形铣削仍然使用直径 ϕ20 的平底铣刀，选择“外形加工参数”选项卡，出现图 5.54 所示界面。“外形铣削类”选 2D，“参考高度”和“进给下刀位置”同面铣削，由于已经进行了 2mm 的面铣削，将“工件表面”设为 15，“深度”设为 5。根据串连的选取方向设置刀具“补正方向”为右。由于此次仅安排粗铣削，所以在 *XY* 方向为精加工预留 0.5mm 的预留量。

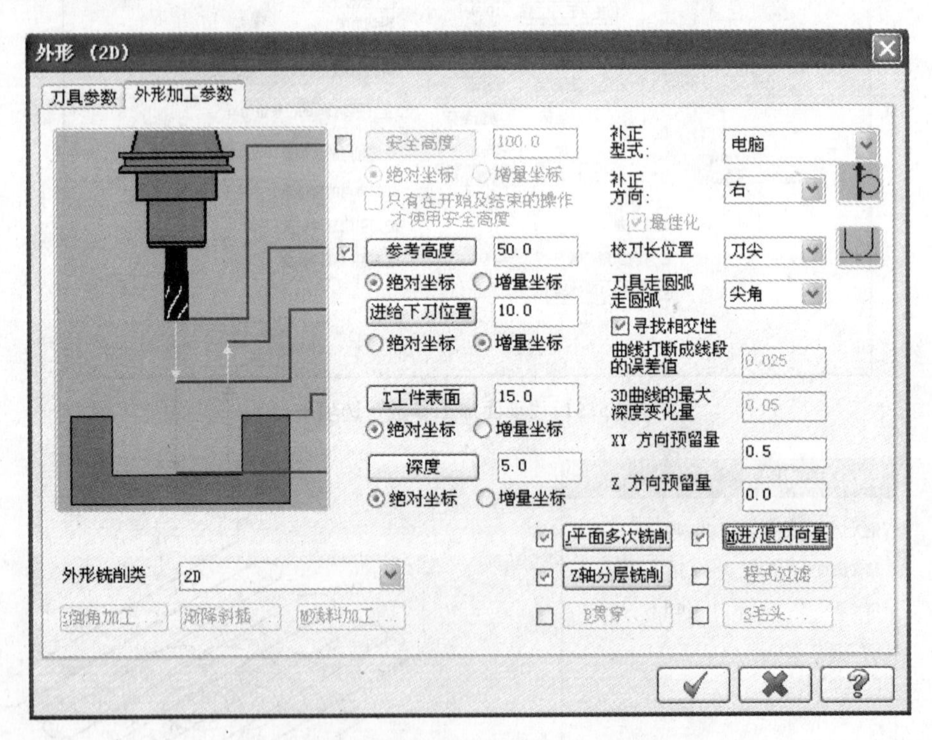

图 5.54 “外形加工参数”选项卡

单击“Z 轴分层铣削”按钮，弹出图 5.55 所示的“深度分层切削设置”对话框，在深度方向上加工量为 10mm，安排两次粗加工和一次 0.5mm 的精加工，设置如图 5.55 所示。

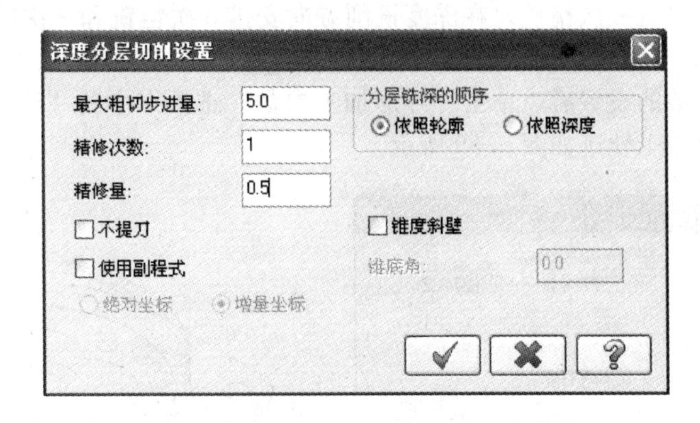

图 5.55　“深度分层切削设置”对话框

单击“平面多次铣削”按钮，由于有 0.5mm 的预留量，在 *XY* 方向的最大铣削量为 34mm，在 *XY* 方向仅安排 3 次粗铣削，每次进刀量设置为 12mm，如图 5.56 所示。

为了避免刀具的损坏和减少刀具的磨损，在此外形铣削加工中设置进刀/退刀刀具路径。

进行完所有参数的设置后，单击图 5.54 对话框的“确定”按钮✔后，生成的外形铣削加工轨迹如图 5.57 所示。

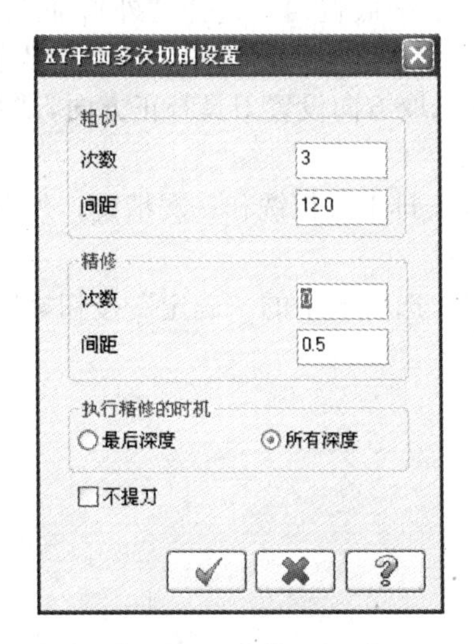

图 5.56　“*XY* 平面多次切削设置”对话框

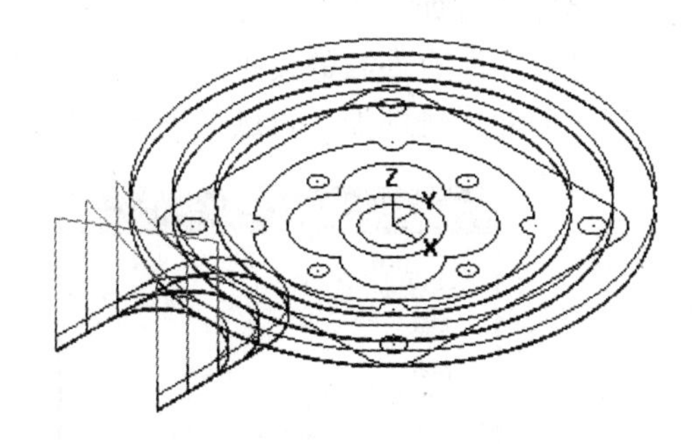

图 5.57　外形铣削加工轨迹

2. 精铣带凹槽的大圆

选择“刀具路径”|“外形铣削”命令，弹出“转换参数”对话框，单击“串连”按钮，在绘图区选取图 5.12 所示图形带凹槽大圆的轮廓，单击“确定”按钮✔后弹出“外形(2D)”对话框，选取直径 $\phi 8$ 的平底铣刀，选择“外形加工参数”选项卡，“外形铣削类”选残料加工，“*XY* 方向预留量”为 0，“参考高度”设置同前一个外形加工。

单击“残料加工”按钮，弹出外形铣削的“残料加工”对话框，在剩余材料的计算选项中选择“前一个操作”选项，单击“确定”按钮✔。

在外形方向仅进行一次精铣。在深度铣削方向安排3次粗铣和一次精铣，深度分层铣削参数设置如图5.58所示。

进行完所有参数的设置后，单击“外形加工参数”选项卡中的“确定”按钮✔后，生成的残料外形铣削加工轨迹如图5.59所示。

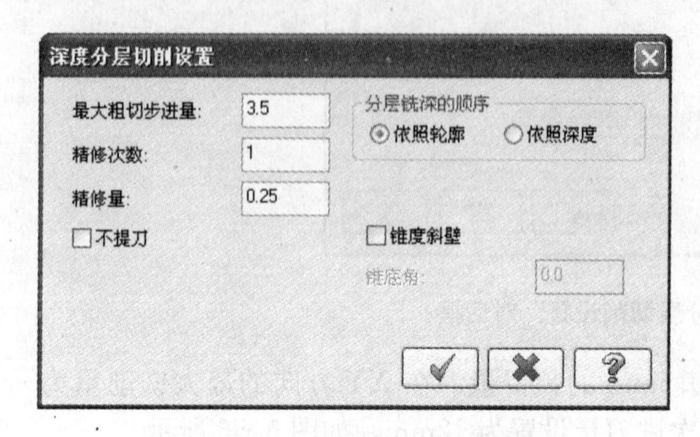

图5.58　深度分层铣削参数设置

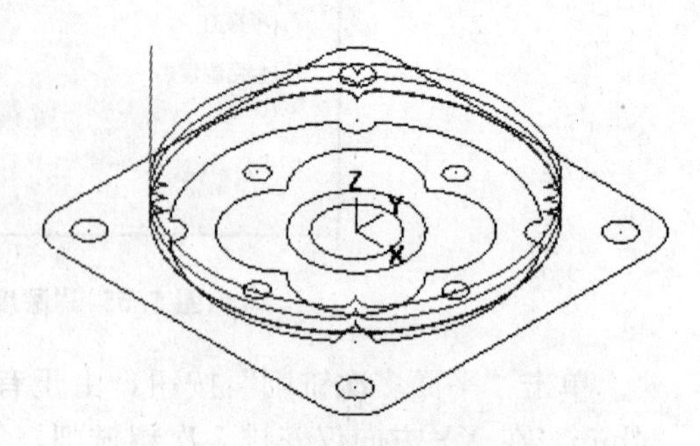

图5.59　残料外形铣削加工轨迹

3. 铣带倒圆角的矩形

选择“刀具路径”|“外形铣削”命令，在绘图区选取图5.12所示矩形轮廓，单击“确定”按钮后弹出“外形(2D)”对话框，使用直径$\phi10$的平底铣刀，选择“外形加工参数”选项卡，出现相应界面。“外形铣削类”选2D，“参考高度”和“进给下刀位置”同前，将“工件表面”设为5，“深度”设为0。根据串连的选取方向设置刀具补正方向，“*XY*方向预留量”为0。

在*XY*方向的最大铣削量为5mm，在*XY*方向仅安排1次粗铣和一次精铣，外形分层铣削参数设置如图5.60所示。

进行完所有参数的设置后，单击“外形加工参数”选项卡中的“确定”按钮✔后，生成的矩形外形铣削加工轨迹如图5.61所示。

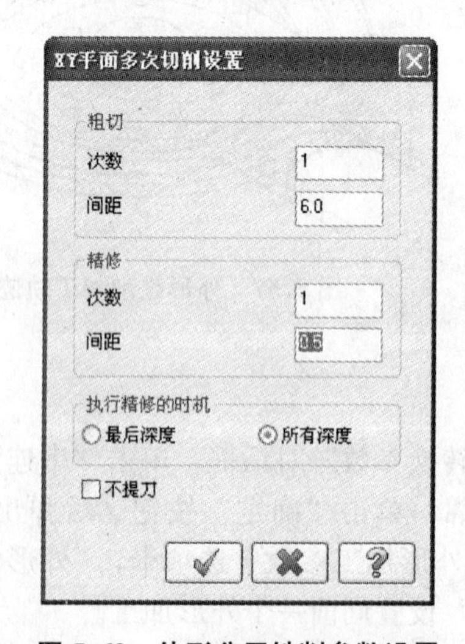

图5.60　外形分层铣削参数设置

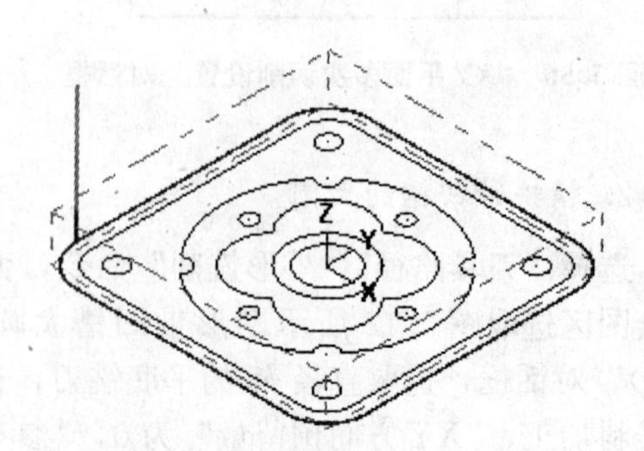

图5.61　矩形外形铣削加工轨迹

4. 铣带倒圆角矩形的倒角

选择“刀具路径”|“外形铣削”命令，在绘图区选取图 5.12 所示矩形轮廓，单击“确定”按钮✓后弹出“外形(2D)”对话框，使用直径 ϕ20 的倒角铣刀，选择“外形加工参数”选项卡，如图 5.62 所示，“外形铣削类”选 2D 倒角，“参考高度”和“进给下刀位置”同前，将“工件表面”设为 5，“深度”设为 5。

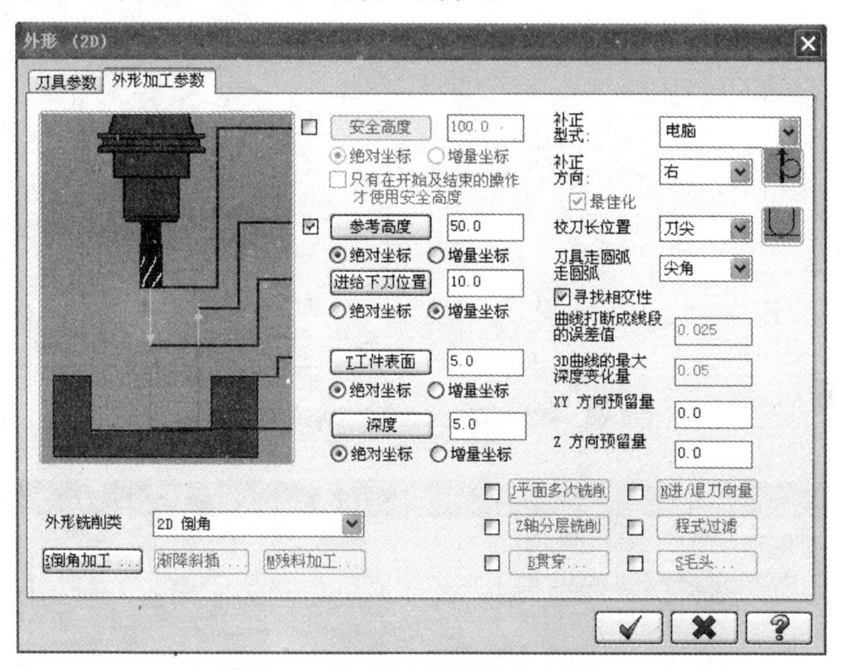

图 5.62　外形导角铣削加工切削设置

单击图 5.62 所示对话框中的“倒角加工”按钮，弹出图 5.63 所示的“倒角加工”对话框，按其进行设置。

进行完所有参数的设置后，单击图 5.62 所示对话框的“确定”按钮✓后，生成的矩形倒角加工轨迹如图 5.64 所示。

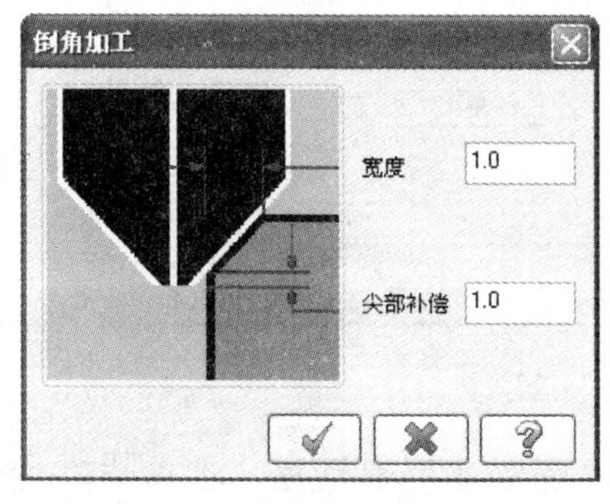

图 5.63　“倒角加工”对话框

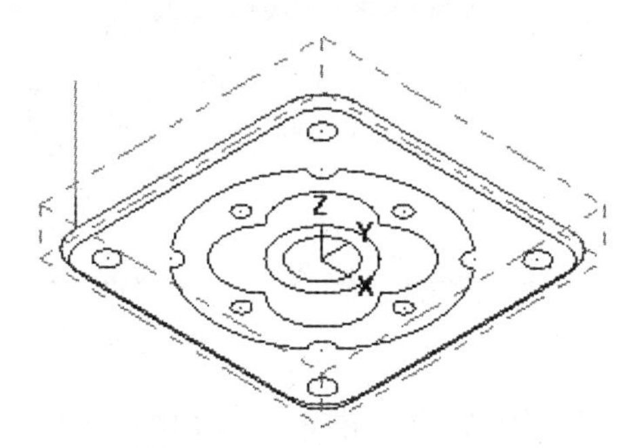

图 5.64　矩形倒角加工轨迹

5.5.4　挖槽加工

挖槽加工主要用来切除封闭外形所包围的材料或切削出一个槽。

选择“刀具路径|挖槽”命令，弹出“转换参数”对话框，单击“串连”按钮，在绘图区依次选取图5.65所示定义边界及岛屿的两个串连，单击“确定”按钮✔后弹出“挖槽(标准)”对话框，选取直径ϕ5mm的平底铣刀，选取直径ϕ5mm铣刀的原因是因为凹槽的最窄处的宽度为6.2mm，“2D挖槽参数”选项卡如图5.66所示，“挖槽加工形式”选使用岛屿深度，“参考高度”和“进给下刀位置”同前，将“工件表面”设为15，“深度”设为5。

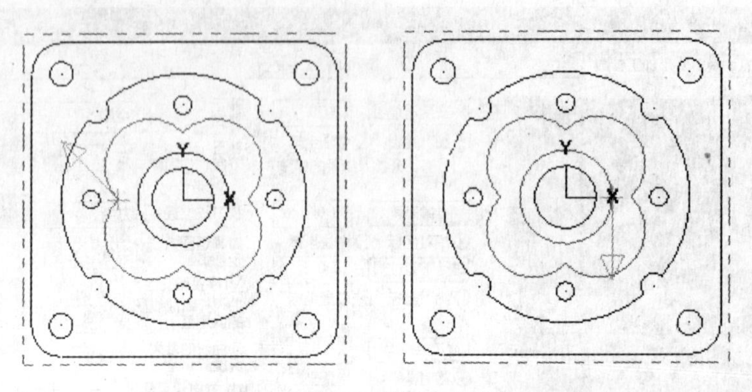

图5.65　依次选取定义边界及岛屿的两个串连

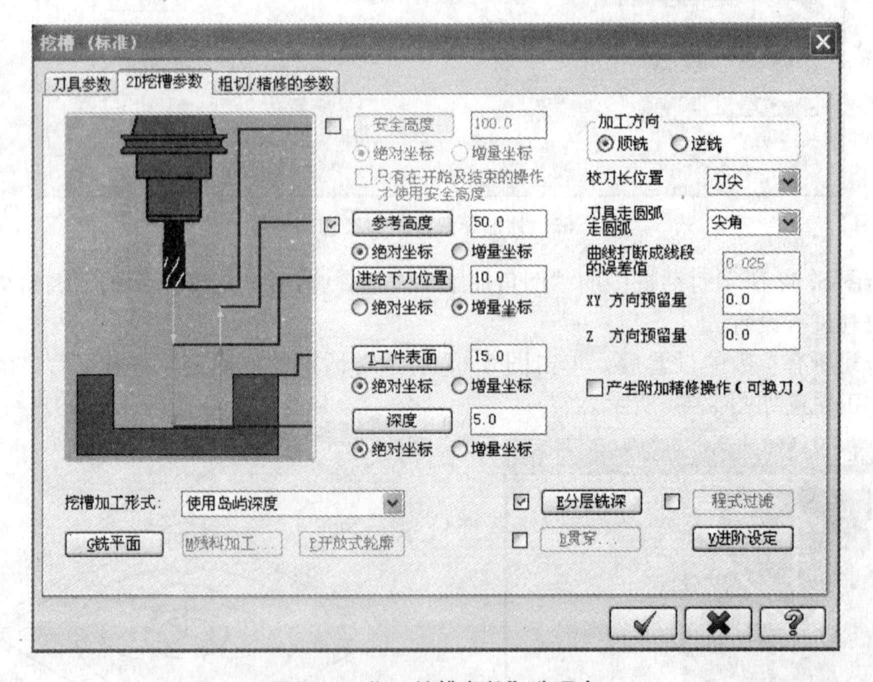

图5.66　“2D挖槽参数”选项卡

单击“铣平面”按钮，弹出图5.67所示“平面加工”对话框，将岛屿高度设置为10。

由于凹槽的总铣削量为10mm，安排3次粗铣和一次精铣，深度分层切削参数设置如图5.68所示。

选择“粗切/精修的参数”选项卡，选取粗切方式，切削方式选取螺旋切削。

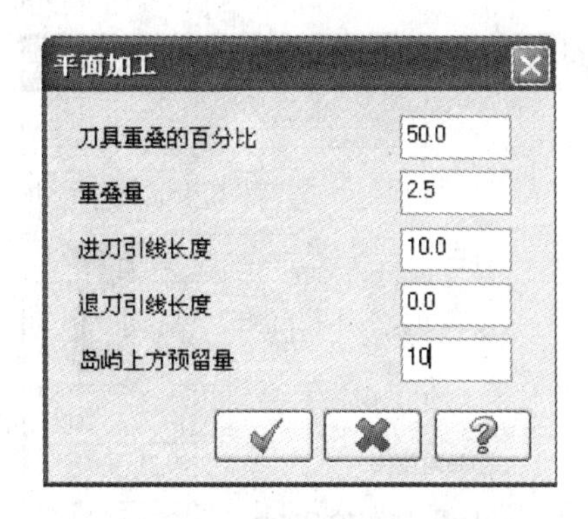

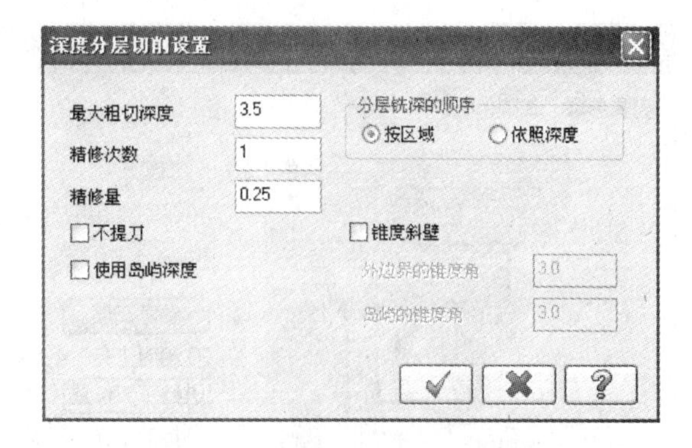

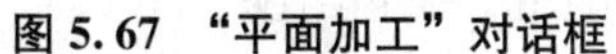
图 5.67 “平面加工”对话框

图 5.68 深度分层切削参数设置

进行完所有参数的设置后，单击图 5.66 所示对话框的“确定”按钮✓后，生成的挖槽加工轨迹如图 5.69 所示。

5.5.5 全圆加工

全圆加工仅能以圆、圆弧或圆心点为几何模型进行加工。可用铣刀铣直径大的圆。

选择“刀具路径|全圆路径|全圆铣削加工”命令，弹出“选取钻孔的点”对话框，单击“选取图素”按钮，在绘图区选取图 5.12 所示 $R10$ 的圆，单击“确定”按钮✓后弹出“全圆铣削参数”对话框，选取直径 $\phi5$mm 的平底铣刀，选择“全圆铣削参数”选项卡，如图 5.70 所示。

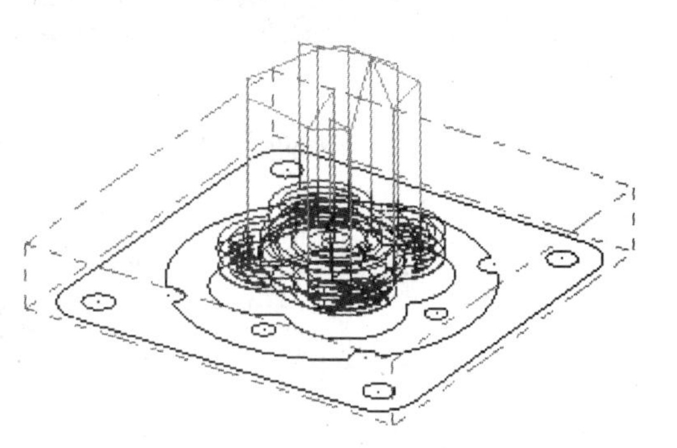
图 5.69 挖槽加工轨迹

“参考高度”和“进给下刀位置”同前，将“工件表面”设为 10，“深度”设为 0。

单击“贯穿”按钮、“Z 轴分层铣削”按钮、“平面多次铣削”按钮、“粗铣”按钮，按其默认值进行设置。进行完所有参数的设置后，单击图 5.70 所示对话框的“确定”按钮✓后，生成的全圆加工轨迹如图 5.71 所示。

5.5.6 孔加工

孔加工主要用于钻孔、镗孔和攻牙等加工。

图 5.12 所示工件四周为 $\phi5$ 的通孔，$R40$ 大圆内的四个孔为螺孔。

1. 钻 $\Phi5$ 的通孔

选择“刀具路径”|“钻孔”命令，弹出“选取钻孔的点”对话框，在绘图区直接选取图 5.12 所示 $\phi5$ 的圆的圆心，单击“确定”按钮后弹出“Drill/Counterbore”（钻孔/扩孔）对话框，选取直径 $\phi5$mm 的钻头，选择“深孔钻—无啄钻”选项卡，如图 5.72 所示。

“参考高度”设为 30，“工件表面”设为 5，“深度”设为 0。（钻孔）“循环”（方式）选为 Drill/Counterbore。

单击“刀尖补偿”按钮，可按默认值进行设置。

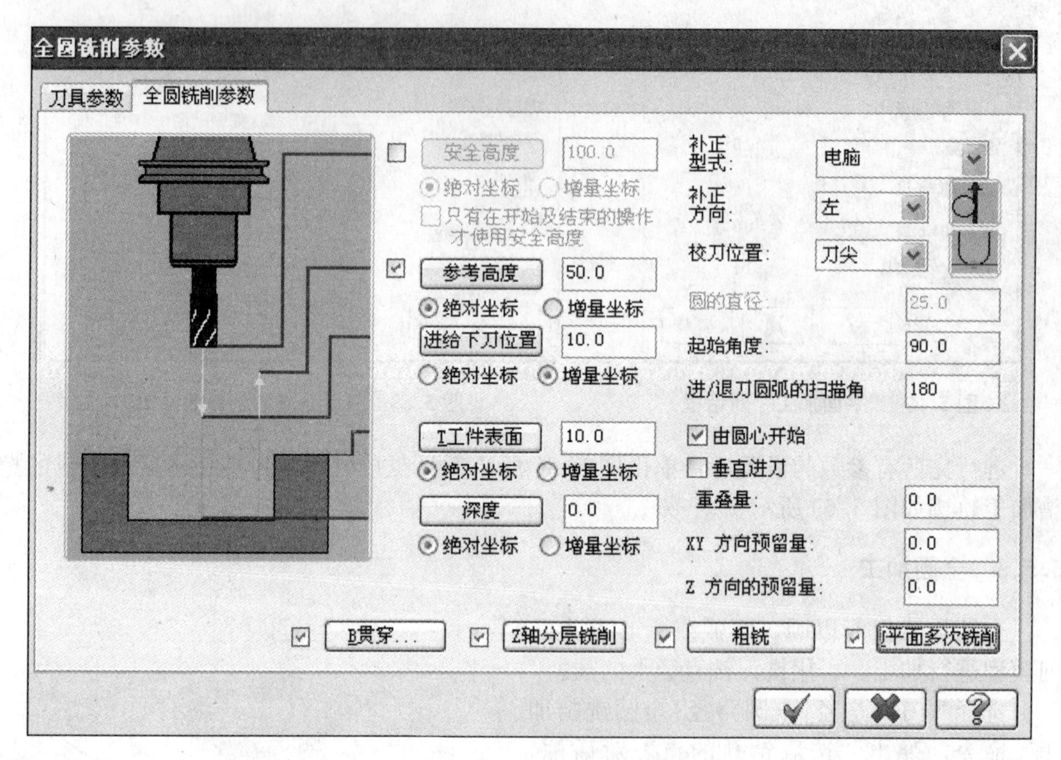

图 5.70 “全圆铣削参数”对话框

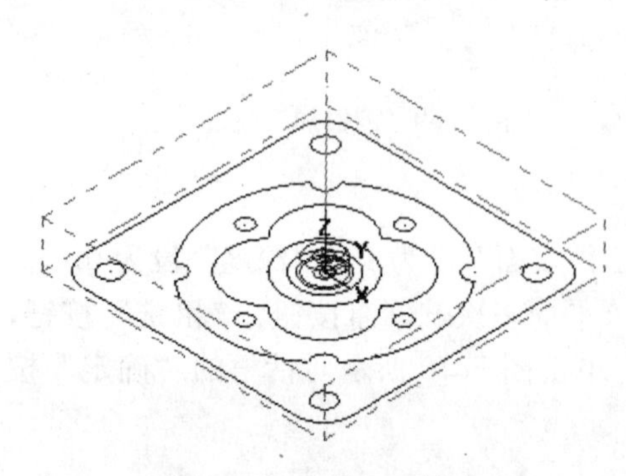

图 5.71　全圆加工轨迹

进行完所有参数的设置后，单击图 5.72 所示对话框的“确定”按钮后，生成的钻孔加工轨迹如图 5.73 所示。

2. 钻螺孔底孔

选择“刀具路径”|“钻孔”命令，弹出“选取钻孔的点”对话框，在绘图区直接选取图 5.12 所示 $R40$ 大圆内的四个小圆的圆心，单击“确定”按钮后出现“Drill/Counterbore”(钻孔/扩孔)对话框，选取直径 $\phi5$mm 的钻头，选择“深孔钻-无啄钻”选项卡，如图 5.72 所示。“参考高度”设为 30，“工件表面”设为 15，“深度”设为 9，(钻孔)“循环”(方式)选为 Drill/Counterbore，取消勾选图 5.72 中的“刀尖补偿”复选框。

进行完所有参数的设置后，单击图 5.72 所示对话框的“确定”按钮后，生成的钻孔加工轨迹如图 5.74 所示。

3. 攻螺纹加工

选择“刀具路径”|“钻孔”命令，弹出“选取钻孔的点”对话框在绘图区直接选取图 5.12 所示 $R40$ 大圆内的四个小圆的圆心，在“攻牙”对话框，选取直径 M6 的丝锥，选择“攻牙”选项卡，如图 5.75 所示。高度设置同钻盲孔，(钻孔)“循环”(方式)选为攻牙。

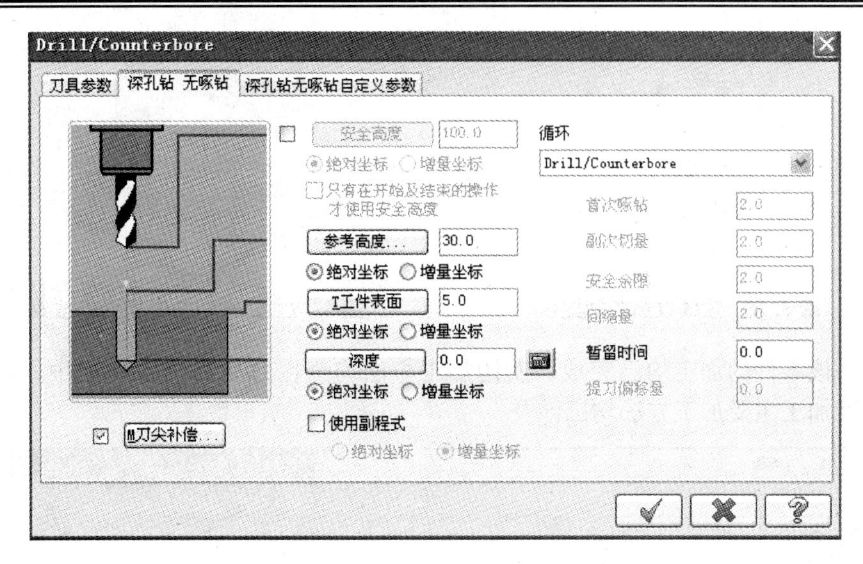

图 5.72　“深孔钻无啄钻”选项卡

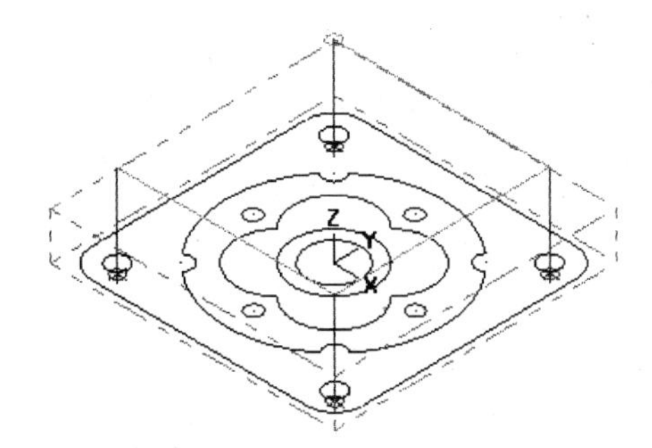

图 5.73　钻孔加工轨迹

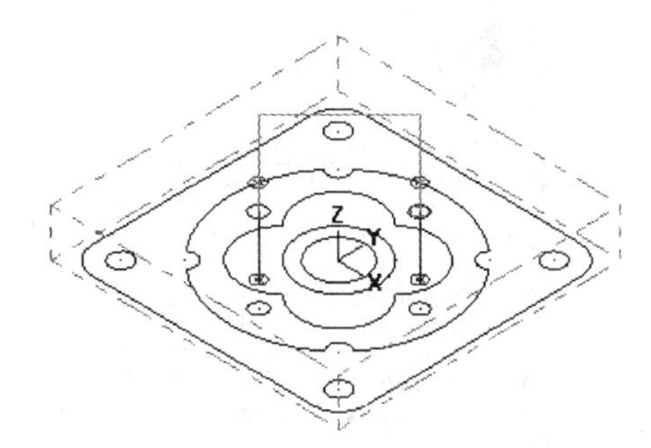

图 5.74　钻盲孔加工轨迹

进行完所有参数的设置后，单击图 5.75 所示对话框的“确定”按钮✓后，生成的攻螺纹加工轨迹如图 5.76 所示，图 5.77 所示为前面所有加工的仿真加工结果。

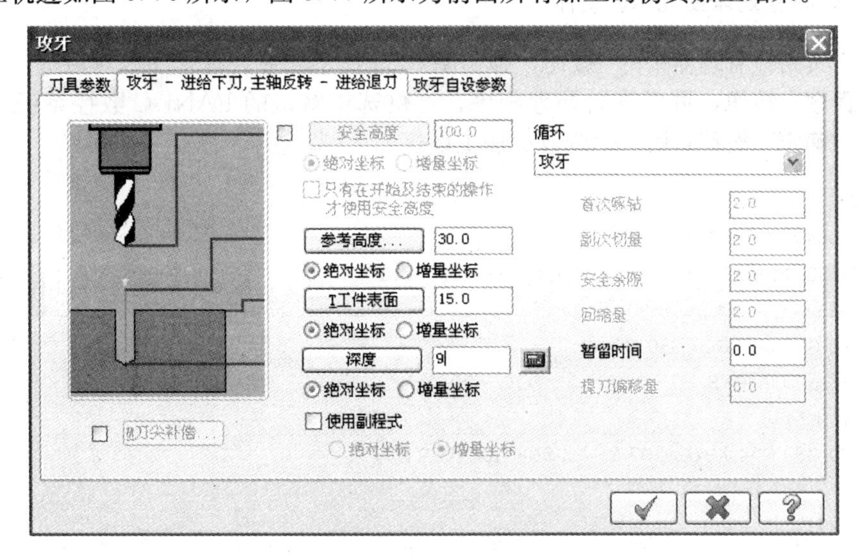

图 5.75　“攻牙”选项卡

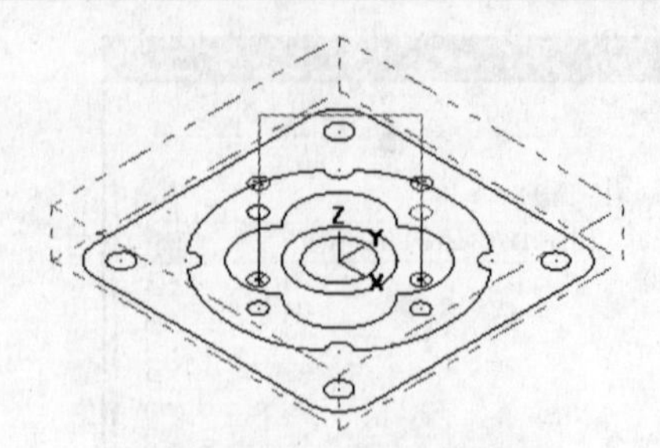

图 5.76 攻螺纹加工轨迹

图 5.77 二维加工仿真加工结果

至此，该零件的加工均已完成，所用加工方法均列在刀具路径管理器中，如图 5.78 所示。二维加工主要加工方法均已涉及。

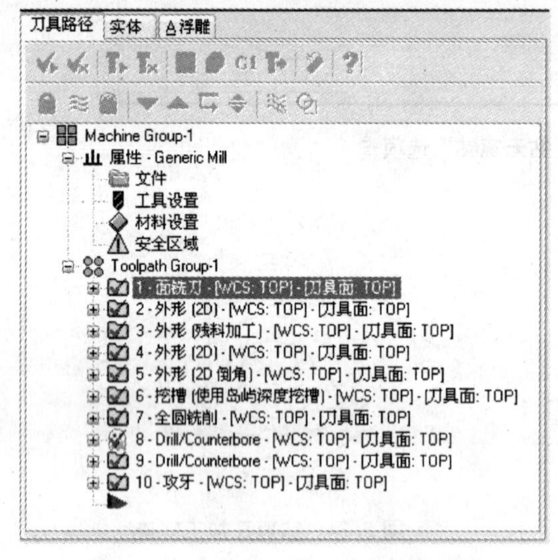

图 5.78 二维加工例刀具路径管理器

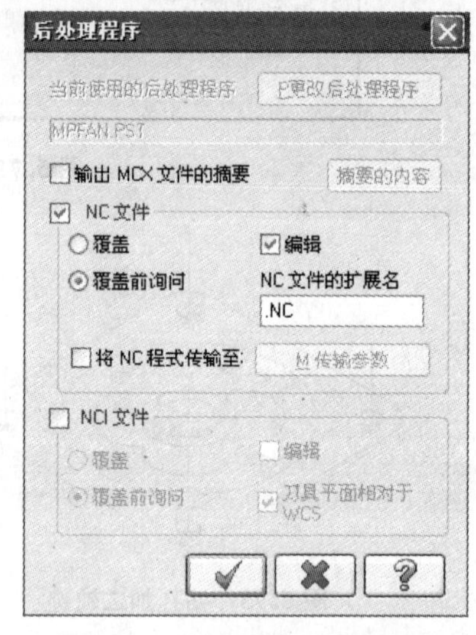

图 5.79 “后处理程序”对话框

5.5.7 进行后置处理生成 NC 文件

单击刀具路径管理器中的G1按钮，弹出图 5.79 所示“后处理程序”对话框，单击“更改后处理程序”按钮，可更改后处理程序，本例选用默认的 FANUC 数控系统后处理程序，单击“确定”按钮✔后，生成数控加工程序如下(节选)：

```
O0000;
(PROGRAM NAME-2D1)
(DATE=DD-MM-YY-23-11-09  TIME=HH:MM-17:13)
N100 G21;
N102 G0 G17 G40 G49 G80 G90;
(TOOL-1  DIA.OFF.-1  LEN.-1  DIA.-20.)
N104 T1 M6;
N106 G0 G90 G54 X-69.597 Y-49.998 A0.S500 M3;
N108 G43 H01 Z50;
N110 Z27;
…
```

```
N584 Z15. F500;
N586 G0 Z50;
N588 M5;
N590 G91 G28 Z0;
N592 G28 X0. Y0. A0;
N594 M01;
(TOOL-2  DIA. OFF. -2  LEN. -2  DIA. -8. )
N596 T2 M6;
N598 G0 G90 G54 X-28. 284 Y-28. 284 A0. S500 M3;
N600 G43 H02 Z50;
N602 Z25;
…
N710 G0 Z50;
N712 M5;
N714 G91 G28 Z0;
N716 G28 X0. Y0. A0;
N718 M01;
(TOOL-3  DIA. OFF. -3  LEN. -3  DIA. -10. )
N720 T3 M6;
N722 G0 G90 G54 X-55. 5 Y-40. A0. S500 M3;
N724 G43 H03 Z50;
N726 Z15;
N774 G0 Z50;
N776 M5;
N778 G91 G28 Z0;
N780 G28 X0. Y0. A0;
N782 M01;
(TOOL-4  DIA. OFF. -4  LEN. -4  DIA. -20. )
N784 T4 M6;
N786 G0 G90 G54 X- 52. 25 Y- 40. A0. S500 M3;
N788 G43 H04 Z50;
N790 Z15;
…
N810 Z13. F500;
N812 G0 Z50;
N814 M5;
N816 G91 G28 Z0;
N818 G28 X0. Y0. A0;
N820 M01;
(TOOL-5  DIA. OFF. -5  LEN. -5  DIA. -5. )
N822 T5 M6;
N824 G0 G90 G54 X. 469 Y0. A0. S500 M3;
N826 G43 H05 Z50;
N828 Z25;
```

```
…
N1630 G0 Z50;
N1632 M5;
N1634 G91 G28 Z0;
N1636 G28 X0. Y0. A0;
N1638 M01;
(TOOL-6  DIA. OFF. -6 LEN. -6  DIA. - 5. )
N1640 T6 M6;
N1642 G0 G90 G54 X30. Y0. A0. S500 M3;
N1644 G43 H06 Z30;
N1646 G99 G81 Z9. R30. F100;
…
N1654 G80;
N1656 M5;
N1658 G91 G28 Z0;
N1660 G28 X0. Y0. A0;
N1662 M01;
(TOOL-7  DIA. OFF. -7  LEN. -7  DIA. -6. )
N1664 T7 M6;
N1666 G0 G90 G54 X30. Y0. A0. S100 M3;
N1668 G43 H07 Z30;
N1670 G99 G84 Z9. R30. F50;
N1672 X0. Y30;
N1674 X-30. Y0;
N1676 X0. Y-30;
N1678 G80;
N1680 M5;
N1682 G91 G28 Z0;
N1684 G28 X0. Y0. A0;
N1686 M30;
```

5.6 三维曲面粗加工

选择主菜单上的“刀具路径|曲面粗加工”命令，出现如图 5.80 所示的曲面粗加工方法，包括平行铣削加工、放射状加工、投影加工、流线加工、等高外形加工、残料加工、挖槽加工、钻削式加工等。本节将通过实例介绍曲面粗加工的主要加工方法。

5.6.1 平行铣削粗加工

平行铣削粗加工用于生成平行的铣削粗加工刀具路径。本节以图 5.17 曲面为例介绍平行铣削粗加工方法。

单击刀具路径管理器中的“材料设置”，对图 5.17 所示曲面按边界盒进行毛坯设置，零件毛坯尺寸如图 5.81 所示，工件坐标系的原点在底平面。

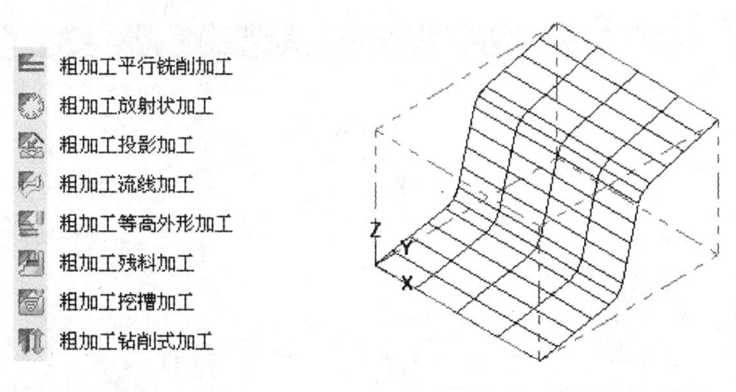

图 5.80　曲面粗加工方法　　　　图 5.81　零件毛坯尺寸

选择“刀具路径｜曲面粗加工｜粗加工平行铣削加工”命令，在绘图区选取图 5.81 所示曲面，弹出“选取工件形状”对话框，单击“确定”按钮✓，接着弹出输入“输入新NC名称”对话框，输入文件名，单击“确定”按钮✓，屏幕上弹出 选择加工曲面 提示，用鼠标左键选取所有曲面，按 Enter 键，弹出“刀具路径的曲面选取对话框”，单击“确定”按钮✓后，弹出“曲面粗加工平行铣削”对话框，选取直径 ϕ10mm 的球头铣刀，选择“曲面加工参数”标签，弹出图 5.82 所示选项卡，给精加工留 0.5mm 的加工余量，其它按其进行设置；选择“粗加工平行铣削参数”选项卡，弹出图 5.83 所示界面，最大 Z 轴进给为 2mm，整体误差与加工精度有关，一般取 0.1～0.2 公差，本例按默认值 0.025 选取，切削方式选双向，最大切削间距取 7mm，单击“确定”按钮✓后出现图 5.84 所示粗加工平行铣削加工轨迹，图 5.85 为仿真加工结果。从仿真加工结果看出，平行铣削加工在所有的曲面上产生的轨迹都是平行的，所以在较陡曲面处产生较少刀次，或者说平行铣削加工不适合加工较陡曲面。

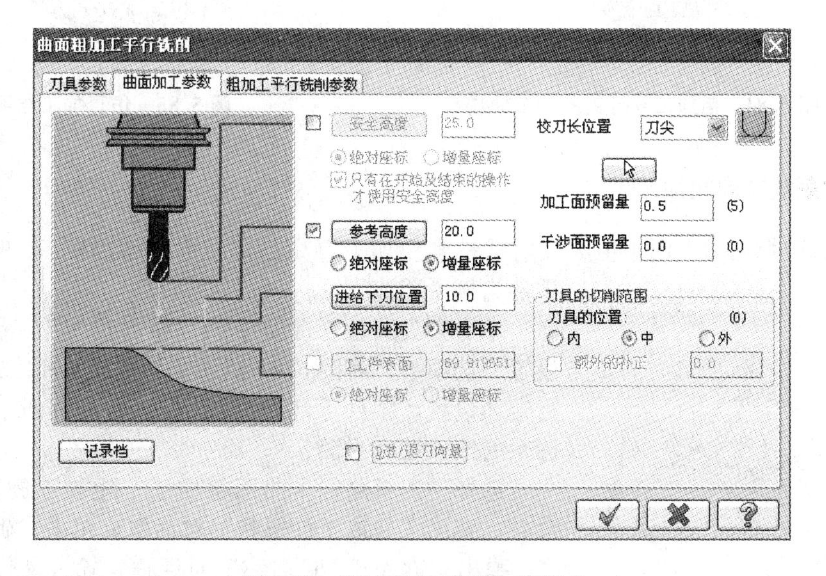

图 5.82 “曲面加工参数”选项卡

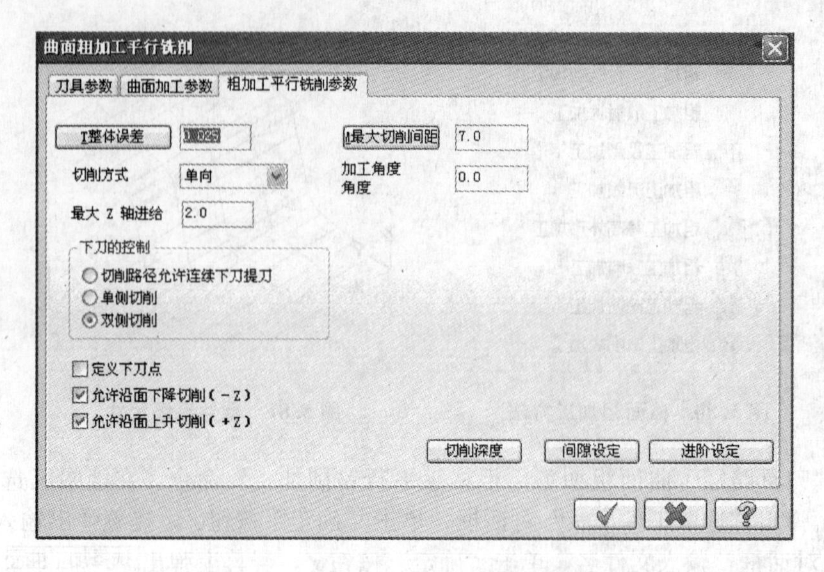

图 5.83 “粗加工平行铣削参数”选项卡

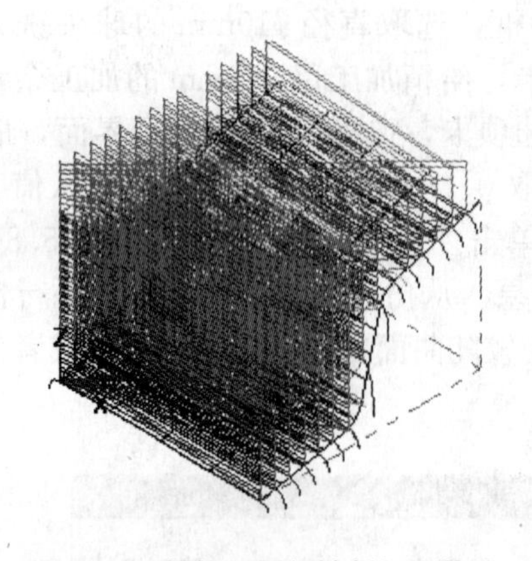

图 5.84 粗加工平行铣削加工轨迹

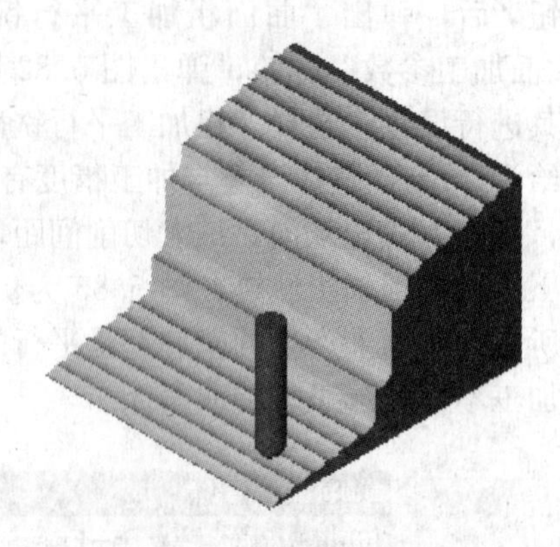

图 5.85 仿真加工结果

5.6.2 放射状铣削粗加工

放射状铣削粗加工用于生成放射状铣削粗加工刀具路径。本节将以图 5.26 所示实体零件为例说明该方法。

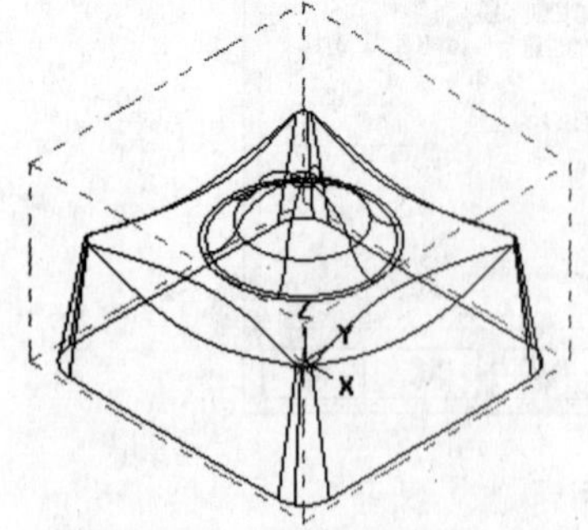

图 5.86 放射状粗加工例

单击刀具路径管理器中的“材料设置”，弹出“素材设置”选项卡，对图 5.26 所示实体按 105×105×62.5 进行毛坯设置，零件毛坯尺寸如图 5.86 虚框所示，工件坐标系的原点在底平面。

选择“刀具路径｜曲面粗加工｜粗加工放射状加工”命令，弹出“选取工件形状”对话框，单击“确定”按钮✓，弹出“输入新 NC 名称”对话框，输入文件名，单击“确定”按钮✓，屏幕上弹出 选择加工曲面 提示，在绘图区选取图 5.86 所示实体，按 Enter 键，弹出“刀具路径的曲面选取”对话框，单击“选取放射中心点”按钮，在绘图区中选取工件坐标系原点，单击对话框“确定”按钮✓，弹出“曲面粗加工放射状”对话框，选取直径 ϕ10mm 的球头铣刀，选择“曲面加工参数”选项卡，弹出图 5.87 所示界面，按其进行设置；单击“放射状粗加工参数”标签弹出图 5.88 所示界面，按其进行设置，单击“确定”按钮✓后，出现图 5.89 所示放射状粗加工刀具轨迹，图 5.90 为仿真加工结果。从仿真加工结果看出，放射状加工方法适合加工对称曲面。

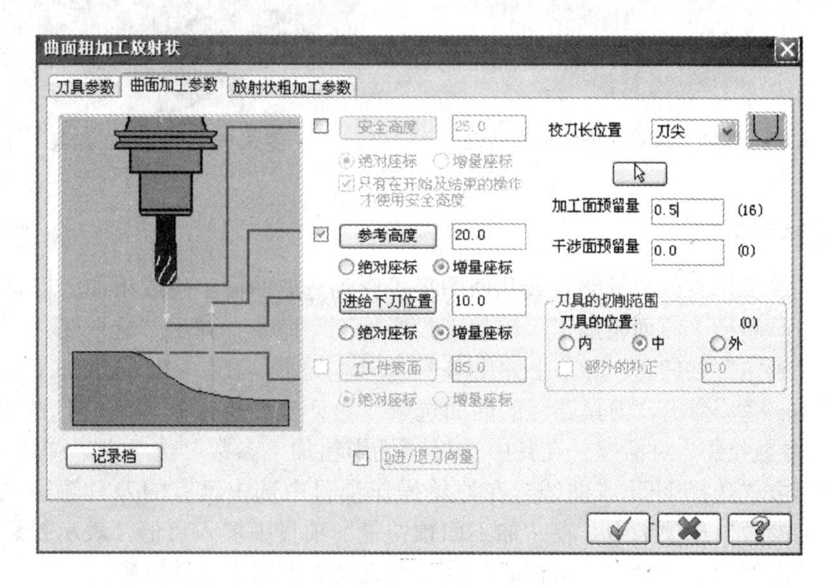

图 5.87　放射状粗加工“曲面加工参数”选项卡

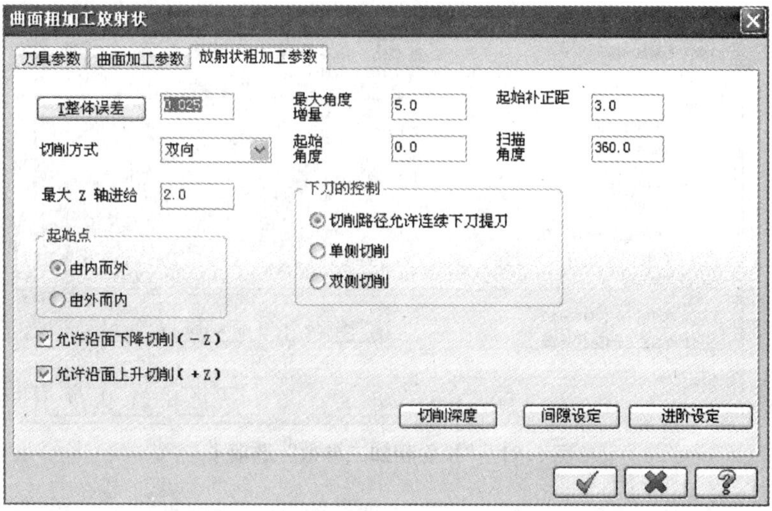

图 5.88　“放射状粗加工参数”选项卡

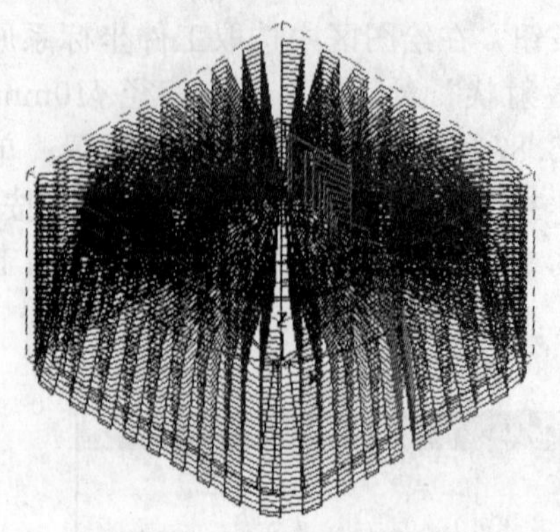

图 5.89 粗加工放射状铣削加工轨迹

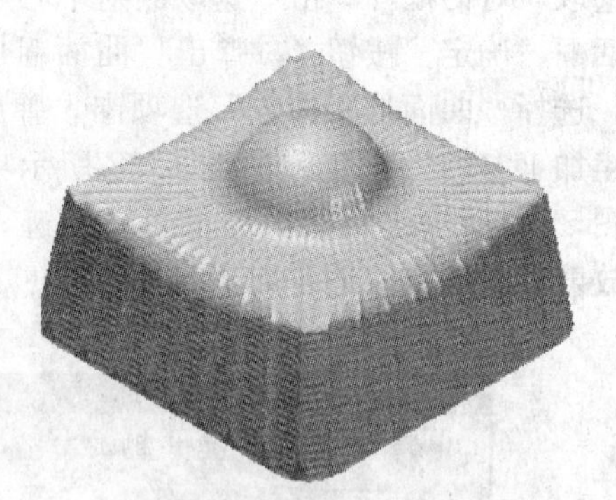

图 5.90 仿真加工结果

5.6.3 投影铣削粗加工

投影加工可将已有的刀具路径或几何图形投影到选取曲面上生成粗加工刀具路径。

选择“刀具路径|曲面粗加工|粗加工投影加工”命令，弹出“选取工件形状”对话框，单击其“确定”按钮✓，屏幕上弹出选择加工曲面提示，在绘图区选取加工曲面或实体表面，按 Enter 键，弹出“刀具路径的曲面选取”对话框，单击其“确定”按钮✓，弹出“曲面粗加工参数投影”对话框，在其中选择“投影粗加工参数”选项卡，弹出图 5.91 所示界面，投影方式选择 NCI 或曲线，在原始操作项目中选中已有的刀具轨迹或曲线；在其“曲面加工参数”选项卡中，在“加工面预留量”项目中填入负值，表示投影加工的深度。最后，单击对话框“确定”按钮✓，就可生成投影粗加工刀具轨迹。

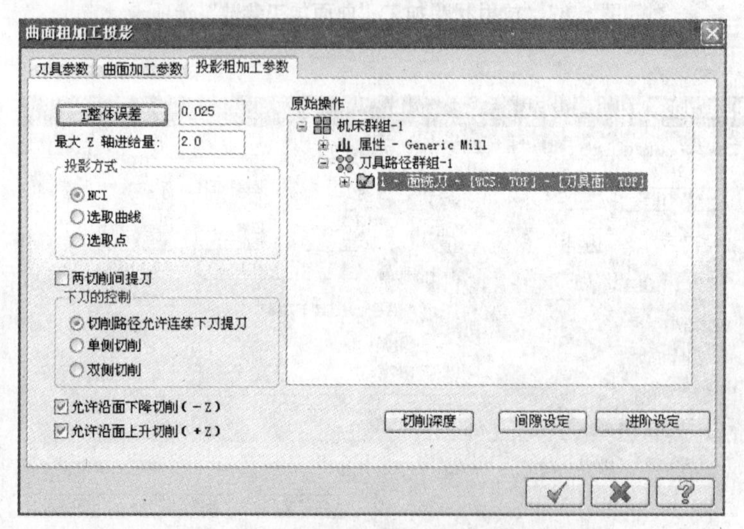

图 5.91 “投影粗加工参数”选项卡

5.6.4 流线粗加工

流线粗加工可沿流线方向生成粗加工刀具路径。本节将以图 5.17 所示曲面为例说明该方法。

选择“刀具路径|曲面粗加工|粗加工流线加工”命令，弹出“选取工件形状”对话

框，单击其“确定”按钮✓，弹出“输入新 NC 名称”对话框，输入文件名，单击“确定”按钮✓，屏幕上弹出 选择加工曲面 提示，在绘图区选取图 5.17 所示曲面，按 Enter 键，弹出图 5.92“刀具路径的曲面选取”对话框，单击“曲面流线参数”选项按钮，弹出图 5.93 所示“曲面流线设置”对话框，单击相应的按钮，可对补正方向、切削方向、步进方向及起点位置进行设置，设置完后，单击对话框“确定”按钮✓，弹出“刀具路径的曲面选取”对话框，弹出“曲面粗加工流线”对话框，选取直径 ϕ10mm 的球头铣刀；选择“流线粗加工参数”选项卡，弹出图 5.94 所示界面，按其进行设置，单击“确定”按钮✓后，出现图 5.95 所示流线粗加工刀具轨迹，图 5.96 为仿真加工结果。

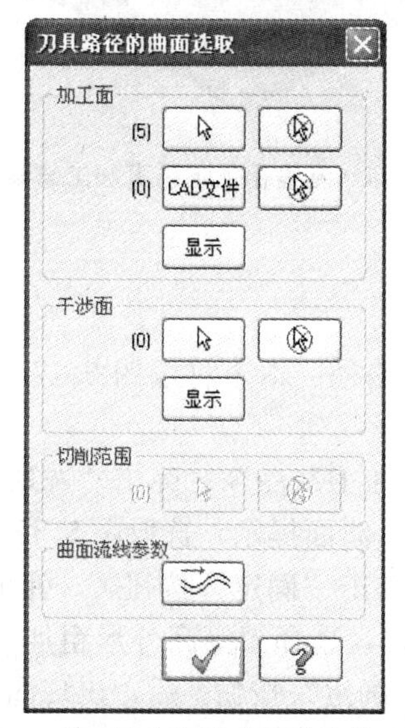

图 5.92　“刀具路径的曲面选取”对话框

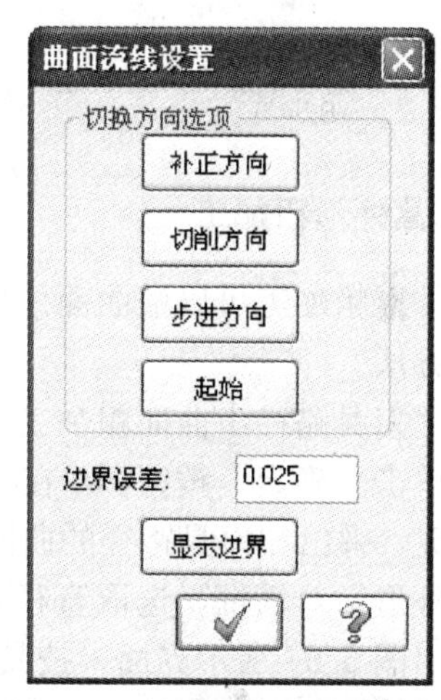

图 5.93　“曲面流线设置”对话框

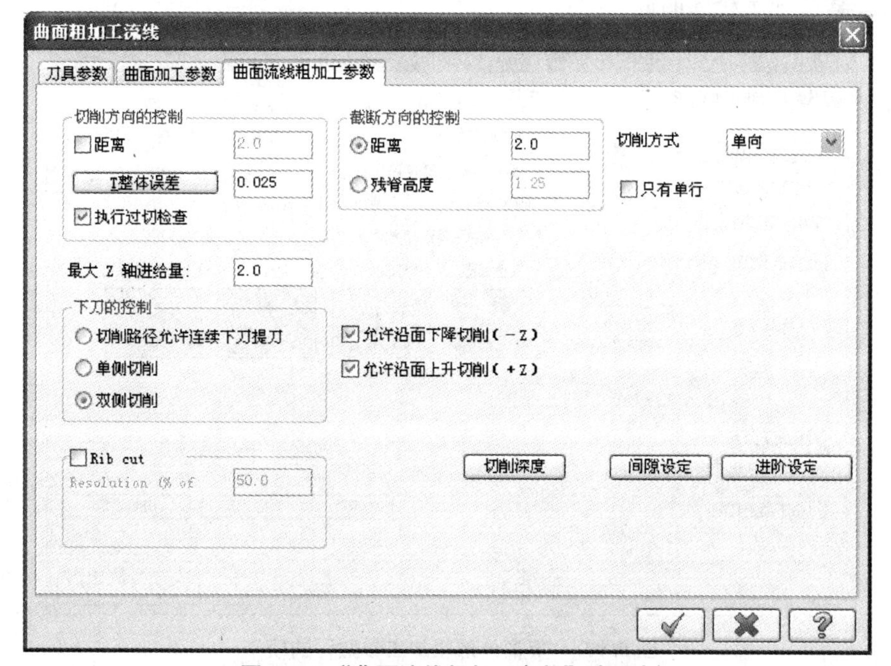

图 5.94　“曲面流线粗加工参数”选项卡

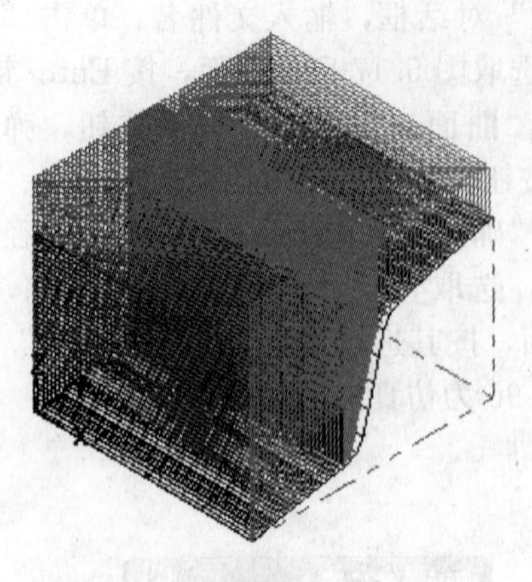

图 5.95　流线粗加工刀具轨迹

图 5.96　流线粗加工仿真加工结果

5.6.5　等高外形粗加工

等高外形粗加工可以沿曲面外形生成粗加工刀具路径。本节将以图 5.17 所示曲面为例说明该方法。

选择“刀具路径｜曲面粗加工｜粗加工等高外形加工”命令，弹出“选取工件形状”对话框，单击“确定”按钮✔，在绘图区弹出选择加工曲面提示，选取图 5.17 所示曲面，按 Enter 键，弹出“刀具路径的曲面选取”对话框，单击“确定”按钮✔，弹出“曲面粗加工等高外形”对话框，选取直径 ϕ10mm 的球头铣刀，选择“等高外形粗加工参数”选项卡，弹出图 5.97 所示界面，按其进行设置，单击“确定”按钮✔后，出现图 5.98 所示等高外形粗加工刀具轨迹，图 5.99 为仿真加工结果。从仿真加工结果看出，高外形粗加工加工方法适合加工较陡曲面。

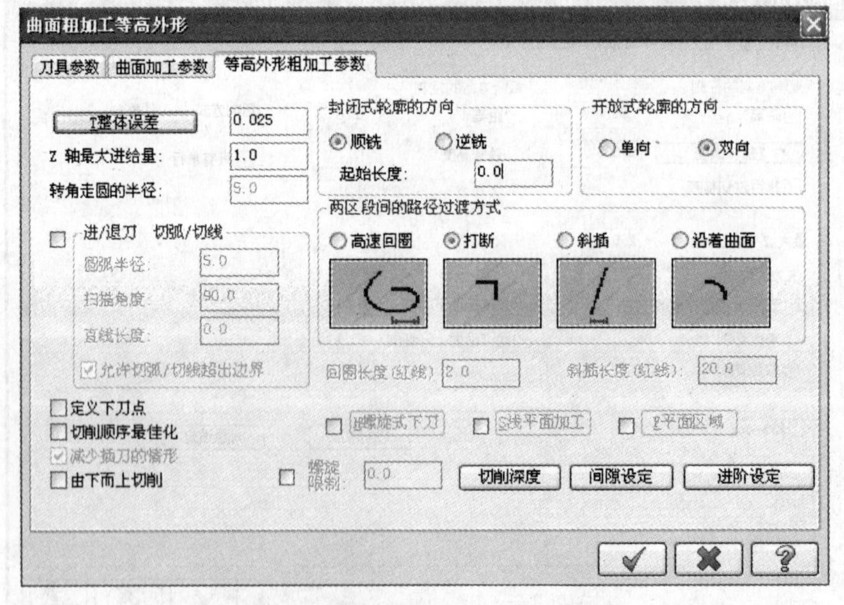

图 5.97　“等高外形粗加工参数”选项卡

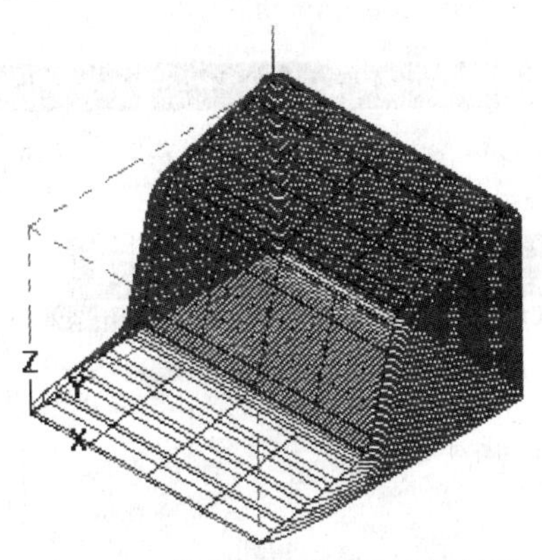

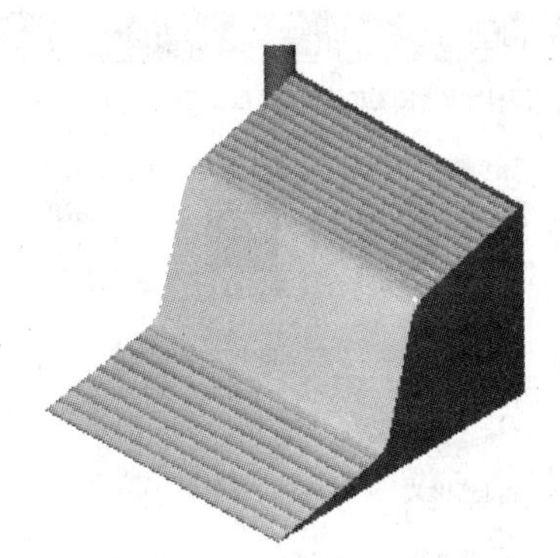

图 5.98　等高外形粗加工刀具轨迹　　　图 5.99　仿真加工结果

5.6.6　挖槽粗加工

挖槽铣削粗加工通过切削所有位于曲面与凹槽边界材料而生成粗加工刀具路径。将以图 5.41 所示实体零件为例说明该方法。

首先将包含凹槽的实体边线上移 10mm，如图 5.100 所示，以便确定凹槽的加工范围。

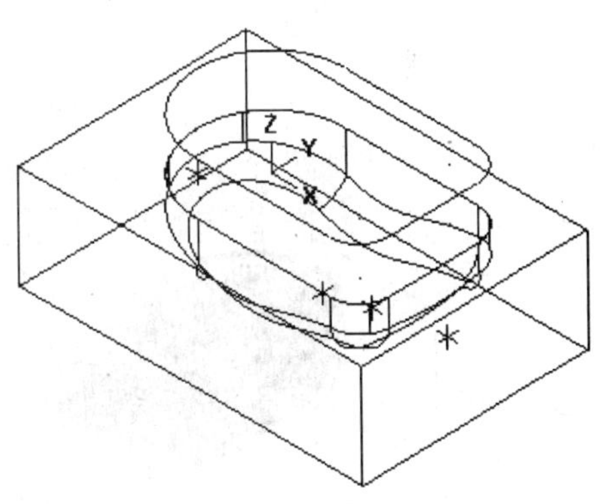

图 5.100　凹槽的实体边线

选择"刀具路径｜曲面粗加工｜粗加工挖槽加工"命令，弹出"输入新 NC 名称"对话框，输入文件名，单击"确定"按钮✓，屏幕上弹出 [选择加工曲面] 提示，在绘图区选取图 5.100 所示实体，按 Enter 键，弹出"刀具路径的曲面选取"对话框，单击"切削范围"按钮，屏幕上弹出"转换参数"对话框，选择"串连"选项，拾取上移 10mm 的实体边线后，单击"转换参数"对话框"确定"按钮✓，再单击"刀具路径的曲面选取"对话框中的"确定"按钮✓，弹出曲面粗加工挖槽刀具参数对话框，选取直径 ϕ10mm 的球头铣刀，选择"粗加工参数"选项卡，弹出图 5.101 所示界面，按其进行设置；选择"挖槽参数"选项卡，弹出图 5.102"挖槽参数"界面，单击"确定"按钮✓后，出现图 5.103 所示挖槽粗加工刀具轨迹，图 5.104 为仿真加工结果。

图 5.101　"粗加工参数"选项卡

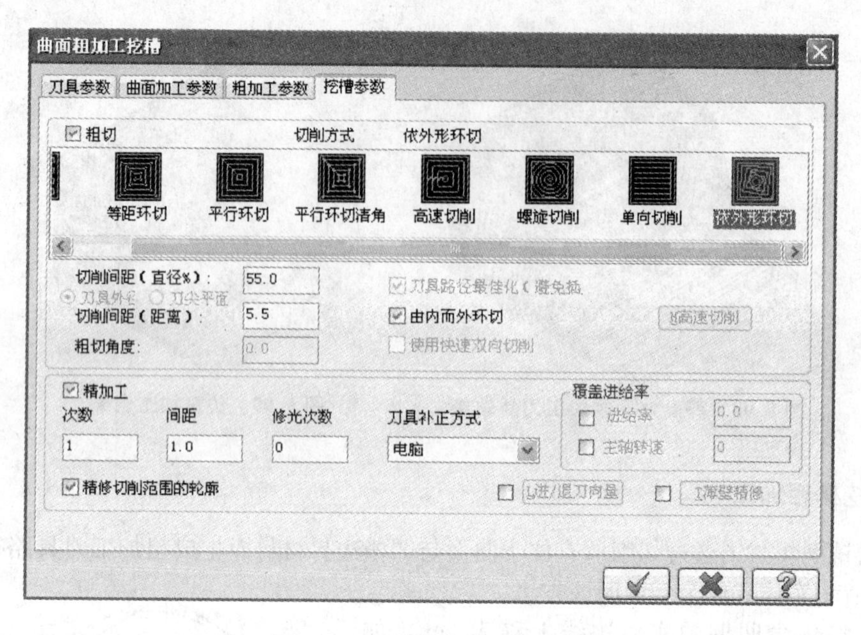

图 5.102 “挖槽参数”选项卡

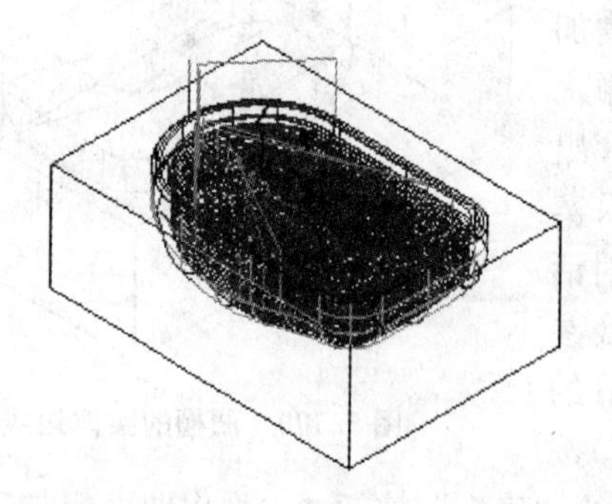

图 5.103 挖槽粗加工刀具轨迹

图 5.104 挖槽仿真加工结果

5.6.7 钻削式粗加工

钻削式(插削式)铣削粗加工可以依曲面外形，在 Z 方向下降生成粗加工刀具路径。将以图 5.41 所示实体零件为例说明该方法。在加工之前需绘制一个能包含曲面的矩形，并用“Surfaes”工具条中的“由实体生成”的功能，在实体上生成要插削的曲面。

选择“刀具路径 | 曲面粗加工 | 粗加工钻削式加工”命令，屏幕上弹出“选择加工曲面”提示，在绘图区选取图 5.41 所示实体要插削的曲面，按 Enter 键，弹出“刀具路径的曲面选取”对话框，单击其中的“选取栅格点”按钮，按屏幕上的提示，拾取包含曲面范围矩形的左下角点和右上角点，单击“确定”按钮✔，弹出“曲面粗加工钻削式”对话框，选取直径 ϕ10mm 的插铣刀，选择“钻削式粗加工参数”选项卡，弹出图 5.105 所示界面，按其进行设置，单击“确定”按钮✔后，出现图 5.106 所示挖槽粗加工刀具轨迹，图 5.107 为仿真加工结果。

三维曲面粗加工中还有一种加工方法是“粗加工残料加工”，可用于清除由于较大直径刀具加工所生成的残留材料，设置比较简单，在此不再赘述。

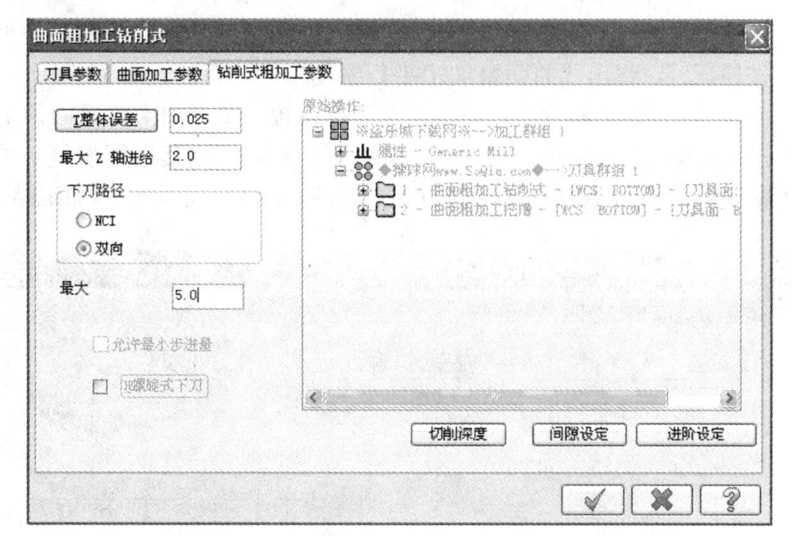

图 5.105　“钻削式粗加工参数”选项卡

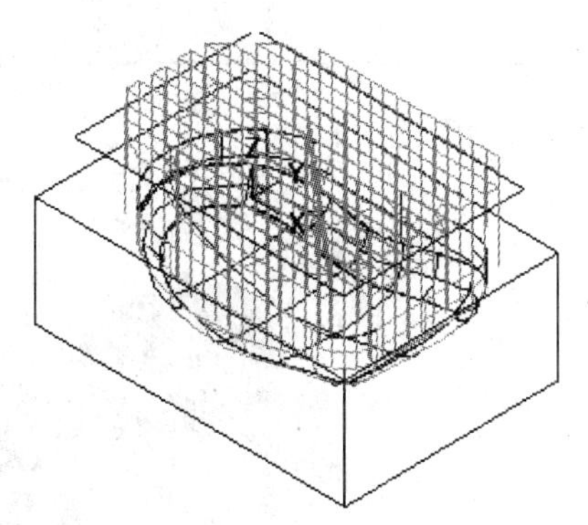

图 5.106　钻削式粗加工刀具轨迹

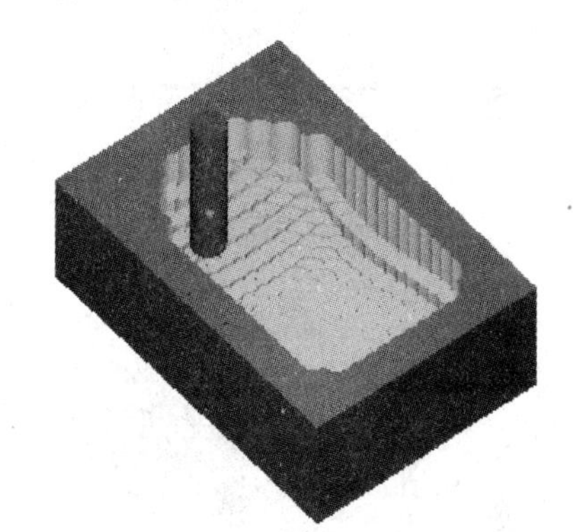

图 5.107　仿真加工结果

5.7　三维曲面精加工

选择主菜单上的“刀具路径|曲面精加工”命令，出现如图 5.108 所示曲面精加工方法菜单，包括平行铣削加工、放射状加工、投影加工、流线加工、等高外形加工、浅平面加工、交线清角加工、环绕等距加工、熔接加工等。本节将通过实例介绍曲面精加工的主要加工方法。

精加工平行铣削
精加工平行陡斜面
精加工放射状
精加工投影加工
精加工流线加工
精加工等高外形
精加工浅平面加工
精加工交线清角加工
精加工残料加工
精加工环绕等距加工
精加工熔接加工

图 5.108　曲面精加工方法

5.7.1　平行铣削精加工

平行铣削精加工可以生成某一特定角度的平行铣削精加工刀具路径。对图 5.17 所示曲面在平行铣削粗加工的基础上（图 5.85），进行平行铣削精加工。

选择“刀具路径”|“曲面精加工”|“精加工平行铣削”命

令，在绘图区选取图 5.17 所示曲面，按 Enter 键，弹出“刀具路径的曲面选取”对话框，单击“确定”按钮✓后，弹出“曲面精加工平行铣削”对话框，选取粗铣所用直径 ϕ10mm 的球头铣刀，选择“曲面加工参数”选项卡，在其中设置，设置加工曲面的预留量为 0；选择“精加工平行铣削参数”选项卡，出现图 5.109 所示界面，按其进行设置，单击“确定”按钮✓后生成图 5.110 所示精加工平行铣削加工轨迹，图 5.111 为仿真加工结果。

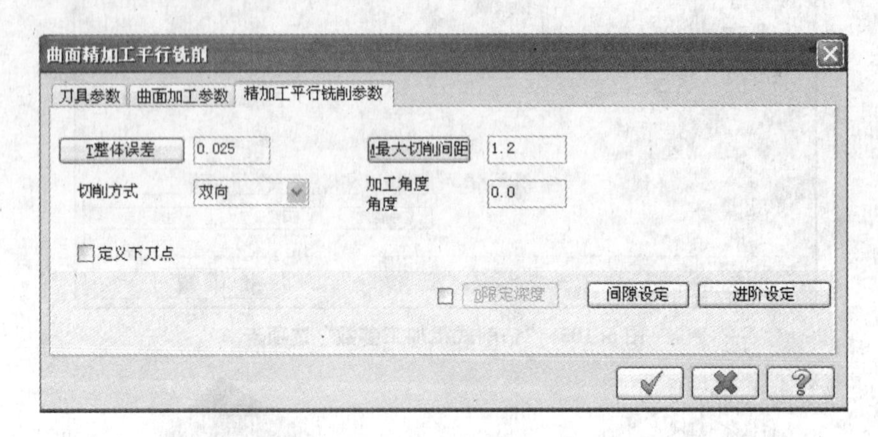

图 5.109 “精加工平行铣削参数”选项卡

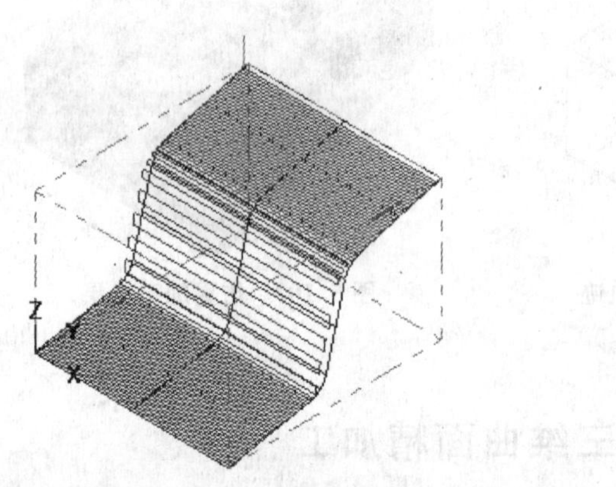

图 5.110 精加工平行铣削加工轨迹

图 5.111 仿真加工结果

5.7.2 陡斜面精加工

陡斜面精加工用于清除曲面斜坡上残留的材料，一般需要与其他精加工配合使用。从图 5.111 仿真加工结果看，75°曲面有残留的材料，利用陡斜面精加工方法对其进行加工。

选择“刀具路径|曲面精加工|精加工平行陡斜面”命令，在绘图区选取图 5.17 所示曲面，按 Enter 键，弹出“刀具路径的典面选取”对话框，单击“确定”按钮✓，弹出“曲面精加工平行式陡斜面”对话框，还是选取直径 ϕ10mm 的球头铣刀；选择“陡斜面精加工参数”选项卡出现图 5.112 所示界面，按其进行设置，单击“确定”按钮✓后生成图 5.113 所示精加工陡斜面铣削加工轨迹，图 5.114 为仿真加工结果。

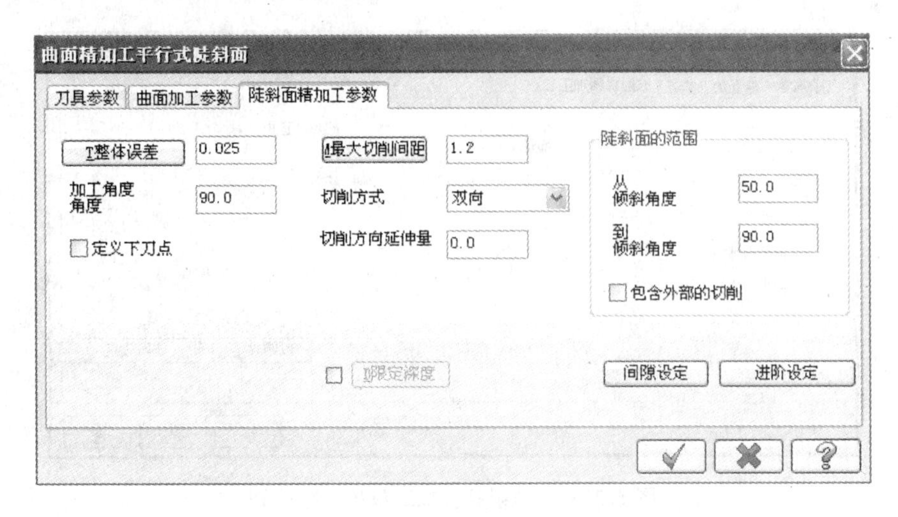

图 5.112　陡斜面铣削参数标签对话框

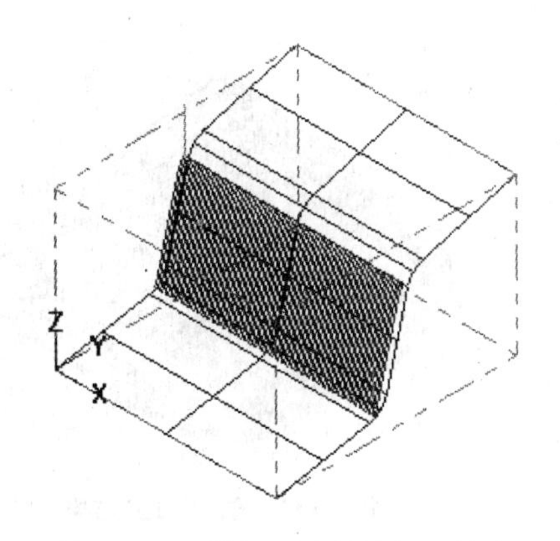

图 5.113　精加工陡斜面加工轨迹

图 5.114　仿真加工结果

5.7.3　放射状铣削精加工

放射状铣削精加工用于生成放射状铣削精加工刀具路径。图 5.90 所示为图 5.26 零件的放射状铣削粗加工仿真加工结果，在此基础上进行放射状铣削精加工。

选择“刀具路径｜曲面精加工｜精加工放射状”命令，弹出“输入新 NC 名称”对话框，输入文件名，单击“确定”按钮✓，屏幕上弹出选择加工曲面提示，在绘图区选取图 5.26 所示零件，按 Enter 键，弹出“刀具路径的曲面选取”对话框，单击“选取放射中心点”按钮，在绘图区中选取工件坐标系原点，单击“确定”按钮✓，弹出“曲面精加工放射状”对话框，选取直径 ϕ10mm 的球头铣刀；选择“放射状精加工参数”选项卡，弹出图 5.115 所示界面，按其进行设置，单击“确定”按钮✓后，出现图 5.116 所示放射状精加工刀具轨迹，图 5.117 为仿真加工结果。

5.7.4　投影铣削精加工

投影加工可将已有的刀具路径或几何图形投影到加工曲面上生成精加工投影刀具路径。

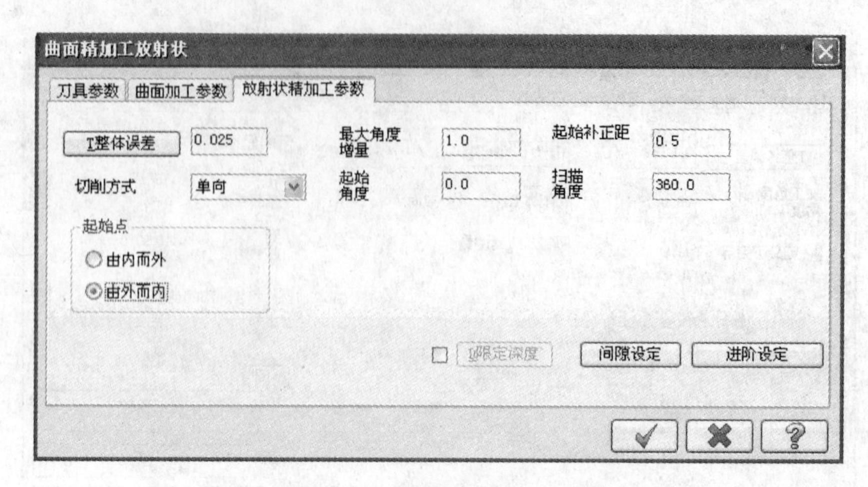

图 5.115 “放射状精加工参数”选项卡

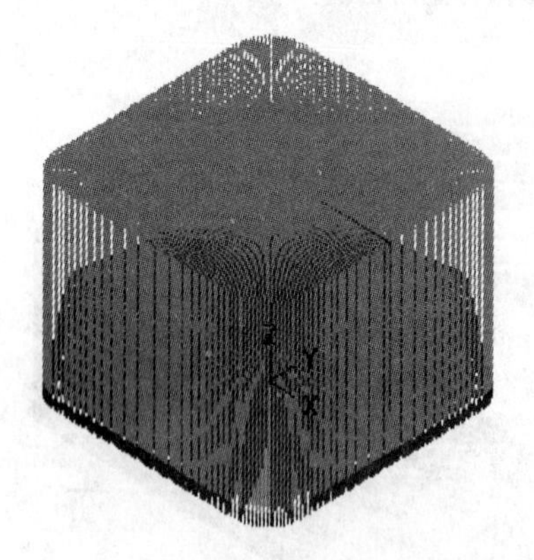

图 5.116 精加工放射状加工轨迹

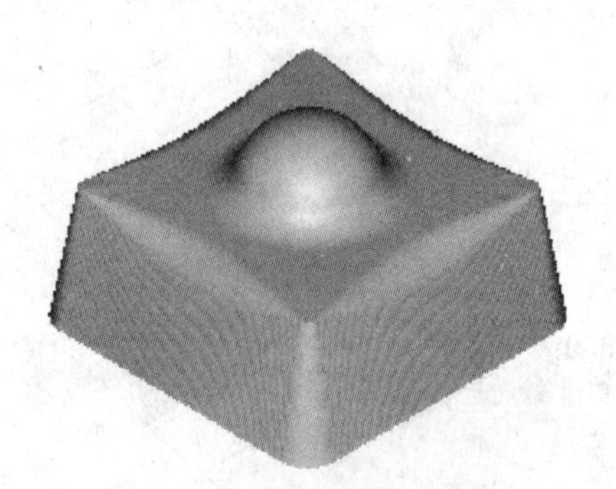

图 5.117 仿真加工结果

选择“刀具路径｜曲面精加工｜精加工投影加工”命令，屏幕上弹出选择加工曲面提示，在绘图区选取加工曲面或实体表面，按 Enter 键，弹出“刀具路径的曲面选取”对话框，单击“确定”按钮✓，弹出“曲面精加工投影”对话框，在其“曲面加工参数”选项卡中，在“加工面预留量”项目中填入负值，表示投影加工的深度；在“投影精加工参数”选项卡中，投影方式选择“NCI”或“选取曲线”，在“原始操作”项目中选中已有的曲线或刀具轨迹，单击“确定”按钮✓，就可生成投影精加工刀具轨迹。

5.7.5 流线精加工

流线精加工可沿流线方向生成精加工刀具路径。图 5.96 所示为曲面流线铣削粗加工仿真加工结果，在此基础上进行流线切削精加工。

选择“刀具路径｜曲面精加工｜精加工流线加工”命令，屏幕上弹出选择加工曲面提示，在绘图区选取图 5.17 所示曲面，按 Enter 键，弹出“刀具路径的曲面选取”对话框，单击“曲面流线参数”按钮，弹出“曲面流线设置”对话框，单击相应的按钮，可对补正方向、切削方向、步进方向及起点位置进行设置，单击“确定”按钮✓，“刀具路径的曲面选取”对话框又重新弹出，单击“确定”按钮✓，弹出“曲面精加工流线”对话框，选

取直径 ϕ10mm 的球头铣刀，选择“曲面流线精加工参数”选项卡，弹出图 5.118 所示界面，按其进行设置，单击“确定”按钮✓后，出现图 5.119 所示流线粗加工刀具轨迹，图 5.120 为仿真加工结果。

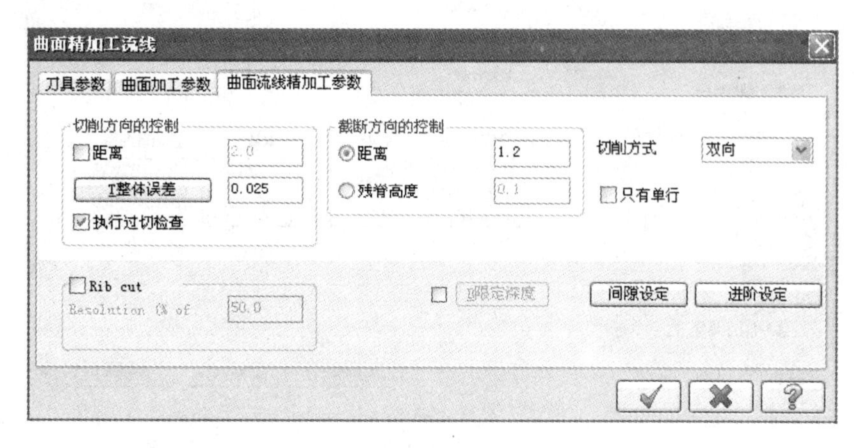

图 5.118　“曲面流线精加工参数”选项卡

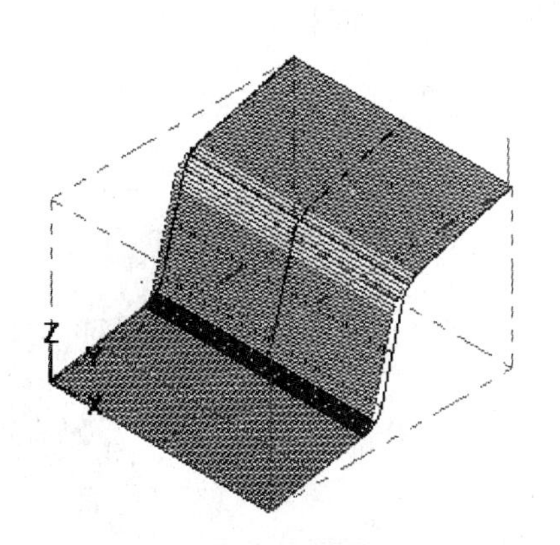

图 5.119　流线精加工刀具轨迹

图 5.120　仿真加工结果

5.7.6　等高外形精加工

等高外形精加工可以沿曲面外形生成精加工刀具路径。图 5.99 所示为曲面等高外形粗加工仿真加工结果，在此基础上进行等高外形精加工。

选择“刀具路径 | 曲面精加工 | 精加工等高外形”命令，屏幕上弹出[选择加工曲面]提示，在绘图区选取图 5.17 所示曲面，按 Enter 键，弹出“刀具路径的曲面选取”对话框，单击“确定”按钮✓，弹出“曲面精加工等高外形”对话框，选取直径 ϕ10mm 的球头铣刀，选择“等高外形精加工参数”选项卡，弹出图 5.121 所示界面，按其进行设置，单击“确定”按钮✓后，出现图 5.122 所示等高外形精加工刀具轨迹，图 5.123 为仿真加工结果。

5.7.7　浅面精加工

浅面精加工可以用于清除曲面坡度较小区域的残留材料。图 5.123 所示为曲面等高外形精加工仿真加工结果，在此基础上进行浅面精加工。

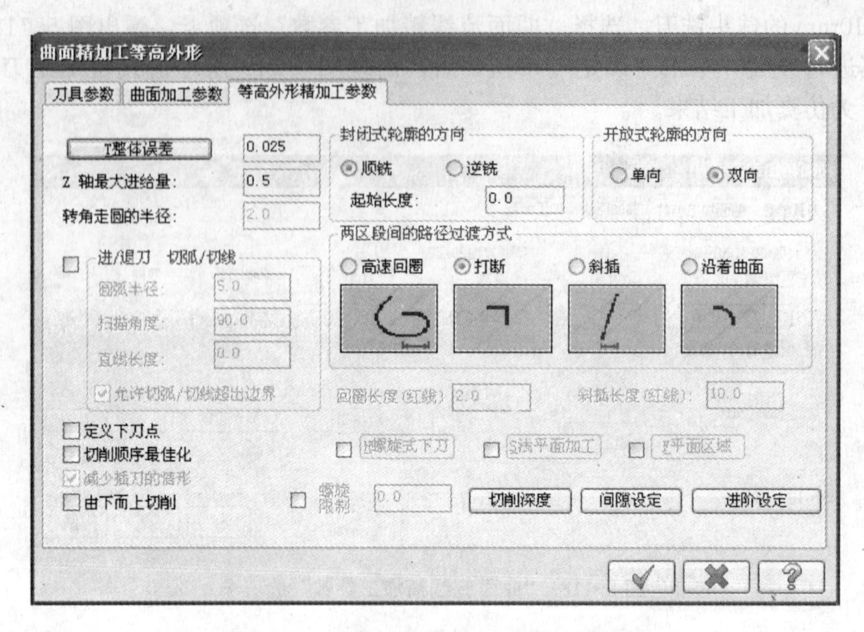

图 5.121 “等高外形精加工参数”选项卡

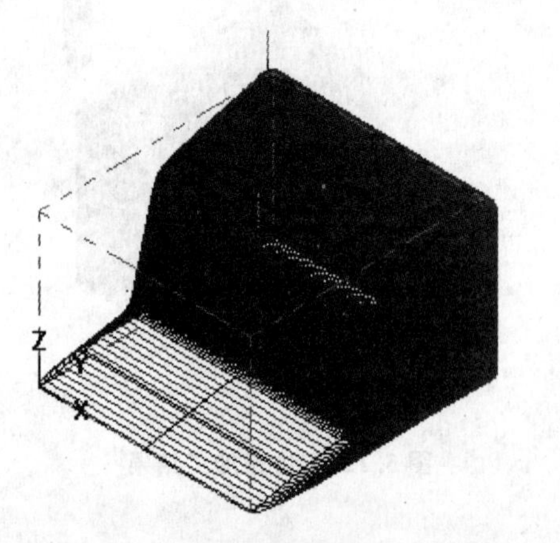

图 5.122 等高外形精加工刀具轨迹

图 5.123 仿真加工结果

选择“刀具路径 | 曲面精加工 | 精加工浅平面加工”命令，屏幕上弹出<u>选择加工曲面</u>提示，在绘图区选取图 5.17 所示曲面，按 Enter 键，弹出“刀具路径的曲面选取”对话框，单击“确定”按钮✔，弹出“曲面精加工浅平面”对话框，选取直径 ϕ10mm 的球头铣刀，选择“浅平面精加工参数”选项卡，弹出图 5.124 所示界面，倾斜角度按其进行设置，单击“确定”按钮✔后，出现图 5.125 所示浅面精加工刀具轨迹，图 5.126 为仿真加工结果。

5.7.8 其他精加工方法

1. 交线清角精加工

交线清角精加工用于清除曲面间的交角部分残留材料，需与其他精加工方法配合使用。

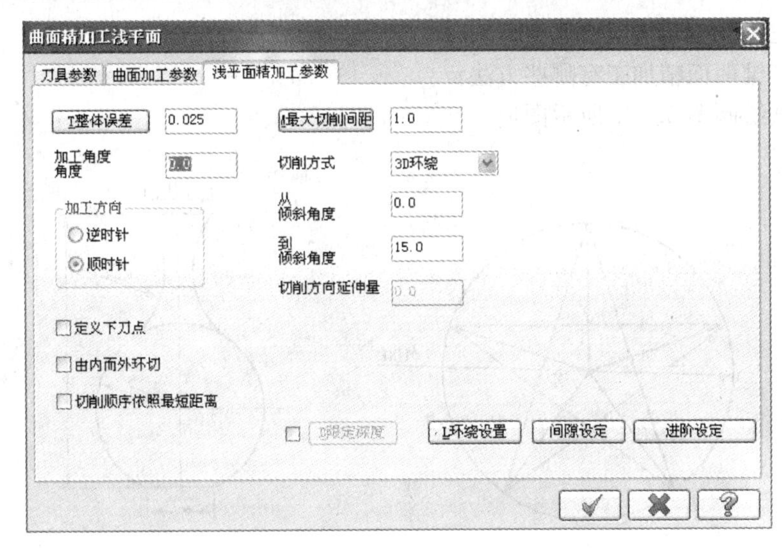

图 5.124　“浅平面精加工参数”选项卡

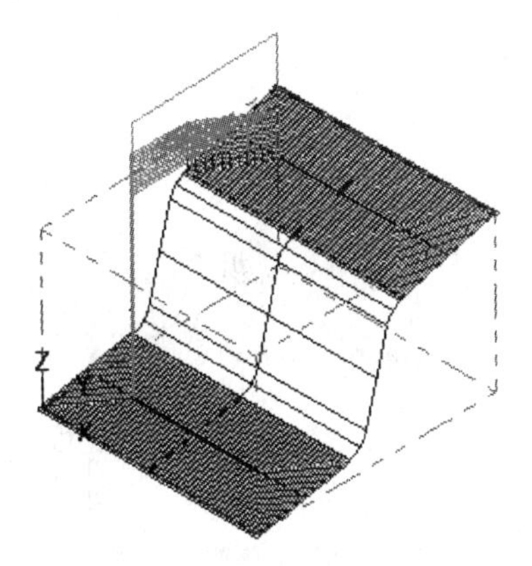

图 5.125　浅平面精加工刀具轨迹

图 5.126　仿真加工结果

2. 残料精加工

残料精加工用于清除因直径较大刀具加工所残留材料，需与其他精加工方法配合使用。

3. 环绕等距精加工

环绕等距精加工用于生成一组环绕等距精加工刀具路径。

4. 熔接精加工

熔接精加工就是在两条曲线外形之间产生混合刀具路径轨迹，并将刀具路径轨迹投影到曲面上进行加工。

练习与思考题

5－1　说出 Mastercam X2 使用方法和步骤。

5－2　二维数控加工有哪些方法?

5-3　三维曲面粗加工有哪些方法？

5-4　三维曲面精加工有哪些方法？

5-5　试绘制图5.127所示图形。

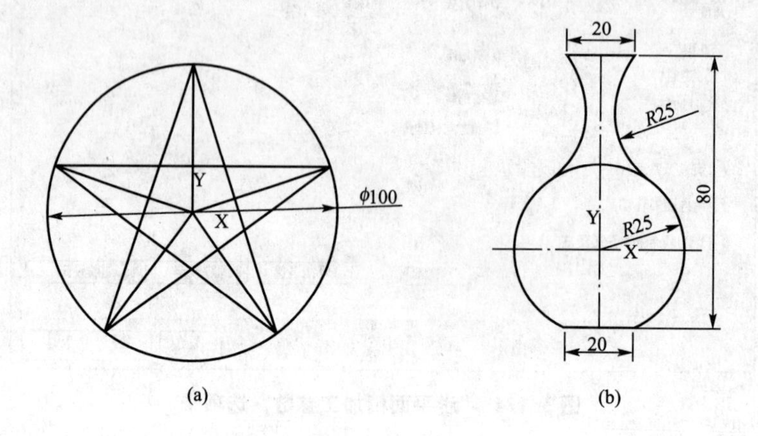

图5.127　题5-5图

5-6　试绘制图5.128所示三维线架图形。

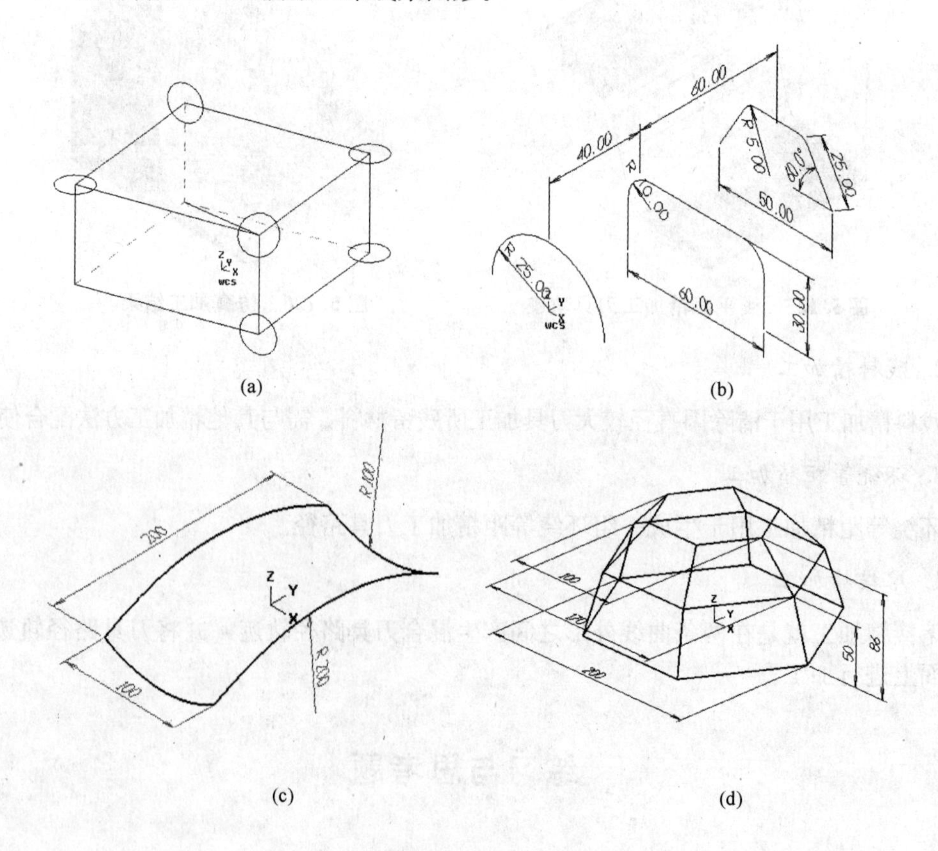

图5.128　题5-6图

5－7 在绘制图 5.128(b)(c)(d)所示图形基础上，绘制其相应曲面。

5－8 参考图 5.129 所示图形及尺寸标注创建鼠标器外壳的实体模型。

(1) 先绘制出一个 80×65 的矩形，然后绘制 $R32.5$、$R85$ 的两个圆弧，用 $R10$ 作圆弧过渡，即可绘出图 5.129(a)所示图形。

(2) 选择实体拉伸功能生成高 30 的实体。

(3) 在前视图平面内的圆弧 $R32.5$、$R85$ 的中心点处绘制长分别为 12、15 的两条直线，用两点圆弧功能绘制出 $R150$ 的圆弧，如图 5.129(b)所示。

(4) 利用牵引曲面功能绘制出宽度为 35 的曲面，再利用曲面延伸功能延伸曲面宽度 35，如图 5.129(c)所示。

(5) 利用实体修剪功能用曲面修剪实体，结果如图 5.129(d)所示。

(6) 利用实体倒圆角功能对修剪实体倒 $R5$ 圆角，结果如图 5.129(e)所示。

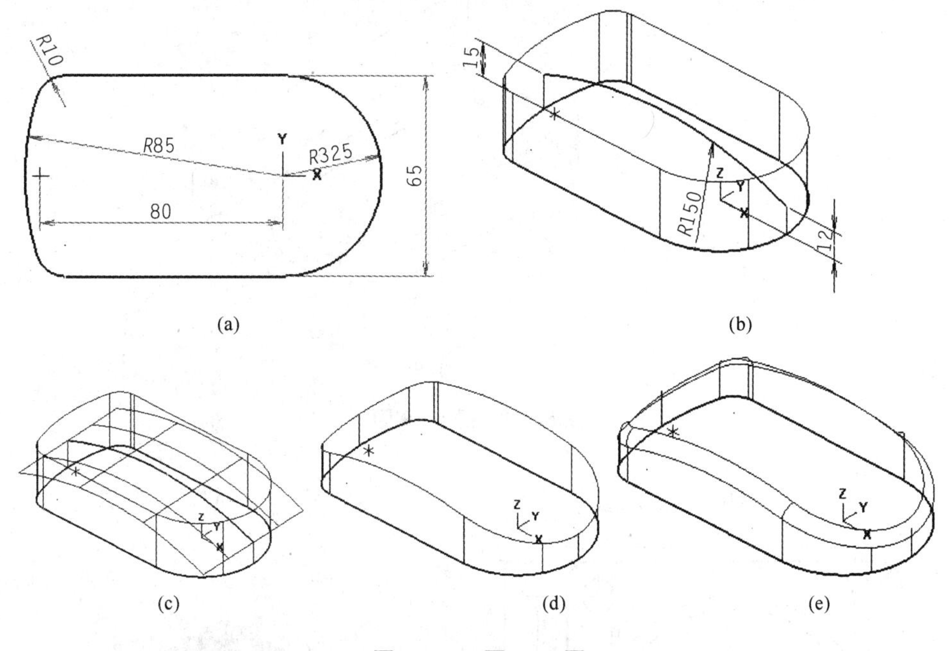

图 5.129 题 5－8 图

5－9 在绘制出鼠标器外壳之后，在其基础上绘制出图 5.130(a)所示的模具图形。

(1) 首先在绘制出的鼠标器外壳界面绘制出 137.5×85 的矩形。

(2) 用实体拉伸方法生成高 40 的立方体，如图 5.130(b)所示，这时界面中有两个实体。

(3) 利用实体“布尔运算—切割”功能，生成的模具如图 5.130(c)所示。

(4) 单击状态栏中的“WCS”按钮，在弹出的菜单中选择“仰视 WCS”命令，生成的模具如图 5.130(a)所示。

5－10 对图 5.131 所示图形进行二维加工。

5－11 利用曲面粗加工和曲面精加工方法对图 5.129 所示鼠标器外壳的实体模型进行加工。

5－12 利用曲面粗加工和曲面精加工方法对图 5.130 所示鼠标器模具进行加工。

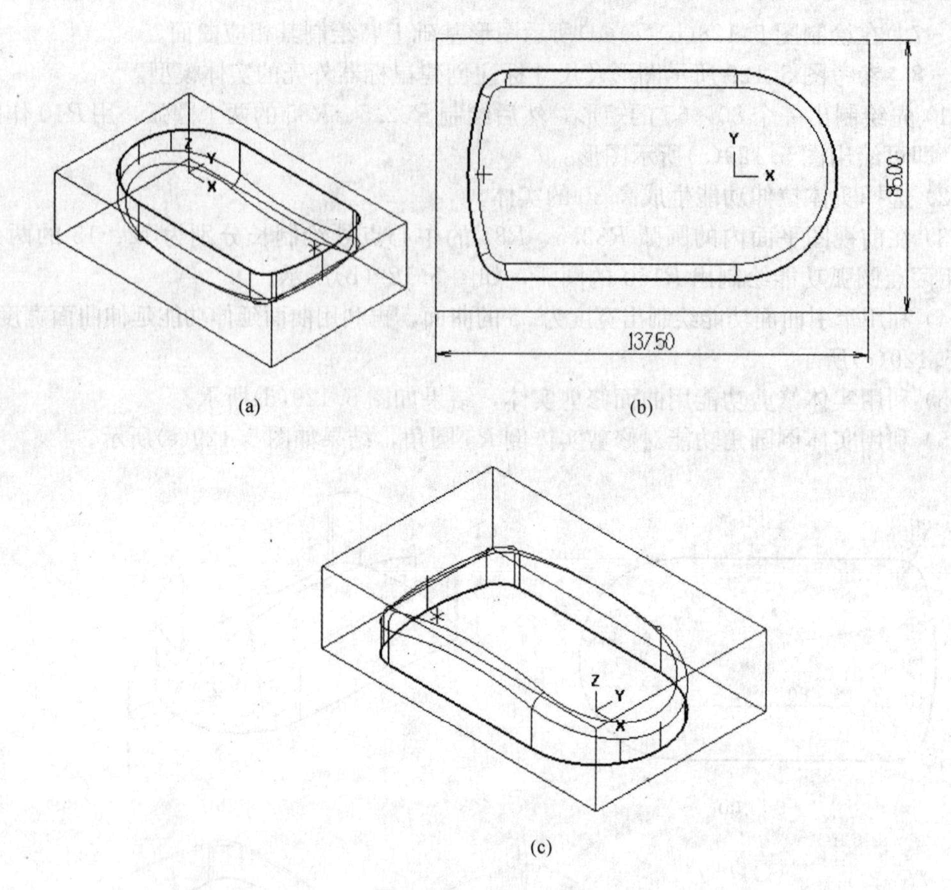

图 5.130　题 5-9 图

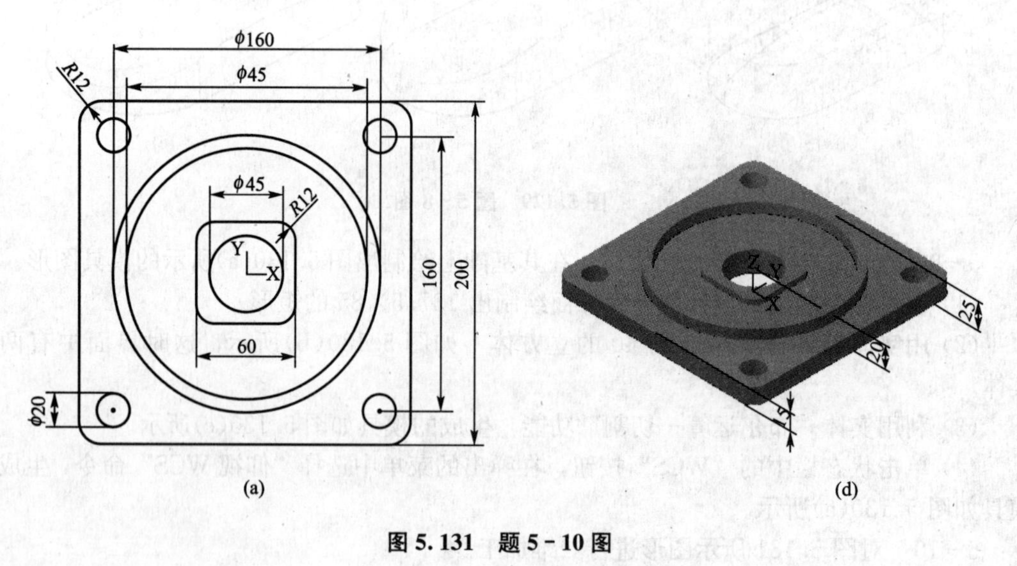

图 5.131　题 5-10 图

参 考 文 献

[1] 顾京. 数控机床加工程序编制 [M]. 北京：机械工业出版社，2009.
[2] 全国数控培训网络天津分中心. 数控编程 [M]. 北京：机械工业出版社，2002.
[3] 赵太平. 数控车削编程与加工技术 [M]. 北京：北京理工大学出版社，2006.
[4] 李英平. 基于 FANUC 0iT 数控系统工件坐标系的建立与刀具补偿 [J]. 组合机床与自动化加工技术，2008(2)：80-92.
[5] 李英平. 基于 FANUC 0iT 系统刀尖圆弧半径补偿与刀具磨耗补偿 [J]. 组合机床与自动化加工技术，2009(4)：7-9.
[6] 关颖. 数控车床 [M]. 沈阳：辽宁科学技术出版社，2005.
[7] 傅莉. 数控车床实际操作手册 [M]. 沈阳：辽宁科学技术出版社，2006.
[8] 张灶法，陆斐，尚洪光. Mastercam X 实用教程 [M]. 北京：清华大学出版社，2006.
[9] 王睿，张小宁. Mastercam 8. X 实用培训教程 [M]. 北京：清华大学出版社，2001.
[10] 肖高棉，黄亮. 精通 Mastercam 9. X 实用教程 [M]. 北京：清华大学出版社，2004.
[11] 胡育辉. 数控铣床加工中心 [M]. 沈阳：辽宁科学技术出版社，2005.
[12] 张建民. 机电一体化系统设计 [M]. 北京：高等教育出版社，2009.
[13] 韩建海. 数控技术及装备 [M]. 武汉：华中科技大学出版社，2007.
[14] 李英平. 基于 FANUC 0iM 数控系统工件坐标系的建立与刀具补偿 [J]. 煤矿机械，2009(10)：105-107.
[15] FANUC Serries 0i-TC 操作说明书 B64114CM/01.
[16] FANUC Series 0i Mate-MC 操作说明书 B64114CM/01.
[17] 全国数控培训网络天津分中心. Mastercam X2 应用教程 [M]. 北京：机械工业出版社，2008.
[18] 任晓虹，吴芳，孙建业. 数控机床的回零及应用 [J]. 机械设计与制造，2009(5)：193.
[19] 田坤，聂广华，陈新亚. 数控机床编程、操作与加工实训 [M]. 北京：电子工业出版社，2008.
[20] 孙慧平. 数控机床调试安装技术 [M]. 北京：电子工业出版社，2008.
[21] 唐立山，邓中华，徐家军. CAM 编程中刀具及工艺参数的确定 [J]. 机械制造，2008(5)：44-46.
[22] 穆国岩. 数控机床编程与操作 [M]. 北京：机械工业出版社，2010.
[23] 李英平. 基于 MASTERCAM MILL9 和 SINUMERIK802D 的雕刻加工与后置处理 [J]. 组合机床与自动化加工技术，2006(5)：71.

北京大学出版社教材书目

序号	书　　名	标准书号	主　　编	定价	出版日期
1	机械设计	978-7-5038-4448-5	郑　江，许　瑛	33	2007.8
2	机械设计	978-7-301-15699-5	吕　宏	32	2009.9
3	机械设计	978-7-301-17599-6	门艳忠	40	2010.8
4	机械原理	978-7-301-11488-9	常治斌，张京辉	29	2008.6
5	机械原理	978-7-301-15425-0	王跃进	26	2010.7
6	机械原理	978-7-301-19088-3	郭宏亮，孙志宏	36	2011.6
7	机械原理	978-7-301-19429-4	杨松华	34	2011.8
8	机械设计基础	978-7-5038-4444-2	曲玉峰，关晓平	27	2008.1
9	机械设计课程设计	978-7-301-12357-7	许　瑛	35	2012.7
10	机械设计课程设计	978-7-301-18894-1	王　慧，吕　宏	30	2011.5
11	机电一体化课程设计指导书	978-7-301-19736-3	王金娥　罗生梅	35	2012.1
12	机械工程专业毕业设计指导书	978-7-301-18805-7	张黎骅，吕小荣	22	2012.5
13	机械创新设计	978-7-301-12403-1	丛晓霞	32	2010.7
14	机械系统设计	978-7-301-20847-2	孙月华	32	2012.7
15	机械设计基础实验及机构创新设计	978-7-301-20653-9	邹旻	28	2012.6
16	TRIZ 理论机械创新设计工程训练教程	978-7-301-18945-0	蒯苏苏，马履中	45	2011.6
17	TRIZ 理论及应用	978-7-301-19390-7	刘训涛，曹　贺 陈国晶	35	2011.8
18	创新的方法——TRIZ 理论概述	978-7-301-19453-9	沈萌红	28	2011.9
19	机械 CAD 基础	978-7-301-20023-0	徐云杰	34	2012.2
20	AutoCAD 工程制图	978-7-5038-4446-9	杨巧绒，张克义	20	2011.4
21	工程制图	978-7-5038-4442-6	戴立玲，杨世平	27	2012.2
22	工程制图	978-7-301-19428-7	孙晓娟，徐丽娟	30	2012.5
23	工程制图习题集	978-7-5038-4443-4	杨世平，戴立玲	20	2008.1
24	机械制图(机类)	978-7-301-12171-9	张绍群，孙晓娟	32	2009.1
25	机械制图习题集(机类)	978-7-301-12172-6	张绍群，王慧敏	29	2007.8
26	机械制图(第 2 版)	978-7-301-19332-7	孙晓娟，王慧敏	38	2011.8
27	机械制图习题集(第 2 版)	978-7-301-19370-7	孙晓娟，王慧敏	22	2011.8
28	机械制图与 AutoCAD 基础教程	978-7-301-13122-0	张爱梅	35	2011.7
29	机械制图与 AutoCAD 基础教程习题集	978-7-301-13120-6	鲁　杰，张爱梅	22	2010.9
30	AutoCAD 2008 工程绘图	978-7-301-14478-7	赵润平，宗荣珍	35	2009.1
31	AutoCAD 实例绘图教程	978-7-301-20764-2	李庆华，刘晓杰	32	2012.6
32	工程制图案例教程	978-7-301-15369-7	宗荣珍	28	2009.6
33	工程制图案例教程习题集	978-7-301-15285-0	宗荣珍	24	2009.6
34	理论力学	978-7-301-12170-2	盛冬发，闫小青	29	2012.5
35	材料力学	978-7-301-14462-6	陈忠安，王　静	30	2011.1
36	工程力学(上册)	978-7-301-11487-2	毕勤胜，李纪刚	29	2008.6
37	工程力学(下册)	978-7-301-11565-7	毕勤胜，李纪刚	28	2008.6

38	液压传动	978-7-5038-4441-8	王守城，容一鸣	27	2009.4
39	液压与气压传动	978-7-301-13129-4	王守城，容一鸣	32	2012.1
40	液压与液力传动	978-7-301-17579-8	周长城等	34	2010.8
41	液压传动与控制实用技术	978-7-301-15647-6	刘　忠	36	2009.8
42	金工实习(第 2 版)	978-7-301-16558-4	郭永环，姜银方	30	2012.5
43	机械制造基础实习教程	978-7-301-15848-7	邱　兵，杨明金	34	2010.2
44	公差与测量技术	978-7-301-15455-7	孔晓玲	25	2011.8
45	互换性与测量技术基础(第 2 版)	978-7-301-17567-5	王长春	28	2010.8
46	互换性与技术测量	978-7-301-20848-9	周哲波	35	2012.6
47	机械制造技术基础	978-7-301-14474-9	张　鹏，孙有亮	28	2011.6
48	先进制造技术基础	978-7-301-15499-1	冯宪章	30	2011.11
49	先进制造技术	978-7-301-20914-1	刘　璇，冯　凭	28	2012.8
50	机械精度设计与测量技术	978-7-301-13580-8	于　峰	25	2008.8
51	机械制造工艺学	978-7-301-13758-1	郭艳玲，李彦蓉	30	2008.8
52	机械制造工艺学	978-7-301-17403-6	陈红霞	38	2010.7
53	机械制造工艺学	978-7-301-19903-9	周哲波，姜志明	49	2012.1
54	机械制造基础(上)——工程材料及热加工工艺基础(第 2 版)	978-7-301-18474-5	侯书林，朱　海	40	2011.1
55	机械制造基础(下)——机械加工工艺基础(第 2 版)	978-7-301-18638-1	侯书林，朱　海	32	2012.5
56	金属材料及工艺	978-7-301-19522-2	于文强	44	2011.9
57	工程材料及其成形技术基础	978-7-301-13916-5	申荣华，丁　旭	45	2010.7
58	工程材料及其成形技术基础学习指导与习题详解	978-7-301-14972-0	申荣华	20	2009.3
59	机械工程材料及成形基础	978-7-301-15433-5	侯俊英，王兴源	30	2012.5
60	机械工程材料	978-7-5038-4452-3	戈晓岚，洪　琢	29	2011.6
61	机械工程材料	978-7-301-18522-3	张铁军	36	2012.5
62	工程材料与机械制造基础	978-7-301-15899-9	苏子林	32	2009.9
63	控制工程基础	978-7-301-12169-6	杨振中，韩致信	29	2007.8
64	机械工程控制基础	978-7-301-12354-6	韩致信	25	2008.1
65	机电工程专业英语(第 2 版)	978-7-301-16518-8	朱　林	24	2012.5
66	机床电气控制技术	978-7-5038-4433-7	张万奎	26	2007.9
67	机床数控技术(第 2 版)	978-7-301-16519-5	杜国臣，王士军	35	2011.6
68	自动化制造系统	978-7-301-21026-0	辛宗生，魏国丰	37	2012.8
69	数控机床与编程	978-7-301-15900-2	张洪江，侯书林	25	2011.8
70	数控加工技术	978-7-5038-4450-7	王　彪，张　兰	29	2011.7
71	数控加工与编程技术	978-7-301-18475-2	李体仁	34	2012.5
72	数控编程与加工实习教程	978-7-301-17387-9	张春雨，于　雷	37	2011.9
73	数控加工技术及实训	978-7-301-19508-6	姜永成，夏广岚	33	2011.9
74	数控编程与操作	978-7-301-20903-5	李英平	26	2012.8
75	现代数控机床调试及维护	978-7-301-18033-4	邓三鹏等	32	2010.11
76	金属切削原理与刀具	978-7-5038-4447-7	陈锡渠，彭晓南	29	2012.5
77	金属切削机床	978-7-301-13180-0	夏广岚，冯　凭	28	2012.7
78	典型零件工艺设计	978-7-301-21013-0	白海清	34	2012.8
79	精密与特种加工技术	978-7-301-12167-2	袁根福，祝锡晶	29	2011.12
80	逆向建模技术与产品创新设计	978-7-301-15670-4	张学昌	28	2009.9
81	CAD/CAM 技术基础	978-7-301-17742-6	刘　军	28	2012.5
82	CAD/CAM 技术案例教程	978-7-301-17732-7	汤修映	42	2010.9
83	Pro/ENGINEER Wildfire 2.0 实用教程	978-7-5038-4437-X	黄卫东，任国栋	32	2007.7
84	Pro/ENGINEER Wildfire 3.0 实例教程	978-7-301-12359-1	张选民	45	2008.2

85	Pro/ENGINEER Wildfire 3.0 曲面设计实例教程	978-7-301-13182-4	张选民	45	2008.2
86	Pro/ENGINEER Wildfire 5.0 实用教程	978-7-301-16841-7	黄卫东，郝用兴	43	2011.10
87	Pro/ENGINEER Wildfire 5.0 实例教程	978-7-301-20133-6	张选民，徐超辉	52	2012.2
88	SolidWorks 三维建模及实例教程	978-7-301-15149-5	上官林建	30	2009.5
89	UG NX6.0 计算机辅助设计与制造实用教程	978-7-301-14449-7	张黎骅，吕小荣	26	2011.11
90	Cimatron E9.0 产品设计与数控自动编程技术	978-7-301-17802-7	孙树峰	36	2010.9
91	Mastercam 数控加工案例教程	978-7-301-19315-0	刘 文，姜永梅	45	2011.8
92	应用创造学	978-7-301-17533-0	王成军，沈豫浙	26	2012.5
93	机电产品学	978-7-301-15579-0	张亮峰等	24	2009.8
94	品质工程学基础	978-7-301-16745-8	丁 燕	30	2011.5
95	设计心理学	978-7-301-11567-1	张成忠	48	2011.6
96	计算机辅助设计与制造	978-7-5038-4439-6	仲梁维，张国全	29	2007.9
97	产品造型计算机辅助设计	978-7-5038-4474-4	张慧姝，刘永翔	27	2006.8
98	产品设计原理	978-7-301-12355-3	刘美华	30	2008.2
99	产品设计表现技法	978-7-301-15434-2	张慧姝	42	2012.5
100	产品创意设计	978-7-301-17977-2	虞世鸣	38	2012.5
101	工业产品造型设计	978-7-301-18313-7	袁涛	39	2011.1
102	化工工艺学	978-7-301-15283-6	邓建强	42	2009.6
103	过程装备机械基础	978-7-301-15651-3	于新奇	38	2009.8
104	过程装备测试技术	978-7-301-17290-2	王毅	45	2010.6
105	过程控制装置及系统设计	978-7-301-17635-1	张早校	30	2010.8
106	质量管理与工程	978-7-301-15643-8	陈宝江	34	2009.8
107	质量管理统计技术	978-7-301-16465-5	周友苏，杨 飒	30	2010.1
108	人因工程	978-7-301-19291-7	马如宏	39	2011.8
109	工程系统概论——系统论在工程技术中的应用	978-7-301-17142-4	黄志坚	32	2010.6
110	测试技术基础(第 2 版)	978-7-301-16530-0	江征风	30	2010.1
111	测试技术实验教程	978-7-301-13489-4	封士彩	22	2008.8
112	测试技术学习指导与习题详解	978-7-301-14457-2	封士彩	34	2009.3
113	可编程控制器原理与应用(第 2 版)	978-7-301-16922-3	赵 燕，周新建	33	2010.3
114	工程光学	978-7-301-15629-2	王红敏	28	2012.5
115	精密机械设计	978-7-301-16947-6	田 明，冯进良等	38	2011.9
116	传感器原理及应用	978-7-301-16503-4	赵 燕	35	2010.2
117	测控技术与仪器专业导论	978-7-301-17200-1	陈毅静	29	2012.5
118	现代测试技术	978-7-301-19316-7	陈科山，王燕	43	2011.8
119	风力发电原理	978-7-301-19631-1	吴双群，赵丹平	33	2011.10
120	风力机空气动力学	978-7-301-19555-0	吴双群	32	2011.10
121	风力机设计理论及方法	978-7-301-20006-3	赵丹平	32	2012.1